렌즈를 통해 본
디지털 노마드

렌즈를 통해 본
디지털 노마드

초판 1쇄 2016년 11월 29일

지은이 강정실
발행인 김재홍
편집장 김옥경
디자인 박상아, 이슬기
마케팅 이연실

발행처 도서출판 지식공감
등록번호 제396-2012-000018호
주소 경기도 고양시 일산동구 견달산로225번길 112
전화 02-3141-2700
팩스 02-322-3089
홈페이지 www.bookdaum.com

가격 15,000원
ISBN 979-11-5622-242-2 03980

CIP제어번호 CIP2016023899
이 도서의 국립중앙도서관 출판예정도서목록(CIP)은 서지정보유통지원시스템 홈페이지(http://seoji.nl.go.kr)
와 국가자료공동목록시스템(http://www.nl.go.kr/kolisnet)에서 이용하실 수 있습니다.

컬러사진 기행수필집

렌즈를 통해 본
디지털 노마드

미국을 중심으로

강정실

지식공감

'사진기행수필집'을 발간하며

　1981년 여름, 독일 에센(Essen)의 한 유가공업체에서 실습할 때 서울의 한 초등학교 교장 선생님 부부가 암스테르담에 도착했습니다. 교장 선생은 척추질환자로 하반신 마비 환자였는데 유럽 여행이 꿈이라고 했습니다. 한 달 동안 유럽 20여 개국을 선배와 함께 네 사람이 선배의 자동차로 여행했습니다.

　교장 선생님 부부는 어딜 가도 풍습은 달라도 우리와 똑같은 따뜻한 미소를 가진 사람들이 오순도순 정답게 살아가고 있다며 좋아했습니다. 그랬습니다. 자신의 열악한 조건에서도 절제된 삶과 도덕률을 바탕으로 인간이 사는 곳을 직접 찾아 온몸으로 느껴보고 싶었던 것입니다. 교장 선생님 부부와 함께 여행하면서 촬영했던 사진과 여행기를 적어서 그분께 한국으로 우송해 드렸는데, 그 내용이 인상 깊다며 교장 선생님 부부의 자서전에 그대로 옮겨져 독일에 있는 저한테도 그 책이 도착했습니다.

저는 나이 40이 넘어 캐나다를 거쳐 미국 워싱턴 주에 정착했습니다. 그리고 웨스트레이크(West Lake)와 패스코(Pasco)에서 모텔을 시작했습니다. 가끔 새벽에 손님이 들면 잠이 달아나 쉽게 잠들 수 없는 문제가 발생했습니다. 이때부터 어렸을 때 쓰던 시와 수필을 재개하며 카메라를 들고 가까운 곳을 중심으로 여행지를 찾기 시작했습니다.

LA로 이사한 후 글과 사진 촬영이 본격적으로 시작되었고, 2014년 2월부터 2016년 4월까지 월간지『더 코아라이프(The Koalife)』에 게재한 내용이 바로 이『렌즈를 통해 본 디지털 노마드』입니다.

여건이 되면 과거에 찾았던 곳을 한 번 더 찾아 눈으로 확인하며, 옛날의 제 기억과 비교·회상하며 또 다른 '사진기행수필집'을 만들 생각입니다.

2016년 가을
강정실

CONTENTS

Chapter

01 수평선의 프레임

채널아일랜드

오후 4시경, 가파른 벼랑 끝 산타크루스 선착장이 있는 포테이토 하버에 도착했다. 언덕 주변은 3월의 보리밭처럼 초록색 잎들이 햇살과 바람에 댕그랑대고 있다. 멀리 푸르고 광활한 바다는 온통 청파래빛이다. 언덕 아래로는 파도가 포구로 달려들며 흰소리를 남기고 사라지자 또 다른 파도가 포말을 일으키고 있다. 배가 출항하기까지는 한 시간 정도 여유가 있다. 이틀 동안 바쁘게 훑었던 두 섬인데도 비릿한 미역 냄새, 바다 냄새가 바람을 타고 올라와 코끝을 청신하게 자극한다.

가만히 앉아 풍광을 감상하다가 선착장이 있는 곳으로 내려왔다. 몽돌들이 파도에 서로 부딪히며 와르르 소리를 내고 있다. 예쁘장한 몽돌 한 개를 들어 올리는데 큰 고둥 껍질 한 개가 돌 사이에 묻혀 있다. 껍질 속에는 몇 개의 작은 고둥이 붙어 있다. 순간 프랑스 시인, 장 콕토(Jean Cocteau)의 시가 생각난다.

"내 귀는 소라 껍질 먼바다를 그리워한다."

고둥 껍질을 그 자리에 놓았다. 파도가 덮치자 몽돌은 다른 돌들과 서로 부딪치며 왁자지껄 떠들어대며 환희와 설움, 만남과 이별을 같이하고 있다. 이렇게 억겁의 세월 동안 서로 부딪치다 보니 모난 곳은 한 곳도 없고 다 동글동글하다. 이럴진대 무엇이 부족한지 계속해서 와르르 소리 내며 뒹굴고 있다. 또 다른 곳으로 눈을 돌렸다. 여러 색의 화려한 불가사리가 주변 돌덩이에서 바람을 쐬고 있다. 그리고 바로 옆 모래사장에는 여러 색의 카약이 놓여 있고 주변에는 카약을 타려는 사람들이 모여 있다. 이렇게 바닷가는 바람과 파도가 함께 생활하며 높고 낮은 것을 구별하지 않고, 귀하고 천한 것, 아름답고 더러운 것, 살아 있고 죽어 있

는 것, 어느 것을 가
리지 않고 온몸으로
껴안고 있다.

　내가 찾아온 이
섬은 캘리포니아 남
쪽 바다에 떠 있는
채널아일랜드국립
공원(Channel Islands International Park)이다. '미국의 갈라파고스군도(群島)'
로 불린다. 1938년 4월 26일에 미국국립기념물, 1976년에 국립생물권보전
지역으로 지정되었으며, 1980년 3월 5일에 채널아일랜드국립공원으로 지
정되었는데, 그 크기가 24만 9,561에이커(10만 994헥타르)나 된다. 미국 국립
공원관리청이 다섯 개의 섬(Anacapa Island Santa Barbara Island, Santa Cruz
Island, San Miguel Island, Santa Rosa Island)과 해양 구역을 채널아일랜드국
립공원으로 지정한 이유는 생태적 가치 때문이다. 이곳에는 지구 어디에
서도 볼 수 없는 동식물이 있다. 애나캐파에만 265종의 식물이 자생하고
있으며 이 중 20종은 채널아일랜드에서만, 2종은 애나캐파에서만 볼 수
있는 희귀종이다. 애나캐파 흰발생쥐(Deer Mouse)도 오직 이 섬에서만 볼
수 있다.

　한때는 돈벌이에 눈먼 사람 때문에 황폐화되어 가던 이곳을 생태계 보
호를 위해 1978년 국제자연보호협회가 산타크루스의 75퍼센트를 사들였
고, 계속해서 국립공원관리청은 1,287만 달러(약 155억 원)를 주고 산타크
루스 동부의 목장 지대까지 사들였다. 이후 환경보호단체와 힘을 합쳐
생태계를 복원시키기 시작한다. 채널아일랜드는 크게 자연과 문화자원이
다양한 곳, '보존(保存)과 보전(保全)'이라는 미국 국립공원의 철학을 보여

주는 국립공원이다. 이런 이유 때문에 사람들의 접근을 제한시켜 태고의 삶을 고스란히 만들어 놓고 있다. 그래서일까 주변이 참으로 평화롭고 깨끗하다. 바다의 정감이 물씬 풍긴다. 미국에서 해상국립공원은 두 곳이 있다. 한 곳은 플로리다 주에 있는 비스케인 국립공원(Biscayne National Park)이고, 나머지 한 곳은 바로 이곳, 캘리포니아니 주에 있는 채널아일랜드다.

나는 육지에서 제일 가까운 애나캐파와 산타크루스 두 곳을 찾기로 했다. 이 섬 전체는 남부 캘리포니아의 해안 가까이에 있지만, 미개발 상태를 그대로 유지하고 있다. 어차피 겨울철에는 두 곳 이외에는 선편이 없지만, 벤투라(Ventura)에 있는 관광용 경비행기로 산타로사 섬에는 갈 수 있다.

먼저 애나캐파 섬에 가기 위해 아침부터 분주하게 움직였다. 옥스나드(Oxnard)에 도착하기 위해 서쪽 10번 도로를 타고 가다가 북쪽 1번 국도를 탔다. 옥스나드 항(港)에서 애나캐파 섬까지는 12마일이다. 이 작은 섬, 애

나캐파는 채널아일랜드의 다섯 개의 섬 중 육지에서 가장 가깝다. 동서로 길게 뻗어 있는데 장축(長軸)이 5마일, 폭은 0.25마일에 불과하다. 그나마도 세 개의 섬으로 나누어져 있다. 이곳에서는 거의 원시적인 자유를 느낄 수 있다. 방문이 허용된 곳은 동쪽 섬뿐이다. 총면적이 1평방마일, 이 섬에서 가장 긴 트레일을 왕복해봐야 1.5마일에 불과하다. 그러니 사진 촬영까지 합해도 다섯 시간 정도면 충분하다.

이곳에는 긴 모래 해변은 없고 절벽 아래로 조그마한 서너 곳의 모래톱과 온통 굵은 바위와 절벽뿐이다. 바닷가의 여러 돌덩이 위에는 바다사자와 물개들이 널부러져 휴식을 취하고 있는 게 눈에 띈다. 섬 동북쪽 절벽 밑 한 곳에 방문객이 진입할 수 있는 선착장에 철제 통로가 놓여 있다. 이곳을 통해 배가 정박해 방문객들이 타고 내릴 수 있게 한다. 철제 계단을 타고 꼭대기까지 지그재그로 오르면 된다. 언덕에 올라가면 눈앞에 새로

렌즈를 통해 본 디지털 노마드

운 풍광이 펼쳐진다. 탁 트인 바다, 사방이 쪽빛이다. 이곳 애나캐파에서
는 어디서도 바다가 훤히 한눈에 들어온다. 그만큼 작고, 펼쳐져 있는 섬
이다.

이 세 개의 섬 중 방문이 허가되는 곳은 동쪽 섬이다. 중간 섬은 허락
을 받아야만 들어갈 수 있고, 서쪽 섬은 아예 출입 금지 구역이다. 하지
만 1900년대 초까지 서쪽 섬 애나캐파에서 1928년부터 1954년까지 '프렌
치'라는 어부가 27년간 살았다. 그는 바닷가재를 잡아 필요한 물건과 물
물교환하며 생활했다. 그만큼 이곳에는 크고 굵은 대형 바닷가재가 많이
잡힌다.

언덕 곳곳 작은 풀밭 사이로 많은 갈매기떼가 앉아 있다. 초록 풀빛과 푸른 하늘, 주변에 활짝 핀 야생화 그리고 흰색의 갈매기는 한 폭의 풍경화 같다. 봄철 보리밭 같은 넓은 곳에 부끄러운 듯 앙증맞게 앉아 있는 이놈들은 한결같이 사람들을 경계하지 않고 눈만 껌벅이며 쳐다보고 있다. 다가가면 옆자리로 슬쩍 옮길 뿐이다. 히치콕의 〈새〉라는 영화 장면이 머리에 떠오르며 이놈들이 집단으로 나를 향해 공격하면 어쩌지 하는 생각이 퍼뜩 든다. 눈빛이 붉고 주둥이가 노랗고 날카로워 공격적이라는 생각이 들었다. 그만큼 이곳은 사람의 손이 닿지 않고, 무엇보다 이 갈매기와 바닷새를 공격하는 다른 동물군이 없어 그럴 것이다. 이걸 바라보는 나의 눈은 세상 번민과 아픔을 다 잊고 마음이 청결해짐을 느끼게 된다.

이곳에는 숙박 시설도 없다. 대신 섬 중앙에 1986년부터 캠핑 사이트가 개설되어 있다. 큰 나무도 없다. 바람을 막아줄 수 있는 지형도 아니라서 오로지 텐트에 몸을 의지해야 하지만 간이식 화장실은 있다. 모든 준비물은 본인이 준비해서 들어가야 하고, 나올 때는 다 가지고 나와야 한다. 물도 제공되지 않는다. 캠프파이어는 더더욱 안 되는 곳이다. 이곳에서는 흡연 금지, 애완동물 동반 금지, 야생동물에게 먹이 주는 것 금지, 돌이나 나뭇가지 채집 금지이고, 쓰레기를 포함해 가지고 온 것은 모두 가져가야 하고, 낚시는 해양보호구역을 제외한 곳에서만 가능하다. 그야말로 친환경적이다. 섬 곳곳에는 갈매기가 많은 만큼 배설물도 많다. 터널이 크게 뚫려 섬 상단은 아예 배설물로 하얗게 변해 있다.

먼저 페리를 타고 도착한 방문객들과 함께 애나캐파 방문객 센터를 비롯해 주위를 둘러보았다. 그리고는 1932년에 세워졌다는 등대 쪽으로 구불구불 휘어진 길로 향했다. 등대에서 바다를 바라보는 낭만을 상상하며 걸었다. 등대 입구에는 '진입 금지' 표지판이 붙어 있다. 발길을 돌려 진입 금지 라인을 벗어나 반대쪽 두 개의 작은 섬이 있는 쪽으로 걸었다. 길지 않은 고구마를 닮은 짧은 섬의 트레일이다. 하늘은 청정하고 그늘 한 점 없는데 불어대는 바람은 옷깃을 여미게 한다. 끝자락에 있는 숨어 있던 풍광이 눈앞에 나타났다. 카메라를 들고 이곳저곳으로 옮겨 다닐 필요 없이 선 자리에서 그대로 촬영하면 된다. 애나캐파 섬 트레일의 끝자락에서나 볼 수 있는 비경이다. 바다에 떠 있는 듯 솟아 있는 중간 섬과 서쪽 섬이 섬을 잇는 해상 육교처럼 길게 연출되어 있다는 착각이 들게 한다.

갯바위 부근 바닷물 위로는 갈조류(褐藻類)인 미역, 다시마류가 길게 퍼져 있다. 이 갈조류 사이로 카약을 타고 즐기는 사람들과 수중카메라를 들고 잠수하는 팀들도 보인다. 여유가 있어 보인다. 조류가 있는 바다 밑에는 많은 어패류(魚貝類)가 있다. 누구에게도 간섭받지 않고 한적한 이곳 30여 개의 바다 동굴을 따라 노를 젓고 주변을 감상하는 재미가 쏠쏠하리라 싶다.

다음은 산타크루스 섬(Santa Cruz Island)이다. 이곳은 섬과 섬 사이로 바로 연결되지 않으므로 먼저 선착장에 도착해야 한다. 산타크루스로 향하는 선편은 벤투라에 있다. 어제 찾아온 옥스나드에서 101번 고속도로를 타고 벤투라로 20여 마일을 30분 정도 운전했다. 이곳에는 채널아일랜드 국립공원의 방문자센터가 있다. 안으로 들어가면 다섯 개의 섬 모형, 섬에 관한 책자와 동식물의 사진, 동물 박제 등 그리고 수족관이 있다.

산타크루스는 서울 면적의 약 40퍼센트로, 다섯 개 섬 중 가장 큰 섬이다. 산타크루스의 역사는 깊다. 약 1만 년 전부터 추마시(Chumash) 족이 산타크루스와 주변 섬에 살았다. 평화롭던 섬에 변화가 찾아온 건 18세기 유럽인이 이 섬에 찾아오면서부터였다. 유럽인들 몸 자체에 있던 면역성 질병에 의해 원주민의 상당수가 죽어 갔고, 남은 원주민은 쫓기듯이 이 섬을 떠났다.

바다에는 해달(海獺)이 눈에 띈다. 바닷물 위에 누워 자신이 캔 조개와 성게를 배 위에 올려놓고 적당한 돌덩이로 깨어 먹는 놈, 자신의 새끼를 배에 올려놓고 놀고 있는 놈도 보인다. 앙증스럽다. 한때 이곳은 유럽인에게 해달의 사냥터였다. 유럽인들은 이 해달 가죽을 가공 처리하여 유럽 시장에 수출했다. 그리고 19세기에는 섬 곳곳에 목장을 만들었다. 습지가 많은 이곳에 양 떼를 풀어 방목 사육했다. 목장 주인은 양모를 팔아 떼돈을 벌었지만, 섬 생태계는 점점 파괴되어 갔다. 그리고 섬을 들락거리는

렌즈를 통해 본 디지털 노마드

사람들이 외지식물을 들여온 탓에 섬은 점차 외지식물로 뒤덮여 갔다. 채널아일랜즈여우(Channel Islands Fox)를 비롯해 토종 동식물이 하나씩 멸종 위기로 몰렸다. 그것뿐만 아니다. 해상국립공원이 된 네 번째 섬, 샌미겔은 20세기 초 미군의 폭격 훈련장으로 사용되었을 정도다.

지금도 1800~1900년대에 있었던 목장 시대의 잔재가 남아 있다. 목장 주택, 축사, 대장장이와 안장 상점, 와인 농장, 교회 건물 등이 있다. 빈 터와 잔재를 쳐다보면 그 당시의 일상이 영상물을 보는 듯 눈앞에 펼쳐진다. 그랬다. 이곳을 둘러보면 인간이 저지른 교만의 결과를 자연스럽게 느낄 수 있다. 아니다. 바로 나 자신

을 볼 수 있다. 내가 지금 어디서 무엇을 하고 있는지, 내가 지금껏 무엇을 얻고자 허둥대며 누구를 미워하고 사랑했는지, 가족을 위해 먹고 살아야 한다는 것부터 점차 물질과 명예에 대한 욕심과 이기심, 교만한 마음으로 굳어져 풀 한 포기, 새 한 마리를 똑바로 이해하려는 마음 없이 강퍅해졌다는 것을 깨닫게 된다. 그리고는 마음을 비운 자리에 8고(八苦)의 괴로움과 아픔이 나도 모르게 찾아온다.

자연은 있는 그대가 좋다. 그것이 자연에 대한 예의다. 예의는 사람에게만 지키는 것이 아니다. 자연을 훼손하는 일은 힘없는 사람을 함부로

대하는 것과 같다. 자연과 인간은 조심스러운 관계이다. 자연에 대한 예의를 지킴으로써 자연과의 유대는 더욱 깊어질 것이다. 이런 관계 회복에 대한 노력은 1930년대 들어서부터 시작되었다. 특히, 1978년 국제자연보호협회가 산타크루스의 사유지를 사들이면서 생태계 복원 사업이 빨라졌다. 목장을 모두 없애고 고증자료를 찾아 외지동식물을 하나씩 제거

렌즈를 통해 본 디지털 노마드

하며, 다양한 습지 지역을 본래대로 복원시키기
시작했다. 또한, 역사적이라 생각되는 건물은 하
나씩 재건시켜 나갔다. 서서히 섬은 옛 모습으로
되찾아갔다. 그 결과 본래 이곳의 주인이었던 아
메리칸 인디언 촌락과 추마시 문명의 잔해, 조개무덤인 패총(貝塚)을 찾아
냈다. 그리고 자연과 문화유산의 체험장으로 만들면서 산타크루스 섬 최
고의 장소로 만들어 나갔다. 한때 100마리 밑으로 줄었던 섬여우가 2,000
마리 가까이 늘었고, 대형 거북이, 오래전 섬을 떠났던 대머리독수리까지
다시 찾아와 둥지를 틀기 시작했다.

스콜피언협곡(Scorpion Canyon) 지역에 도착했다. 이곳에는 측백나무, 유칼립투스, 사이프러스가 서 있다. 그렇다고 깊은 숲은 아니다. 그래도 숲의 향이 입과 폐로 들어오며 온종일 길을 따라 걸으며 지친 피곤함이 풀리는 것을 느끼게 된다. 이곳 숲 속에는 캠프장이 있다. 섬에서 묵고 있는 여행자들이 가지고 온 텐트에서 한가롭게 놀고 있다. 주변에는 몇 마리의 여우들과 바닷새와 갈매기들이 서성이고 있다. 이놈들은 사람들이 먹는 음식 맛을 이미 알고 있는 것이다. 그러나 이곳에는 다른 동물에게 음식은 주어서는 안 된다. 밤에는 부엉이를 볼 수 있다.

계속해서 얕은 오르막길을 오르니 캐이번포인트(Cavern Point)에 닿았다. 깎아지른 벼랑을 따라 트레일이 이어져 있고, 땅에는 푸른 풀이 무리 지어 바람에 이리저리 움직이고 있다. 전망대에 섰다. 해협이 한눈에 들어오고 바다 너머 캘리포니아가 보인다. 벼랑을 오른쪽에 끼고 서쪽으로 계속 걸었다. 길에는 굵은 줄기에 금잔화처럼 생긴 노란 꽃 큰금계국(Coreopsis Blooms)이 무성하다. 봄이 오면 이 길은 노란 꽃 천지다. 작년에 비가 오지 않아 올해는 별로란다. 포테이토 하버에 닿았다. 이름 그대로 감자를 닮은 아주 작은 만(灣)이다.

오후 5시다. 출항 시간이 다가왔다. 배에 올랐다. 먼저 커피를 주문하여 커피를 들고 해가 기우는 곳에 앉았다. 은빛으로 화려하다. 넋을 놓고 은빛 바다를 보고 있는데, "고래가 주변에 있다!"는 소리가 마이크를 통해서 들려 왔다. 급하게 망원렌즈용 카메라를 꺼내 웅성거리는 소리가 나는 쪽으로 눈을 돌렸다. 따개비가 따닥따닥 붙어 있는 귀신고래(Gray Whale)가 순간적으로 물 밖에 튀어 올랐다가 물거품을 남기며 사라졌다. 카메라 렌즈와 바디를 자동으로 맞추어 놓고 다시 나타날 것을 고대했다. 하지만 그것으로 끝이었다. 배에 탄 다른 종교, 문화, 언어를 가진 다양한 사람들도 손에 든 카메라와 스마트폰을 들고 바닷물을 쳐다보며 다시 나타나기를 기다리고 있었다. 다들 순간적이라 한 장의 사진도 촬영하지 못해서 이곳에 좀 더 있었으면 했다.

　모든 사람들은 자연을 사랑한다. 전쟁과 폭력 사태를 피하고 서로 다른 점을 인정하며 평등하고 자유롭게 살 수 있는 세상을 원하고 있다. 그런데 그게 안 되고 있다. 왜 안 될까. 과연 진정한 자유와 평등의 세상을 볼 수 있을까. 우리는 무엇을 어떻게 해야 할 것인가. 우리 시대의 화두다. 그 평화를 더 보기 위해서 좀 더 건강하게 살아야 하는데, 그게 어디 마음대로 되겠는가.

후버댐

    얼마 전 대만인 친구에게서 전화가 왔다. 친척이 있는 고향에서 6개월 정도 지내다가 볼더 시(Boulder City)에 도착했다는 것이다. 친구는 이곳에 오자마자 등산 중 다리를 다쳐 집 부근만 산책하고 있다고 했다. 몇 달 동안 장거리 여행 출사를 안 한 탓에 몸이 근질거렸는데 마침 잘되었다 싶었다.

    집에서 네바다 주 볼더 시까지는 대략 300마일, 자동차로 다섯 시간 정도 거리라 이른 새벽에 출발했다. 후버댐(Hoover Dam)* 부근은 친구가 자주 산책하는 곳이고, 또 다리 아픈 친구를 끌고 같이 가기가 뭣해서 댐에는 혼자 들르기로 했다.

• • • • • • • • • •

* 세계에서 가장 높은 콘크리트 아치 다리.

도착해서 언덕 주변을 둘러봤지만 주차장은 이미 만원이라 주차할 곳이 마땅치 않았다. 그런데 한 곳이 비어 있어서 차를 넣다 보니 장애인용 주차장이었다. 이왕 실례하는 것, 딱 5분만 눈을 감자고 생각했다. 자동차 주변에서 몇 장 사진을 촬영하고 돌아서는데, 경고등을 빤짝이며 경찰차가 내게로 다가왔다. 나는 그가 내민 75달러짜리 티켓에 사인하고는 면허증과 보험증을 되돌려받았다. 내 행동에 대해 슬그머니 부아가 났다.

다음 날 아침부터 이곳의 역사와 세세한 위치까지 잘 아는 친구와 함께 차로 움직이기 시작했다. 눈으로 보기에는 다리가 괜찮아 보였다. 하지만 경사진 곳은 등산 스틱을 이용하고 가능하면 차나 식당에 있게 했다. 먼저, 2010년 10월, 마이크 오캘러헌-팻 틸만 기념다리(Mike O'Callaghan-Pat Tillman Memorial Bridge)가 준공된 곳에서 댐을 카메라 중앙에 넣고 촬영했다. 그리고는 네바다 주와 애리조나 주의 경계선이며, 시간 변경(time zone boundary) 안내판 앞에서 각 주에 한 발씩 걸치고 손바닥은 안내판을 만지면서 다시 촬영했다.

후버댐은 1931년 후버 대통령 때 착공하여 1935년 루스벨트 대통령 때 완공했다. 1년 후 1936년 10월에는 발전 시설까지 완공되고 첫 발전이 시작되었다. 후버댐의 착공기념식 날인 1935년 9월 30일, 루스벨트 대통령은 "나는 왔고, 보았고, 정복당했다. …… 인류가 만들어낸 이 위대함에 대해서 말이다."

이 말의 의미는 1929년 10월, 뉴욕 주식거래소의 폭락으로 시작된 '블랙 먼데이(Black Monday)'가 경제공황(Great Depression)으로 이어졌고, 미국의 내수시장은 장기적인 침체로 대규모 실업자가 발생하고 있었다. 당시 31대 미국 대통령 후버(Herbert Clark Hoover, 1929~1933년 재임)는 실업을 극복하고, 경제를 살리기 위해서 이 엄청난 토목공사를 계획했다. 이는 연방정부가 직접 개입하고 공공사업을 확장한 루스벨트의 뉴딜 정책(New Deal)의 기초가 되었다.

후버 대통령은 미시시피 강 서부에서 태어났고, 스탠퍼드대학교 지질학과에 입학한 후 같은 지질학으로 박사까지 받았다. 출생과 전공을 살려 재임 당시 홍수와 가뭄이 끊임없이 반복되는 콜로라도 강 유역, 바로 이곳에 댐을 건설하기로 추진한 것이다. 이는 콜로라도 강의 수해를 방지하고 또 원활한 용수 공급을 위해 수립된 '테네시 강 유역 개발계획'과 뉴딜 정책이 만나 댐 건설이 완공된 것이다.

이 대공사가 성공적으로 끝나고 그사이 내수시장도 활발하게 움직여 미국 경제를 부흥되게 해준 계기가 된 댐 건설에 대해 루스벨트 대통령이 직접 눈과 피부로 느끼면서 감동한 소망의 연설 중 일부였다.

이 댐은 네바다 주와 애리조나 주 경계에 있는 콘크리트 아치 중력형 다목적댐(concrete arch-gravity dam)으로 콜로라도 강 중류의 그랜드캐니언(Grand Canyon) 하류, 블랙캐니언(Black Canyon)에 자리 잡고 있다. 높이 221.4미터(726.4피트)로 서울의 63빌딩(294미터)과 비슷하고, 콘크리트 두께는 200미터, 길이 379미터(1,244피트), 총 저수량 320억 톤으로 소양강 댐의 열한 배가 넘는다. 최대 출력 1,345만 킬로와트시로 우리나라 원자력발전소 2기 용량에 해당한다. 후버댐 디자인은 LA의 유명 건축가 카우프만(Gordon B. Kaufman)이 외관 디자인을 맡아 '아르데코 스타일'로 모든 구조체를 유선형으로 변경시켜 건축미를 더했다.

댐 건설에 들어간 시멘트량은 6,600만 톤이었다. 이를 한 번에 쏟아붓는다면 자연적으로 굳기까지 무려 200년이 걸린다. 이 정도의 시멘트량이면 뉴욕에서 샌프란시스코까지 왕복 4차선 고속도로를 건설하는 데 들어가는 양이라 한다. 당시에는 세계 최대 규모의 전기생산국(Electricity Production Station)이자 세계 최대 규모의 콘크리트 건축물임을 자랑했다. 또한, 블록 모양으로 댐을 분할 시

공하는 등 획기적인 기술을 연구·개
발하여 건설 기술 발전을 촉진했다.
댐에서 저장한 물은 수력발전은 물
론이고, 관개, 식수 및 산업 용수 등
으로 사용되고, 댐 상부는 콜로라도
강을 가로지르는 교통로로 이용되
고 있다.

　처음 댐 이름은 볼더댐(Boulder
Dam)이었다. 그러나 1947년 후버 대통령을 기념하기 위해 후버댐으로 개
칭되었다. 이 댐은 지금도 위대한 건축물로 명성을 이어가고 있는데, 미
국 내 7대 현대건축물에 포함된다. 1981년 미국 국립역사관광지(National
Register of Historic Places)에 등록되었으며, 1985년에는 국립사적지(National
Historic Landmark)로 지정되었다.

　댐을 건설하면서 블랙캐니언은 단단한 화산석이라 공사 진행에 어려움
이 많았다. 이때 만들어진 철길로 흙과 자갈 그리고 시멘트 등을 옮겼다.
댐 공사가 완료된 후 철로는 뜯어내고 서너 개의 터널과 자갈길만 남아

있다. 지금 이 자갈길은 산책로로 이용되고 있는데, 간간이 벤치가 놓여 있다. 사람들의 왕래가 없어서 그런지 터널 천정에는 박쥐가 잠자고 있는 게 보였다. 또 다른 곳을 한참 걷다 보니, 주변이 바위와 절벽 그리고 고운 모래와 자갈밭이 태초의 모습처럼 나타났다. 그런데 몇 시간 이곳을 돌아다녀도 사람을 거의 볼 수 없어서 외로움마저 느끼게 된다. 진솔한 자신의 참모습을 되돌아볼 뜻밖의 기회가 생겨서 의연해진다. 어쩌면 이 자리에는 푸른 하늘과 맑은 물, 뜨거운 환한 햇살이 자신만의 자유가 허락된 곳이라 그런 성싶기도 하다. 이곳에 나의 영혼도 담겨 있을 것이라 싶다.

중요한 사실이 하나 있다. 세계적인 노름의 도시이자 밤의 천국이라고 하면, 사람들은 주저하지 않고 라스베이거스라고 대답한다. 맞다. 이 라스베이거스에는 카지노가 많아 그야말로 관광과 도박의 도시다. 이에 걸맞게 결혼과 이혼 절차도 간편한 곳으로 섹스의 천국이다. 이 도시는 1905년에 세워졌고, 6년 뒤인 1911년에 라스베이거스라는 도시로 정식 등록하게 된다. 또한, 세수(税收) 목적으로 주정부가 1931년 카지노 사업을 합법화시킨다. 바로 이해 후버댐 공사가 시작되고 노동자들이 이곳으로 동원되면서 세계 최대 카지노의 도시, 라스베이거스가 활성화되는 첫 단추가 채워지게 되었다. 댐 건설에 참여한 수천 명의 노동자와 가족들은 이곳에서 여가를 즐기기도 했지만, 한방에 얻어지는 일확천금을 노리고 라스베이거스로 몰리기 시작하면서 그렇게 성장했다.

또 있다. 바로 볼더 시다. 이 도시는 댐 건설을 위해 값싸고 인원 수급이 수월한 5,000명의 노동자를 위해서 연방정부가 주택을 건설한 곳이다. 이 사업은 연방정부의 감독하에 계획되고, 연방 감독을 통해 도시 건축가인 네덜란드 출생의 사코 릭데보(Saco Rienk DeBoer)가 도시 전체를 설계했다. 그는 콜로라도 덴버 주변 도시와 로키산맥 주변 교외도시도 설계

하여 경험이 풍부했다. 그가 제일 먼저 강조한 것은 이곳이 댐 부근이라 마을 전체와 근로자에 대해 깨끗한 생활 환경을 강조했다. 간척(干拓)은 여러 회사로 결정되고 1931년에 도시 건축이 시작되었다.

그는 언덕에는 관리자의 주택을, 아래쪽에는 노동자가 거주할 수 있게 설계했다. 아마도 통제 수단으로 그렇게 하지 않았나 싶기도 하다. 이를 증명이라도 하듯 초창기에 일하기 위해 찾아온 노동자들은 부근 임시 공항에 도착한다. 말을 탄 세관원들은 노동자의 몸 상태를 확인하고 즉석에서 노동허가서를 끊어준다. 그러면 관리자가 이곳으로 데리고 와서 아래쪽에 있는 집을 배정하면서 각서를 쓰게 하고 현장에 투입시켰다. 그리곤 일이 끝나서 집으로 돌아오면 언덕에 집이 있는 관리자가 그들을 수월하게 감시할 수 있었을 것이다.

특히, 이곳에서의 상가 개발은 도시과의 통제 아래 엄격하게 제한을 두고 녹색도시(綠色都市)로 개발시켜 나갔다. 그런 통제 탓인지 1969년까지 술 판매와 음주 그리고 도박까지 금지시켰다. 온종일 일하다가 집에 돌아와서 술이나 도박을 하게 되면, 다음 날 위험한 댐 건설 작업에 지장이

렌즈를 통해 본 디지털 노마드

있을 뿐만 아니라 그로 인한 부상이나 낙상사고 등이 벌어질 수 있으므로 그것을 사전에 막고자 했던 것이다. 이러한 통제 속에서 댐 건설이 이루어졌는데도 착공에서 완공까지 112명의 인원이 목숨을 잃었다고 한다. 대신 노동자들의 스트레스를 풀어주기 위해 라스베이거스로의 여행은 의무화시켰다. 엎어지면 코 닿을 거리에 라스베이거스가 있어 그런지 이곳에서의 도박장 허가는 지금까지 시법(市法)으로 금지하고 있다.

2010년 인구조사서를 보면, 15,023명이 거주하고 있고 그 흔한 빌딩이 없다. 먼저, 애리조나 거리(Arizona St.)에 있는 역사적인 볼더댐호텔(Boulder Dam Hotel)을 찾았다. 호텔 코너에는 청춘남녀가 서로 껴안고 있는 청동으로 만든 조그마한 동상이 서 있다. 1933년에 문을 연 이곳은 2층에 박물관과 작품실이 꾸며져 있었다. 안으로 들어가니 그 당시 상황이 재현되어 있고, 사진 촬영도 허용했다. 이 도시의 모든 호텔은 객실이 서른다섯 개 이하로 정해져 있어서 증축이나 개축을 할 수 없다고 한다. 도시 중심가에는 그 당시의 사탕가게와 초콜릿가게들이 있는데, 지금도 영업하고 있다.

이곳 볼더 시에 있는 집은 친구의 집이 아니라 시애틀에 사는 친척의

집이다. 추위를 많이 타는 그 친척은 겨울에만 이곳에서 생활한다. 주변은 덥지만, 공기가 맑고 깨끗하다. 또한, 바람이 자주 불어댄다. 친구도 이곳에 집을 사고자 했으나, 백호주의가 팽배한 탓인지 동양인을 꺼리는 듯해서 포기했다고 한다.

친구의 집에서 눈을 돌리니, 미드 호(Lake Mead)가 한눈에 들어온다. 이곳도 후버댐 건설로 생겼다. 미국에서 가장 큰 인공호수인 이곳에 콜로라도, 와이오밍, 유타에 있는 로키산맥의 눈이 녹아내려 모이는 물이다. 이 물은 다시 수로를 통해 남부 캘리포니아와 네바다로 흘려보내지고 있다. 미드 호는 길이 185킬로미터, 너비 1.6~16킬로미터, 둘레 1,221킬로미터, 깊이 162미터, 450억 톤의 물을 저장할 수 있다. 수면 면적 640제곱킬로미터로 서울시 크기와 비슷하다. 호수 주변에는 오버톤비치(Overton Beach), 에코베이(Echo Bay), 콜빌베이(Callville Bay), 라스베이거스 베이(Las Vegas Bay), 템플바(Temple Bar), 볼더비치(Boulder Beach)가 있다.

미드(Mead)라는 호수 이름의 유래는 이렇다. 1924년부터 1936년까지 미국 개척국(US Reclamation Bureu)에서 일한 호수 개발 감독관 엘우드 미드(Elwood Mead)의 이름을 따서 붙인 것이다. 1936년 1월 13일에 건립된 미드호국립휴양지(Lake Mead National Recreation Area)는 면적이 6,055제곱킬로미터로 그랜드캐니언국립기념지의 서쪽 끝에서 데이비스댐 아래까지 콜로라도 강을 따라 386킬로미터가량 뻗어 있다. 모하비 호와 후알파이 인디언 보호구역의 일부가 이곳에 포함된다.

본래 이곳에는 어부들이 모여 살았다. 댐 공사가 시작되고 댐 뒷부분에 물이 채워지기 시작하면서 원주민들은 침수되는 마을들을 버리고 다른 삶을 위해 새로운 길을 찾아가야 했다. 대부분은 가까운 라스베이거스에서 일하기 시작했다. 아직도 어부의 후손들 중 일부가 라스베이거스에서 생활하고 있다. 한 번쯤 그들을 만나 고향의 애환을 들을 수 있으리라 싶다.

미드 호 안에 있는 볼더비치에 갔다. 이곳에는 낚시, 수상스키, 수영, 보트 놀이, 일광욕 등 다섯 개의 정박소가 있다. 호수 위의 넓은 블록을 따라 걷다 보면 식당과 여러 놀이시설이 물 위에 다 모여 있다. 이곳에는 떼살이잉어를 볼 수 있는데, 사람들이 주위에 있어도 아랑곳하지 않고 유유자적하다. 미국에 와서 이렇게 많은 잉어를 본 적이 없다. 워싱턴 주에 살 때 컬럼비아 강에서 잡아온 많은 양의 잉어를 본 적 있지만, 살아 움직이는 상황은 아니었다. 주변에 변변한 나무 한 그루 없다. 그런데 어디서 날아온 것인지 노란 단풍잎 서너 개가 물 위에서 잉어 떼와 오리 떼 사이로 여유롭게 물놀이하고 있다. 가슴이 먹먹할 정도로 더운데 노란 단풍잎은 어디서 온 것일까. 잉어들과 함께 물놀이하기 위해 바람을 타고 추운 곳에서 이곳까지 날아온 것일까. 하기사 이곳을 벗어난 다른 주들은 이미 가을이 시작되고 있지 아니한가.

30대 초반, 강원도 깊은 산골 어느 양철집에서 학생들과 함께 하룻밤 묵을 때였다. 저녁노을이 비치는 마루에 앉아 있었다. 소리 없이 떨어지는 낙엽을 보며 "이

깊은 가을에 기도하는 것을 가르쳐 주소서!"라고 고백했던 적이 있다. 자연과 하나가 되어 있는 가을에, 겨울을 조용히 맞아들이려는 간곡한 기도였다. 그동안의 봄, 여름은 얼마나 감정과 행동이 헤펐던가. 적어도 가을엔 인생을 향한 경건한 기도를 하고 싶었다.

또다시 노란 단풍잎 주변을 잉어가 떼 지어 빙빙 돌고 있다. 단풍잎은 푸르렀던 봄, 찬란했던 여름을 지나 꽃 지고 열매를 떨구더니 이제 잎새마저 물 위에 떨어져 있다. 이곳에서 산천경개를 완상하며 마지막 삶을 유영하는 것일 게다. 물 위에 떠 있는 단풍잎을 촬영한다. 그리고는 건져 올린 단풍잎을 종이로 물기를 닦고 카메라 가방에 넣는다.

곧 가을이 올 것이다. 이 단풍 사진을 예쁜 사진엽서로 만들어 겨우내 그리운 이에게 보낼 것이다. 다들 멀리 있기에 더욱 그리운 이름들을 차례차례 새겨보리라. 그리고 열정적으로 내 가슴에도 아로새길 것이다.

친구와 초콜릿가게에 들렀다. 테라스에 앉아 아이스크림을 한 개씩 입에 물고 피곤을 풀어본다.

웨일스에서의 오로라

알래스카 대륙 중 서쪽으로 뻗어 있는 수어드반도(Seward Peninsula), 이곳은 코체부 만(Kotzebue Sound)과 노턴 만(Norton Sound) 사이에서 서쪽으로 돌출해 있으며, 베링해협(Bering Strait)을 사이에 두고 러시아연방 시베리아(Siberia) 북동단과 마주 보고 있다. 이곳 반도의 대부분은 해발고도 500~1,000미터의 산지이며 툰드라 지대이다.

수어드반도 끝자락에 있는 웨일스(Wales)에 있는 친구 집을 선택했다. 이곳에는 에스키모의 어촌 마을이 있고, 리틀 아이오미드 섬으로 가는 전진기지가 있다. 삶이 버겁고 한계가 느껴질 때 이따금 나는 이곳을 찾는다.

먼저 앵커리지 국제공항(Anchorage International Airport)을 경유, 어둠이 꽉 찬 도시 코체부(Kotzebue)에 도착했다. 여기서 다시 6인승 경비행기를 탔다. 한겨울이라 그런지 승객이라고는 나와 원주민 한 사람뿐이라 비행기 한 대를 전세 낸 듯싶었다. 기내에는 일상복 차림의 백인 중년 여성이 조종석에 혼자 앉아 기내방송까지 한다. 색바랜 좌석에다 덜덜거리는 엔진 소리가 귀에 거슬려서 주머니에 있는 아이패드를 꺼낸다. 이어폰을 귀에 꽂고 구름 위의 수많은 별을 본다. 환영(幻影)일까. 거기엔 희뿌여니 동튼 마을과 아련한 노을이 보이고, 어린 왕자가 활짝 웃는 얼굴로 발자국을 하나둘 찍어내는 모습이 보인다.

알래스카는 넓다. 원주민의 언어로 '위대한 땅'이라는 뜻이다. 자연경관뿐만 아니라 엄청난 매장량의 석유와 천연가스를 비롯한 지하자원은 물론 풍부한 어자원까지 갖고 있다. 이런 알래스카의 역사를 돌이켜보면 한 치 앞을 내다보지 못하는 우리의 자화상과 똑같다는 생각을 하게 된다.

러시아 황제의 의뢰로 덴마크의 탐험가 베링(Bering)이 이끄는 러시아 선원들이 1741년에 알래스카 본토를 발견한다. 러시아는 알렉산드르 바라노프(Alexandr Baranof)를 지사(知事)로 파견하여 이곳을 실질적으로 통치하며 영향권을 행사한다. 그런데 호사를 누리던 러시아는 궁정의 사치로 재정이 궁핍해진 상태에 영국과의 분쟁까지 심화되고 있었다. 수달피 등 모피 교역마저 시들해진 이 땅을 차지하고 있던 러시아로서는 캐나다와 영국의 침략이 두려웠고, 얼어붙은 고립무원한 상태의 동토를 딱히 다른 용도로 활용할 일이 없었다. 결국, 러시아 황제 알렉산드르 2세(Aleksandr II)는 중단된 대서양 전신 케이블로 이 땅에 관심 있는 미국에 판매하기로 결정한다. 1867년 3월 초에 주미 러시아 공사 예두아르트 수테클에게 미국 국무장관 수어드(William H. Seward)와 협상토록 지시한다.

수어드는 위대한 대통령 에이브러햄 링컨(Abraham Lincoln)이 국무장관으로 임명한 자로, 남북전쟁(American Civil War, 1861~1865)에서 탁월한 능력을 발휘했다. 이 당시 미합중국은 남북전쟁 직후라 남부의 산업화와 서부 개발이 우선이었다. 이랬으니 영토 확장을 위해 알래스카를 꼭 사야

한다는 수어드의 제의에 대해 미국 의회와 언론은 매몰차게 거부한다. 그래도 끝까지 밀어붙인 수어드 국무장관 안(案)이 많은 논란 끝에 1표 차이로 인준된다.

드디어 1867년 4월, 720만 달러(에이커당 2센트)의 알래스카 구입 건은 상원에서 37:2로 인준받고, 다음 해 7월, 하원에서도 113:48로 인준하기에 이른다. 하지만 이를 인정하고 싶지 않았던 일부 의회 지도자들과 언론은 계약서에 서명한 수어드 국무장관을 끈질기게 씹는다. 얼마나 집요했으면 수어드의 어리석음(Seward's Folly), 수어드의 어름 별장(Seward's Ice

Box)이라고 비난했다. 그것도 모자라 당시 대통령이었던 앤드루 존슨의 이름을 딴 앤드루 존슨의 북극 별장(Andrew Johnson's Polar bear Garden)이라는 신조어까지 생겼을까.

1920년부터 이 동토에서 황금이 발견되었고, Ice Box는 곧 Golden Box로 변했다. 그뿐만 아니라 엄청난 원유와 천연가스, 목재, 어원 등으로 그 가치를 측정하기 힘들어졌다. 또한, 군사 요충지로서 미국의 북방을 지켜주는 요새라는 것이 인정되자, 1959년 미국의 마흔아홉 번째 주로 탄생하는 영광(?)을 얻게 되었다.

공항에서 에스키모 친구 '쿤트라'가 반갑게 맞이해 준다.

다음 날 아침 11시, 밖은 희벗하게 은빛 세상으로 변한다. 12월 중순은 이 시간에 태양이 솟기 시작하고 오후 3시면 해가 진다. 보퍼트 해(Beaufort Sea)에 있는 배로(Barrow)는 스물네 시간이 온전한 밤인데, 그곳에 비하면 이쯤은 무슨 대수랴! 영화 〈빠삐용〉에서 햇빛 하나 없는 교도소에 갇혀 있던 죄수인 주인공은 형틀 뚜껑이 열리자 청잣빛 하늘에 눈부신 태양을 바라보는 감격이 이만하랴 싶다.

창밖 유리창에 긴 고드름이 늘어져 겨울이 한참 농익어 있다. 다시 눈은 먼 곳으로 향한다. 온통 하얀 세상이다. 밤을 새우고 흰 물감으로만 붓을 찍은 거장의 고된 노동 속에 배어 있는 듯한 숨결이 오롯이 전해진다. 그랬다! 큰 붓으로 한 점 한 점 하얗게 점 찍어 만든 서정적 대작이다. 그리고 간간이 보이는 집들은 은빛 속 색채 미학의 결정판이다.

밖으로 뛰어나왔다. 기쁨과 설렘은 잠시뿐이고 냉동실 같은 추위가 칼로 베는 듯한 아픔으로 머리를 짓누른다. 햇살이 비치는 동쪽을 바라본다. 산, 눈, 언 바다와 세상은 한국의 전통적 소재를 다룬 백자빛 구상작품이다. 잔잔한 감동으로 나의 마음은 정겹고 푸근해진다. 이번에는 서쪽

렌즈를 통해 본 디지털 노마드

을 바라본다. 추사 김정희의 세한도(歲寒圖)와 같은 아름다운 묵화가 떠오른다. 어느덧 짙은 민족적 아픔이 배어 있는 듯 가슴속으로 다가온다.

　이런 눈 속에서는 자동차 이동은 거의 불가능하다. 차량 이동이 불가능할 때 가까운 곳에는 개썰매나 스노모빌이 수송과 이동을 맡고, 먼 곳에는 개인용 헬리콥터가 이용된다.

　친구는 개썰매를 타고 동네 한 바퀴를 돌자고 한다. 개썰매! 겨울을 찾아온 나에게 이 무슨 호사인가. 갑자기 마음이 급해졌다. 데리고 온 개는 여덟 마리다. 모두 시베리안 허스키(Siberian Husky)다. 썰매 앞에 붙어 있는 플라스틱 끈에 한 마리씩 목걸이 고리를 채운다. 목걸이에 플라스틱 끈이 묶이자마자 이놈들은 벌써 출발하려고 컹컹거린다.

　썰매에 앉으니 친구가 사슴 가죽을 나의 두 다리 위에 덮어준다. 그리고는 뒤에서 개줄을 두드리며 소리를 지르자 움직이기 시작한다. 잔잔한 구름 사이 푸른 하늘을 보며 설원을 달린다. 벌써 어릴 때 외가 강가에서 썰매를 타던 동심으로 이끌려 간다.

　어느덧 드문드문 100여 가구가 모여 사는 동네를 지나고 바닷가를 향하고 있다. 언 바다 언저리는 헤쳐놓은 빨래터 같고, 누군가가 찾아와주기를 기다리는 것 같다. 서리가 내려앉은 나무숲 사이를 미끄러지듯 달리노라니 정신과 마음이 평온해진다. 산업화된 세

렌즈를 통해 본 디지털 노마드

상이 만들어 내는 귀에 거슬리는 소음은 아스라이 사라지고, 들리는 소리라고는 개썰매가 움직일 때 나는 쉭쉭거리는 단순한 소리뿐이다. 그때 인간이 고독한 존재라는 것을 뼈저리게 느끼며 자연 앞에서 인간은 참으로 하찮은 존재임을 생각했다.

아문센(Roald Amundsen, 1872~1928)이 나침판을 들고 남극점을 향해 개썰매로 출발한 지 55일 만에 1911년 12월 14일, 인류사상 최초로 남극점에 도달했을 때, 그 부푼 가슴이 이랬을까. 언 바닷가와 동네를 보며 삶의 무게가 착잡하게 머리를 짓누른다. 되돌아올 때는 직접 개줄을 잡아 보았다. 개썰매를 모는 사람인 머셔(musher)가 된 기분이다. 한 시간여 만에 되돌아왔다.

이곳에서 남쪽 140마일 떨어진 곳에 놈(Nome)이 있다. 평균 섭씨 영하 15도에서 영하 50도의 강추위 속에서 윌로(Willow)에서 놈까지 1,105마일의 길을 달리는 '아이디타 로드 개썰매 대회'가 있다. 출전 선수는 12~16마리의 개를 사용한다. '카리브라'라는 사슴 가죽을 두르고 얼굴에 맞닥치는 찬바람을 막기 위해 '고글'이나 일반 마스크를 사용하며 설원을 질주한다.

며칠을 달리다 보면 혼자서 외롭게 개들과 함께 목적지를 향하게 되며 험난한 곳을 달리다 보니 많은 개와 사람이 다치게 된다. 완주하는 출전 선수를 보면 사망한 개들의 빈자리가 눈에 띈다. 또한, 한밤에 개들과 빙하를 달리다 보면 간혹 '오로라'를 볼 수 있는 행운도 얻을 수 있다고 한다.

이곳 에스키모 원주민의 얼굴은 우리와 똑 닮았다. 그들의 얼굴 피부와 눈 속에서는 탱자나무 아래 우물가에서 물 긷는 아낙네의 잔잔한 웃음소리가 들리고 물동이와 바가지가 보인다. 그리고 검은 머리카락에선 청매화 내음을 맡을 수 있다. 마치 베토벤의 〈피아노 소나타 제14번 월광(月光)〉과 어우러지는 등 푸른 고등어 뱃살을 보는 듯하여 싱싱하고 싱그럽다.

원주민과 함께 생활하면서 그들이 싫어하는 말을 내뱉었다.

"너희는 나와 같은 동양인이다. 동족끼리 한곳에 살지 못하고 서로가 다른 언어로 살아가는 것은 선조의 행적 때문이다. 너희가 이곳에 산다 해서, 인종에 대해 아무리 부정하고 먹는 게 다르다 해도, 철두철미 동양인의 후예일 수밖에 없다. 그 이상도 아니다. 아니, 그것을 벗어날 새로운 이상(理想)은 없을 것이다."

어쩌면 이 말은 나 자신의 정체성을 향한 심층적 고해성사인지도 모른다.

내일 나는, 내가 사는 곳으로 되돌아가야 한다.

일주일 내내 몇 시간 안 되는 낮엔 들개처럼 바깥을 쏘다니고, 밤엔 창가의 침대에서 불 끄고 하늘을 쳐다보다 새벽 늦게 잠들었다. 영롱하게 빛나는 별을 보며 운이 좋아야 볼 수 있다는 오로라가 나오기를 기다리느라 그랬다. 알래스카 주기(州旗)는 푸른 바탕에 주걱 모양의 북두칠성이 있고, 오른쪽에는 큰 별 북극성이 그려져 있다. 참 단순하다. 차라리 오로라를 중심에 넣고 두 별자리를 그려 넣었으면 미적인 주기가 되었으리라는 엉뚱한 생각을 한다.

새벽 3시다. 잠이 들까 말까 하는 눈꺼풀을 계속 만지며 그래도 눈은 하늘로 향했다. 오로라다! 드디어 오로라가 나타났다. 연녹색 오로라가 놀랍게도 움직이기 시작한다. 담배 연기처럼 길게 늘어져 흐른다. 새벽의

렌즈를 통해 본 디지털 노마드

여신 오로라가 금방이라도 그 연둣빛 속에서 걸어 나올 것만 같다. 오로라가 흐르는 주위의 별은 더욱 반짝인다. 별로 형성된 점이 아니라 별을 '심어놓은' 것이다. 순수한 조형 요소를 활용한 대작이다. 고고하게 흘러내리는 오로라의 찬란한 색과 별빛은 웅장한 천체를 보는 듯하다. 그 속에 피카소가 캔버스에다 세상을 향해 빛을 뿜어내고 있다. 반 고흐가 보인다. 테오에게 "별이 반짝이는 밤하늘은 늘 나를 꿈꾸게 한다. (중략) 창공에서 반짝이는 저 별에 왜 갈 수 없는가?"라고 편지를 쓰며 자신의 죽음을 예감시켰다.

오로라의 흐름의 선과 색을 넘어 더 아름답고 높은 경지가 눈앞에 보인다. 흘러내리는 오로라 속에는 노랑색, 파란색으로 별들이 변한다. 그곳에 나의 얼굴도 함께 캔버스 안에서 빛을 뿜어내고 있다. 아니, 잘못 살아온 내 인생을 그곳에 묻고, 망각이라는 별이 되고 노래가 되어 가슴속으로 흘러들어온다.

얼마 지나자 오로라는 사라졌다.

다시 창밖에는 흰 눈이 내린다. 고요히 깊어만 가는 밤이다. 칠흑 같은 밤이 깊으면 깊을수록 지난날 정신적 병마에 신음할 때 허둥대고 밖으로 나돌기만 했던 것이 참회의 눈물로 되새겨진다. 유독 이 밤은 외로움과 괴로움에 지치도록 흰 눈이 내리고 쌓인다. 벌거벗은 내 자아의 모습이 영안(靈眼)으로 보이는 듯하다.

마른 목젖을 꿀꺽 삼키며 북극성과 북두칠성을 찾는다.

알래스카 빙하를 거닐다

워싱턴 주 긱하버(Gig Haber)에 잠시 들렀다. 서너 시간의 여유가 있어 15년 전에 살았던 바다가 보이는 집 주변에 들렀다. 옛집은 그대로인데 페인트 색깔은 밝은 연초록으로 바뀌었고 마당의 안테나와 작은 나무 담장은 잔디로 바뀌어 있었다. 눈앞에 보이는 6월의 푸젓사운드(Puget Sound)는 늘 그렇듯 호수처럼 잔잔했다. 순간 배를 타고 격랑이 심한 거친 바다 한가운데로 가고 싶다는 욕망이 불끈 생겼다. 이미 머릿속은 바다 한가운데에 있는 나를 보고 있었다.

세 군데의 크루즈 회사의 웹사이트 내용을 비교하며 연결했다. 다행히 빈자리가 있는 한 군데 회사를 찾았다. 다음 날, 지도 한 장과 두꺼운 옷 몇 벌, 그리고 카메라를 꺼내 들고는 시애틀 피어(Pier) 66번에서 크루즈 노르웨이 주월(Norwegian Jewel)에 올라탔다.

오후 4시가 되자 배는 서서히 움직이기 시작하며 7박 8일의 선상 생활이 시작되었다. 승무원만 1,100명인 93,502톤의 매머드급 여객선은 길이 294.13미터, 폭이 32.13미터, 최대속력이 46킬로나 된다. 노르웨이 크루즈 라인인 이 배는 NCL로 네 개 보석급의 첫 번째 여객선이라 그런지 호화롭기까지 했다. 이 배에는 식당과 카페 및 바, 영화관과 체육관, 카지노와 공연, 수영장과 스파, 교회 시설은 물론이고, 관광을 위해 젖먹이 아이부

렌즈를 통해 본 디지털 노마드

터 예닐곱 살 정도의 꼬마까지 무료로 봐주는 시스템이라 명실공히 호화
판 유람선임에 틀림없었다.

첫 번째 여행지 케치칸(Checkikan)으로 출발했다. 케치칸까지는 시애틀에
서 북쪽으로 679마일, 주노 남부에서는 235마일 거리다. 2010년 기준으로
만 명이 안 되는 사람들이 이곳에 삶의 터전을 두고 있다. 백인 60.7퍼센
트와 16.7퍼센트의 아메리카 원주민으로 구성되어 있고, 대학은 1980년에
만든 케치칸커뮤니티칼리지(Checkikan Community College)가 있다. 또한, 이
곳 지형은 31마일 정도로 길쭉하지만, 폭은 10블록 정도로 아주 좁다. 그
러니 도심지는 통가스 애비뉴(Tongass Avenue)에 다 모여 있다. 도심 한쪽에
는 수상가옥과 상업 건물들이 있고, 반대쪽의 집들은 가파른 언덕에 있
어 구불구불한 목조 계단으로 올라가야 했다. 또한, 이곳은 해양성 기후
이면서도 겨울은 섭씨 1도, 여름은 18도 정도로 연평균 12도 정도이다.

케치칸은 '천둥 치는 독수리의 날개'라는 의미를 지니고 있다. 이곳은 선
박이나 수상비행기로만 접근이 가능하다. 그러니 이곳에서는 미국 본토를

바로 연결하는 육로가 없
다. 하지만 알래스카의 관
문도시인지라 많은 방문객
이 들어오면서 아름다움과
장엄함을 처음으로 선보는
도시이다. 또한, 한때 이곳
은 '세계의 연어 수도(Salmon
Capital of the World)'라는 별
명을 지닌 도시였다. 1885년
이곳에 통조림 공장 부지로
선정되어 1930년대에는 열한

곳의 연어 통조림 가
공 공장이 들어설 만
큼 큰 호황을 누렸다.
또한, 목재업도 주산업
으로 자리매김했으나
지금은 둘 다 그 수가 급격히 줄었다. 대신 지금은 크루즈 운항이 시작되
면서 자연스럽게 관광산업이 주산업으로 이 도시는 발달하고 있다.

주요 볼거리는 틀링깃(Tlingit) 원주민이 세운 세계에서 가장 큰 토템
(totem) 기둥이다. 섹스만 토템공원(Sexman Totem Park) 내에 있는 작업실에
서 원주민이 직접 토템 기둥을 제작하고 있다. 이는 루스벨트 대통령 당
시 토템유산센터를 설립하여 부근에 흩어져 있는 토템을 복원 연구하여
보존케 한 것이다. 이 작업실 내부를 견학하며 기념품을 살 수 있다. 그

리고 기항지 관광은 피오르(fjord, 峽灣)를 날아 산 중턱 호수까지 왕복 운행하는 수상경비행기 투어 또는 광어나 연어를 잡아 올리는 낚시 투어도 할 수 있다.

도심을 걷다 보니 가랑비가 내렸다 그치기를 반복했다. 그렇다고 우산을 쓰지 않아도 될 성싶어 카메라 가방에 있는 모자를 꺼내어 쓰고 다녔다. 한 가게에 들어가 몇 개의 연어포와 페트병에 든 물을 샀다. 가게 주인은 이곳은 자주 비가 온다고 했다. 그러면서 이 비를 빗물이라고 안 부르고 '빛물'이라고 부른다고 했다. 빛물? 그러고 보니 가는 비를 햇빛이 통과하면서 반사되는 것을 보니, 빛물이 맞는 것 같았다. 이곳의 연평균 강우량이 163인치가 되고, 도시는 숲 언덕이 독특하게 둘러싸여 맑은 공기가 흐르는 통가스협곡을 마주 보고 있다. 그런가 하면 높은 산을 따라 나무로 만든 계단 사이사이 집들이 아름답게 보였다. 또한, 케치칸 수로(水路)는 수상비행기, 어선, 페리호가 분주히 드나들며, 바지선들이 내수로 지역 내 다른 항구로 물자를 실어 나르고 있다.

다음 기착지인 알래스카 주도(州都)이며 미국에서 크기가 두 번째 큰 도시 주노(Juneau)로 향했다. 나는 선상에 나가 찬바람을 맞으며 주변을 구경하다 보니 배고픔을 느꼈다. 객실에 돌아와 케치칸 가게에서 산 연어포를 꺼내어 다시 선상에 나가 질겅질겅 씹어댔다. 지난해부터 나의 혈압은 곡예를 시작했다. 나이를 먹으면 그런 증세가 올 것이라고는 예상했지만, 세상살이의 욕망이 쓸데없는 콜레스테롤로 쌓였기 때문일 것이라 싶다. 가능하면 음식을 가려 먹다 보니 여행 중 보관이 편하고 오메가가 풍부한 연어포를 집었던 것이다.

주도는 1900년 미국 의회에 의해 싯카(Sikta)에서 주노로 이동됐다. 이때부터 알래스카의 주도가 되었다. 하지만 길이 14마일 피오르 지형 중심 부근에는 험준한 산 높이가 3,500피트나 된다. 이 탓에 고속도로와 연결

도로를 놓을 수가 없어, 주노는 선박 또는 수상비행기로만 접근할 수 있다. 주노는 1898년 클론다이크(Klondike) 골드러시 이전부터 금광 개발을 시도했던 도시였다. 1880년 틀링깃 인디언 부족장은 금광 개발자 조 주노(Joe Juneau)와 리처드 해리스(Richard Harris)를 훗날 골드 크리크(Gold Creek)로 알려진 곳에 불러 금맥을 찾게 했다. 이때부터 본격적인 금광 개발 타운이 조성되었으며, 금광 개발 지역은 세계 최대 규모의 금광인 트레드웰(Treadwell) 광산으로 발전시켰다.

무엇보다 주노가 다채로운 매력을 가진 이유는 알래스카에서 가장 오래된 도시이기 때문이다. 주노는 1906년 알래스카의 준주(準州. 주의 자격을 얻지 못한 행정구역)의 중심지가 되었고, 1959년 알래스카 미국의 마흔아홉 번째 주로 편입되면서 주도로 승격했다. 이곳은 주민 절반 이상이 공무원이다. 주요 볼거리는 멘덴홀주립공원(Mendenhall State Park)으로 호수와 연결된 폭 1마일, 길이 10마일이 넘는 거대한 빙하가 자리한다. 빙하가

렌즈를 통해 본 디지털 노마드

끝나는 부근에 세워진 방문자센터는 전시물뿐만 아니라 전망대, 극장, 편의 시설을 갖추고 있다.

시애틀의 한 관광객은 이곳에 몇 번 왔다면서 차를 타고 조금만 벗어나면 주거지 끝자락에 주노의 대표적인 명소 멘덴홀 빙하(Mendenhall Glacier)가 나온다고 했다. 이 빙하는 미국 최대의 국립 삼림구역인 통가스 국립삼림지 내에 있어, 멘덴홀 빙하로 빙하 조각이 흘러들어오는 광경을 감상하거나 하이킹을 하기에 좋다고 했다. 하지만 나는 생각이 달랐다.

이 친구는 계속해서 이곳에 대해 열을 토해냈다. 가지고 있는 관광안내 책자를 보여주었다. 내용은 이랬다. 1,500제곱 마일의 드넓은 주노 빙원에는 총 38개의 빙하가 펼쳐져 있는데, 그중 하나가 바로 멘덴홀 빙하였다. 빙하 대부분은 비행기를 타고 상공에서 조망할 수 있다. 헬리콥터 관광을 이용해 빙하 착륙, 빙하 트레킹, 빙하 개썰매 등을 즐길 수 있다. 아울러 주노에는 각양각색의 해양생물을 구경하는 옵션이 있다. 그런데 가격을 비교해보니 만만치가 않았다. 고래관광(Whale Watching)이 유명하고, 여름이 되면 큰 바다사자, 까치돌고래, 범고래, 혹등고래 등이 크릴새우와 청어 먹이를 찾아 몰려든다. 주노 연근해에는 60여 마리의 혹등고래가 서식하는데, 종종 해안에 모습을 드러내는 사진까지 담겨 있었다. 이 시애틀에서 온 관광객은 고래를 확실히 보려면 여행업체를 이용하는 것이 좋으며, 고래를 보지 못할 때는 전액 환불받을 수 있다면서 같이 가자고 제안했다.

나는 다른 여행의 옵션관광(excursion)보다 먼저 살아 숨 쉬고 있는 주노 도심을 보기로 했다. 도보여행은 많은 것을 건질 수가 있어 좋다. 조그마한 도시라 가까운 곳에 모든 게 오밀조밀하게 조성된 것을 금방 눈치채게 된다. 주청사, 연방법원, 우체국, 주지사 및 부지사의 사무실, 성 니콜라스 러시아정교회, 박물관 등의 유명 관광지를 차례로 둘러보았다. 유서 깊은 사우스 프랭클린 거리에는 한 시대를 풍미했던 고풍스러운 건물들이 선물가게, 레스토랑, 주점으로 탈바꿈해 있다.

시내를 한 바퀴 돌고도 승선할 시간이 많이 남아 있었다. 나는 지체하지 않고 로버트 산 중턱에 있는 멘델홀 빙하(Mendenhall Glacier) 위를 걸어볼 수 있는 헬리콥터 투어를 선택했다. 헬리콥터에서 내려다보이는 조그마한 주노의 풍광은 한눈에 들어오면서 아름답게 보였다. 도시는 마치 연탄불에 구운 참새 같았다. 한국에서 직장생활을 할 때 동료와 가끔 포장마차에서 고단한 삶을 서로 호소하고 애꿎은 정치가를 성토하며 희망을 이야기했을 때가 불쑥 떠올랐다.

헬리콥터가 빙하 위에 내렸다. 얼음을 밟고 안내자이자 비행사의 도움을 받으며 이곳저곳을 돌아다녔다. 크고 작은 얼음 사이 물이 흐르는 도랑이 있고, 주변에는 새들과 동물이 왔다 간 흔적이 고스란히 남겨져 있었다. 이 모든 것이 어우러져 빙원을 아름답게 만들었다. 이놈들도 옹기종기 모여 자기네들만의 이야기를 주고받으며 화목하게 지낼 것이다. 비바람이 몰아치는 밤에는 호젓한 풀숲 같은 안전한 장소를 찾아 나직나직 대화할 것이라 싶다. 어쩌면 자연의 대화는 사람에게 무정설법(無情說法)으로 깊은 신뢰를 준다.

분명한 사실은 이곳 빙원(氷原)은 아직도 원시시대 그대로였다. 단순히 밤과 낮으로 살다가 농경시대로 오면서 아침·점심·저녁으로, 하루를 12등분한 '십이지' 시대를 거쳐왔다. 나는 손목시계를 보면서 시, 분, 초의 시

간 단위가 세분화한
시대에 살아가고 있다
는 것을 새삼 느꼈다.
그러면서도 주머니에
있는 핸드폰을 꺼내
보며, 클릭 한 번으로
지구를 한 바퀴 휙 돌
아오는 정보시대와 핸
드폰 중독 시대에 살고 있다는 것을 새삼 느낀다. 돌아오는 헬리콥터에서
빙원을 바라다보며 차라리 등에 날개를 달고 이 원시시대 그대로의 빙원
을 유유히 나르고 싶다는 생각이 들었다.

그리고 바틀렛 코브에서 차로 10마일을 이동하면 구스타브스 마을인,
시골이 나온다. 좁은 길을 둘러봐도 변화가는 없다. 그러나 제2차 세계대
전 당시 사용됐던 활주로는 주노에서 오는 비행기들을 맞이하는 데 아
무런 문제가 없다고 한다. 주변에는 오두막 숙소, 여관, 레스토랑, 스포
츠 장비업체를 비롯해 고래 관광, 낚시 여행, 산악 등반, 카약 투어 여행
사 등을 갖추고 있다. 또한, 공원 방문객의 90퍼센트 이상을 차지하는 크
루즈선 관광객들은 구스타브스 마을(Gustavus Town)이나 공원의 본령인
바틀렛 코브(Bartlett Cove)에 들러 다채로운 모험을 즐기며 여흥을 달랜다.
대부분 보트 투어, 카약, 래프팅, 낚시, 빙하 구경, 고래 관광 등을 많이
하는 편이다. 바틀렛 코브를 중심으로 10마일 구간의 등산로가 조성되어
있기는 하지만, 그래도 이 공원의 진면목은 수상 스포츠일 것이다. 특히,
만 깊숙이 안긴 아늑한 협곡이나 내수로를 따라 펼쳐지는 카약 코스는
주변의 눈부신 빙하가 펼쳐진다.

크루즈선은 다음 목적지 스캐그웨이(Skagway)로 향했다. 스캐그웨이는

'북풍에 의해 거친 바다'라는 틀링깃 어구(語句)에서 파생된 단어다. 이처럼 스캐그웨이 주변 지역은 선사시대부터 틀링깃 인디언들이 거주했다. 그들은 바다와 이곳의 숲에서 사냥하고 도시에 거주하는 상인들과 물물교환했다.

1887년 윌리엄 '빌리' 무어(William 'Billy' Moore) 선장은 경계 조사 탐험의 일원으로 화이트패스(White Pass)로 알려진 코스트산맥(Coast Mountains)을 첫 번째로 기록 조사했다. 그는 탐사를 마치고, "남미, 멕시코, 캘리포니아와 브리티시컬럼비아에 있는 유사한 산맥에서 금맥이 발견되었습니다."라고 보고했다. 그리고는 그와 그의 아들, 벤(Ben)은 스캐그웨이 강(Skagway River)의 입구 160에이커의 토지에 정착했다.

하지만 이곳은 뭐니 뭐니 해도 전형적인 금광 타운이었다. 1896년, 도심 동쪽 캐나다 내륙 클론다이크(Klondike)에 금광이 발견되면서 한해 1,000명, 최대 4만 명의 광부가 시애틀에서 출발하는 증기선을 타고 이곳으로

몰려들었다. 그 탓인지 1897~1898년 사이는 그야말로 스캐그웨이는 무법 도시가 되었다. 광부를 모집하기 위한 사무실은 물론이고 밤낮 술과 싸움, 창녀들이 길거리마다 득실거렸고, 이를 이용하는 사기꾼도 많았다.

미국 정부는 1925년 2월 25일에 이곳을 포함한 남동 알래스카에 있는 글레이셔베이(Glacier Bay) 분지(盆地)와 빙하 베이 및 주변 산들과 빙하를 미국국립기념물로 선포했다. 또한, 1980년 12월 2일, 글레이셔베이국립공원(Glacier Bay National Park) 등의 부근 3,283,000에이커 지역을 보존지역으로 지정했다. 또한, 1986년 유네스코에서 세계유산으로 등재했다. 이는 세계에서 가장 큰 보호 유네스코 생물권이다.

배가 항구에 정박하니, 배 옆 선착장에 철로가 놓여 있다. 이 철로의 고객은 거의 크루즈 관광객이다. 이를 반영이라도 하듯, 매년 여름이면 관광버스를 비롯하여 연간 400회 이상 운항하는 유람선을 타고 온 방문객들로 붐빈다. 성수기가 되면 하루에 최대 다섯 척까지 크루즈선이 들어

오고 관광객 수는 8,000명에 이른다고 하니 스캐그웨이 인구의 10배나 되
는 셈이다.

나는 그동안 꼭 방문하고 싶었던 스캐그웨이에서 캐나다 브리티시컬럼
비아 프레이저(Fraser)까지 왕복 운행하는 네 시간 코스의 화이트패스와

유콘루트(White Pass & Yukon Route) 협궤열차를 선택했다. 가격이 저렴하다고 하지만 성인 113달러짜리였다. 이곳 대부분의 옵션 관광 요금은 엄청 비싸다. 어떤 것은 왕복 크루즈 요금과 거의 맞먹는다.

나는 배에서 내려 브로드웨이 애비뉴(Broadway Avenue)를 거쳐 현대판 클론다이크 골드러시 지역으로 향했다. 이렇다 할 장비 없이 손도구와 화약만을 사용해 2년(1898~1900) 만에 완공된 기념비적 철로로 금에 대한 인간의 욕망과 광기를 엿볼 수 있는 현장이기도 하다. 클론다이크까지 가기 위해서 가파른 경사 구간인 칠쿠트 트레일(Chilkoot Trail)을 거쳐야 했다. 철로를 놓으면서 강추위와 굶주림으로 2,000마리의 말과 수십 명의 광부가 동사한 비극의 현장을 데드호스협곡(Dead Horse Gulch)로 부른다. 이들은 가족을 위해 먹고 살려는 방편과 황금을 가져볼 기회를 찾아 이곳까지 와서 죽음을 마다치 않는 용기가 한 떨기 꽃송이처럼 지고 말았으니, 인생이란 어떤 방식으로든 언젠가 떠나야 할 이별이 주제인 것은 명명백백한 사실이리라.

그래서였을까 미국과 캐나다의 경계선에 있는 이곳의 지명을 아예 '와이트패스데드호스협곡(White Pass Dead Horse Gulch)'으로 부르고 있다. 이런 것을 상징이라도 하듯 이곳 스캐그웨이는 배가 들어오는 여름 시즌이 지나고, 겨울이 오면 모든 상점은 거의 문을 닫고 다음 해를 기다린다. 그만큼 이곳의 겨울은 눈과 혹독한 추위로 일상을 마비시킬 정도다.

낡은 열차를 탔다. 달리는 내내 빙하가 만들어낸 협곡과 폭포수의 절경이 펼쳐지며 차창 너머로 알래스카의 생태계를 가까이에서 관찰할 수 있어서 좋았다. 꼭대기에는 캐나다 국기와 브리티시컬럼비아 주기 그리고 미국 국기와 알래스카 주기가 걸려 있다. 주변을 걷다 보니 양지바른 곳에 보랏빛 야생화가 눈에 띄었다. 이곳의 야생화는 이내 시들고 이울어 갈 것이다. 나는 왜 보랏빛 봄 내음을 붙잡고 매어두고 싶은지 알 수가 없었다. 시간은 잠시도 멈추지 않고 흐르고 또 흐른다. 그리고 끊임없는 부침(浮沈)으로 변모와 변화를 거듭할 것이다. 이러다 어느 날 겨울 찬바람과 눈보라가 오면, 자신도 모르게 훌쩍 늙어버린 자화상을 보며 한숨짓게 되는 것이 이 때문이리라.

황량했던 과거의 역사를 뒤로하고 다시 낡은 기차를 탔다. 내려올 때는 올라갈 때와 달리 좌석을 바꾸게 하여 모든 경치를 다 보게 하려는 배려도 있었다. 도심에 도착하니 사람들이 붐빈다. 이처럼 금광시대에서, 오늘날 스캐그웨이의 주요 산업은 관광시대로 바뀐 것이다.

다음은 미국에서의 마지막 관광지인 글레이셔베이국립공원으로 향했다. 글레이셔베이국립공원은 높이 솟은 산봉우리, 빙하가 깎여 생긴 피오르의 다양한 해양 야생동물, 조수 빙하가 한데 어우러진 곳이다. 이곳은 알래스카에서 가장 수려한 풍경으로 알래스카 남동 지역을 지나 북부 지역으로 향하는 크루즈선들이 뱃머리를 돌리는 곳이기도 하다.

3만 3,000에이커 규모의 이곳은 얼음 황야라고 해도 과언이 아니다. 얼음 해협에서 20마일 떨어진 글레이셔베이(Glacier Bay)는 1974년 조지 밴쿠버 선장의 눈에는 그저 빙산이 침식되어 만들어진 평범한 만일 뿐이었다. 그러나 1879년 존 뮤어(John Muir)에게는 대단히 영광스런 역사적 발견이었다. 이곳의 27퍼센트를 차지하는 조수 빙하 50개 가운데 일곱 개는 활발한 움직임을 통해 빙산으로 분리되어 바다로 흘러간다. 존 홉킨스 빙하(Johns Hopkins Glacier)와 마르주리 빙하(Margerie Glacier)의 활동이 단연 돋보인다.

전날부터 배의 식당 입구에는 빙하를 볼 수 있는 시간과 안내문, 선내 방송까지 알려주었다. 선잠을 몇 번이나 깨고, 시간이 가까워져서 갑판 위에 가보니 뒤따라오는 다른 배만 보였다.

먼저 마르주리 빙하가 눈에 나타났다. 크루즈는 빙하 부근에서 물 위

에 앵커를 내렸다. 그사이 국립공원 서비스 레인저스에서 제공하는 작은
배가 도착했다. 나는 작은 배로 옮겨 타고 빙하 가까이에 갔다. 이곳에서
한두 시간 주변을 돈다고 했다. 얼마가 흘렀을까. 어마어마한 빙산이 깨
어지면서 물 위로 떨어지는 소리는 마치 천둥처럼 들리며, 파도가 하늘
높이 튕겨 올랐다. 이 빙하도 30여 년이 지나면 다 녹아 없어지고 다시는
볼 수 없을 것이라는 내용이 배에 붙어 있는 스피커를 타고 들려왔다. 남
극도 빙붕(氷棚)이 줄어들고 20여 년이 지나면 다 녹아 없어진다고 하는
데 말이다.

　또 다른 빙산이 바다 표면에 떨어졌다. 세월은 어느새 저만큼 비켜 있
고, 생명처럼 안고 뒹굴던 가치관마저 혼란이 왔다. 깨어지는 빙산은 무
소유를 가르치는 듯했다. 무소유란 꼭 필요한 것 외에는 아무것도 가지
지 않는 것이다. 거기서 한 걸음 더 나아가 세상에는 아무것도 가질 것이
없다는 데까지 생각이 미친다. 본질적으로 있음이 없으므로 가질 것도

버릴 것도 없을 것이다. 아무것도 없는데 무엇을 갖고 말고 할 것인가.

그런데도 깨어지는 빙산은 아픔의 소리를 내고 무너지고 있다. 그리고 는 이내 고독의 소리와 절망의 소리를 내고 사라진다. 이는 세상과 소통 하지 못하는 자연의 소리다. 사람과 환경에 상대할 수 없는 고독을 안고 숨지는 소리는 삶의 화음에서 소외된 애절함이 묻어 있는 외침의 소리이 리라.

다시 처음 도착지인 케치칸에 들렀다가 마지막 관광지인 캐나다 브리티 시컬럼비아 주 빅토리아아일랜드로 향할 것이다. 이날 저녁은 초콜릿중독 자(Chocoholic) 파티가 열렸다. 배 안에 있는 뷔페식당에 갖가지 초콜릿으 로 여러 형태로 차려 놓은 초콜릿 행사다. 감미로운 맛의 마지막 여행이 되라는 의미인 것 같았다.

이날의 파고(波高)는 심했다. 그래도 이 배는 쉬지 않고 빅토리아아일랜 드로 향해 가고 있었다. 침대에 누웠으나 쉬이 잠이 들지 않아 뒤척이다 가 선상으로 올라갔다. 오싹 추위를 느끼게 한다. 나의 몸을 스치고 지나 가고 있는 바람이 뭐라고 구시렁거렸다. 마치 숫돌에 칼을 가는 소리 같 았다. 그러면서 바람은 나의 잠바에서 서그럭거리는 소리를 크게 내고, 나의 얼굴을 빠르게 문지르며 지나간다.

바다가 보이는 카페에 앉았다. 길게 포말되는 파도는 가파른 산 밑에서 사라졌다가 다시 오고 조그맣게 앉은 집들의 불빛은 살구색이다. 흰 물 살은 속살을 드러내고 번득였다. 다른 배들이 지나가는 모습은 저녁 길 가에 아주머니들이 초라한 좌판을 벌여놓은 듯 외롭게 보였다.

해가 지고 있다. 먼 수평선 위에 붉은 덩어리가 내려앉으려 한다. 애잔 한 아름다움이 서쪽 하늘을 물들이고 있다. 또 하루가 저무는 것이다. 밤이 빠르게 찾아온다. 밤이 어두운 것은 어둠을 밝혀주는 등불이 있기 때문이다. 어둠은 아무것도 섞이지 않았을 때 오히려 어둡지 않다.

불을 끄고 침대에 누워 억지로 잠을 청했다. 하지만 잠은 안 오고 계속해서 깨어 바다에 떠도는 빙산이 눈에 밟혔다. 빙산은 인생을 생각하게 했다. 사람에게도 유년, 청년, 장년, 노년의 사계절이 있다. 자연의 계절이 철마다 독특한 아름다움을 가졌듯이 인생의 계절도 거기에 걸맞은 아름다움이 있다. 그런데 그것을 모르고 왜 이렇게 동동거리며 살아왔을까 싶다. 나이가 들어 그 아름다움을 알게 되었으니 그게 문제지만 말이다. 대신 침대에 누워 창문을 통해 밤하늘을 바라본다.

밤하늘에 떠 있는 조각달은 강한 고독을 느끼게 한다. 고독은 순수하게 만들고 자신을 돌아보게 한다. 이 밤은 쉽게 잠이 안 올 것 같다.

그레이트솔트 호수와
보네빌소금광원

솔트레이크시티(Salt Lake City)에 있는 한 친구에게 전화가 왔다. 아침 일어나 보니 어머니가 혼수상태라 종합병원에서 검사하니 뇌동맥 이상으로 말을 못하고 팔마저 마비가 된 레클링하우젠(Recklinghausen) 질환이라 했다. 다행히 사람은 알아본다며 지금 요양원에서 지내고 있다고 했다.

일요일 오전, 델타항공(Delta Airline)을 이용했다. 공항에 마중 나온 친구와 요양원에 함께 들렀다. 머리맡에는 가족의 사진 몇 장이 걸려 있었다. 나를 빨리 알아보지 못했다. 한참이나 눈을 비비다가 생각났는지 그때서야 반갑다며 "어어~" 하는 소리를 되풀이했다. 나의 손을 잡고 무슨 말을 하는데 통 알아들을 수가 없어 답답했다. 평소 좋아하던 초콜릿을

서너 봉지 드리면서 다음에 또 오겠다며 돌아섰다.

솔트레이크시티는 유타 주의 주도이다. 시내 한복판에는 엄청 큰 템플이 있다. 세 개의 첨탑으로 만들어져 있다. 중앙 첨탑 꼭대기에는 나팔을 부는 황금색 동상이 있다. 이 황금색 동상은 모르몬교에서 말하는 천사 예언자인 '모르나이'이고, 모르몬교의 총본산 사령부로 세계 포교를 총괄하고 있다.

일반적으로 교회는 십자가, 성당은 종이 걸려 있는데, 이곳은 나팔을 부는 황금색 동상이다. 지금은 많이 약해졌지만, 한때 이곳 주민의 대다수가 예수 그리스도 후기 성도 교회(The Church of Jesus Christ of Latter-day Saints)인들이었다. 이들은 표준 경전 『성경』 외 15편의 별도 『모르몬경』을 가지고 있기에 모르몬교(Mormonism)라 불리고, 약자로 LDS(말일 성도)라고 한다.

그런데 하나님의 부름을 받았다는 창시자 죠셉 스미스(Joseph Smith, 1805~1844)는 독특하게 일부다처제를 인정했다. 이유는 죠셉 스미스가 받

은 계시에 의한 것이라
는데, 이를 금하는 미
국 의회의 입법 내용
인 '국법을 준수하라'
는 교리와 '일부다처
제 허용'의 교리가 서로
상충했다. 이런 이유로 모르몬교는 110여 년 동안 기성 종교 단체와 국가
권력으로부터 질곡(桎梏)의 대상이 되었다. 이런 연유로 창시자 죠셉 스미
스는 연방법 위반 혐의로 1844년 일리노이 주 감옥에서 수감 중 피살되기
도 했다. 이후 건축가인 브리검 영(Brigham Young, 1801~1877)은 1847년 7월
24일 종교적 자유를 찾아 모르몬교인들을 이끌고 로키산을 넘게 된다.
1,300여 마일의 대장정 끝에 바로 이곳까지 찾아온 것이다. 그리고는 솔
트레이크 계곡에 공동 정착촌을 만들었다.

　먼저 시작한 일은 로키산맥의 줄기 그레이트솔트 호수 동쪽을 남북으
로 뻗은 워새치산맥(Wasatch Mts.)에서 흐르는 물을 이용한 일이다. 이들
은 관개시설을 갖추고 그들 특유의 단합된 개척정신으로 사막과 모래벌
판을 비옥한 옥토로, 농장으로 만들어 나갔다. 재미있는 설화가 있다. 펄
벅(Pearl S. Buck)의 작품 『대지』에 농사꾼 왕룽은 홍수와 가뭄 등 천재지
변의 시련을 겪으면서 돈을 모아 대지주가 되는 과정에서 메뚜기 떼가 등
장한다. 역경을 이겨내는 방법은 다르지만, 이곳에도 다 익은 농작물에
거대한 메뚜기 떼가 덮친다. 그런데 놀랍게도 사람이 아닌 갈매기 떼가
퇴치해 준다는, 1848년의 설화는 유타 주에서 빼놓을 수 없는 전설이 되
어 있다. 이 메뚜기를 '모르몬 메뚜기(Mormon Cricket)'로 명명되어 대영백과
사전에도 올라 있고, 갈매기는 주를 상징하는 새가 되었다.

　계속해서 유타 주는 1850년 미연방에 유타 준주로 등록되고, 정착촌이

었던 이곳을 중심으로 1896
년 1월 4일 미연방의 마흔다
섯 번째 주로 가입하게 되었
다. 하지만 계속해서 모르몬
교의 일부다처제도가 계속해
서 사회적인 문제가 되었다.
결국, 1890년 10월 모르몬교
연차대회에서 만장일치로 일
부다처제도는 전면 폐지되면
서 지금에 이르게 된 것이다.

또 있다. 차를 몰고 가다
보면 벌집이 그려져 있는 사
인판을 계속 보게 된다. 이곳
사람들은 지금도 유타 주 혹

은 벌집 주(Beehive State)라고 부른다. 이는 이주 초기 꿀벌의 습성처럼 공
동체에 대한 협력과 부지런함의 상징인 벌집에서 유래된 것이다. 이때 재
미삼아 붙어진 이름이 바로 '벌집주'이다.

유타 지역은 나바호(Navajo) 인디언들의 땅이었다. Utah는 Ute, 인디언
족의 말로 '산에 사는 사람'이라는 뜻이다. 인디언들의 역사는 항상 그래
왔던 것처럼 이 땅은 멕시코 땅의 일부로 강제 편입되었다. 그러나 1845
년 멕시코에서 독립한 텍사스공화국이 멕시코의 반대에도 불구하고 미국
에 자발적으로 합병한 텍사스 합병 사건이 일어났다. 이 사건은 이듬해
1846년 멕시코와 미국의 전쟁으로 이어졌다. 멕시코가 전쟁에 패배하면서
1848년 1월 멕시코가 평화협정을 요청하고, 1848년 2월, 양국은 과달루
페 이달고 조약(Treaty of Guadalupe Hidalgo)을 체결했다. 이때 미국은 전시

(戰時) 중 멕시코 영토에 끼친 손해 보상금 1,500만 달러를 지불하고 멕시코의 대미 부채 325만 달러까지 탕감시켜 주었다. 그 결과 캘리포니아는 물론 네바다, 유타, 애리조나, 뉴멕시코, 텍사스 등 미서부 지역의 광활한 영토를 차지하게 된 것이다.

유타 주의 매력은 큰 협곡이다. 숨을 멎게 할 정도로 멋진 경치를 여러 국립공원에서 볼 수 있다. 그래서인지 솔트레이크시티는 아메리카 대륙을 남북으로 가로지르는 로키산맥 서편을 따라 도시가 남북으로 형성되어 있다. 도시의 평균 해발이 1,200미터인 고산지대이며, 최고봉인 킹스 피크 (Kings Peak)는 해발 4,126미터로 만년설이 덮여 있다. 겨울에는 스키를 즐기려는 사람들로 붐비고 리조트 시설이 잘 갖추어져 있다. 특히, 솔트레이크 근교에 내리는 눈은 상질의 눈으로 유명하다. 이 특성 탓에 2002년 동계올림픽이 개최되었다.

   나는 친구와 함께 도시 북서쪽에 있는 그레이트솔트 호수(Great Salt Lake)에 들렀다. 호숫가에는 두꺼운 소금층이 얼음처럼 덮여 있다. 베어·웹버·조던 강에서의 물은 배수구가 없는 이 호수로 흘러들어 오고 있다. 이 호수에는 바다갈매기, 작은 새우, 원생동물 등이 살고 있다. 또한, 이 호수에는 여덟 개의 섬 앤털로프(Antelope), 스탠스베리(Stansbury), 프리몬트(Fremont), 돌핀(Dolphin), 해트(Hat), 컵(Cub), 캐링턴(Carrington) 등이 있고 야영장을 갖추고 있다.

   이 호수는 호면(湖面)이 해면(海面)보다 낮다. 길이 134킬로미터, 너비 82킬로미터, 해발 1,282미터, 넓이 4,660제곱킬로미터, 깊이 4.5미터가 된다. 1903년 호수 횡단철교가 완성되어 대륙횡단철도의 명승지가 되었는데, 말 그대로 소금호수이고 서반구에서 가장 큰 내륙 염호수(鹽湖水)이다. 염호수는 염분이 많은 곳을 말하는데, 일반 바닷물의 염도는 대략 4퍼센트 정도이다. 이곳의 염도는 우기에 따라 다르지만 대략 20~27퍼센트 정도가 된다. 그러니 바닷물보다 5~7배 정도 염도가 높은 편이다.

   이곳에도 '요단 강'이 있다. 한 곳은 우리가 잘 아는 이스라엘의 '요단 강'이다. 이스라엘의 요단 강은 갈릴리해가 사해(Dead Sea)로 흐르는 강이

며, 유타 주의 요단 강은 그레이트솔트 호수와 유타 호를 흐르는 강이다.

차에 있는 종이컵을 꺼내어 호숫물을 조금 떠서 입에 넣었다. 이내 뱉고 생수로 입안을 헹궈도 짜고 쓴맛은 가시지 않았다. 마치 소금 덩어리를 입에 문 것 같은 기분이 들었고 기침과 구역질까지 났다. 호숫물의 화학 성분은 바닷물과 흡사한데 염도가 높다. 이유는 호수로 유입되는 물의 공급량보다 자연 증발량이 훨씬 높기 때문이다. 사해의 물은 1리터당 250그램의 염분이 들어 있는데 이곳 물은 270그램으로 사해의 염도보다 높다. 이 호수의 소금 매장량은 대략 60억 톤 정도가 된다. 어쩌면 이스라엘에 있는 사해(死海)와 비슷한 환경이다. 4월 중순이지만 낮 온도가 섭씨 28도였다. 주위에서 퀴퀴한 냄새가 나서 40도가 넘는 한여름철에는 어떨지 모르겠으나 수영할 생각은 전혀 들지 않았다.

짠물은 밀도가 높아 사람의 몸을 쉽게 물 위로 떠오르게 하는 속성이 있다. 마치 진공 상태로 떠 있는 것 같다. 흥미로운 것은 두 곳 다 물 위에 누워 책을 볼 수 있다는 것이다. 그러니 이곳도 아무런 걱정 없이 물에 들어가면 그만이다. 나는 어릴 때 바다에서 헤엄치다가 몸에 힘을 빼고 가만히 누워 있으면 떠오른다는 사실을 알게 되었다. 이것을 체득한

나는 물결이 거칠고 헤엄치기가 힘들 때는 배영을 하듯 누워 파란 하늘을 보면서 잠시 쉰 적이 많았다. 그런데 여긴 그런 것도 필요 없고 드러누우면 그만이고, 사고가 날 일이 전혀 없어서 좋을 것이다. 어쩌면 수영 못하는 사람도 몸이 뜨게 되니 싱겁기도 할 것이라 싶다.

다음 날 오전, 이곳에서 대략 27킬로미터 정도 떨어져 있는 보네빌소금광원(Bonneville Salt Flats)에 가기로 했다. 이를 위해 차를 빌렸다. 보네빌소

렌즈를 통해 본 디지털 노마드

금광원(鹽廣原)은 천지가 소금 세상이다. 7년 전 11월 중순경, 몬태나 주에 있는 옐로스톤에 들렀다가 15번 고속도로를 타고 라스베이거스를 거쳐 LA로 내려오던 중 이 소금광원에 대해 알게 되었다. 그 순간을 아직도 생생하게 기억하고 있다. 주변에는 아무런 시설이 없었다. 더군다나 차들도 뜸했다. 대신 대형 화물차가 많았다. 속력도 일반자동차와 똑같이 기본 속력이 70마일이고, 겨울철 운전이라 조금은 겁이 나기도 했다. 그런데 고속도로를 달리는데 고속도로 양쪽이 갑자기 땅 위에 눈이 내린 것처럼 온 세상이 순간적으로 하얗게 변해 있는 놀라운 세상, 설원(雪原)처럼 보이는 염원(鹽原)을 보게 된 것이다.

I-80에 있는 보네빌소금광원 입구 갓길에 차를 세웠다. 그리고는 차 안에서 소금 세상을 쳐다보았다. 하얗게 보이는 광활한 광원 전체가 소금이라 생각하니 머리가 소금가루처럼 하얘지고 코가 실룩거리다 재채기까지 나왔다. 소금이 말라 있는 모양과 크기도 제각각이다. 커다란 대접 모양, 말라버린 나뭇가지, 설화가 달린 나목, 어느 국가 지도 등 다양하기도 했다.

20여 분 운전하다 보니 고속도로 주변에 휴게소가 나타났다. 이 휴게소에는 유일하게 한 그루의 나무가 서 있다. 이곳 땅에서도 식물이 살아 있

다는 상징성을 보여주기 위해 심었을 것이다. 차를 세워 놓고 등산화로 갈아 신었다. 소금이 깔린 곳으로 터벅터벅 걸어 들어갔다. 소금 위로 자동차 바퀴 자국이 보였다. 주위를 두리번거려도 자동차 출입구는 안 보였다. 좀 더 안으로 들어갔다. 한참 걷다 보니 외로움이 느꼈다. 햇살에 눈이 부시다. 하늘은 얼음조각처럼 투명하지만 새 한 마리 날지 않는다. 물과 먹을 것이 없고 어디 쉴 만한 나뭇가지 한 개 없으니 이곳에 찾아올 리가 없을 것이다.

소금광원에서의 태양은 덥게 느껴졌다. 온몸은 소금기에 끈적거려왔다. 누군가가 자동차의 바퀴를 교체했는지 바퀴가 한 개 있어서 엉덩이를 거기에 걸치고 앉았다. 패트병의 물을 마시면서 또다시 주변을 훑어보았다. 텅 빈 이곳에 고독이 가만가만 내려앉고 있었다. 촬영한 카메라의 뷰파인더를 보며 적요 속에 한 정물(靜物)이 되어, 그냥 앉아 있기만 했다. 주변의 소금 형태를 보며 망상의 나래를 편다. 내가 앉아 있는 이곳을 중심으로 싸리나무 울타리를 치고 작은 통나무집을 짓자. 그리고 갈매기가 놀러 오게끔 큰 웅덩이를 만들고 바닷고기를 키울 것이다. 밤이면 호롱불 켜고 강아지 다솜이와 도란도란 이야기하고, 해송(海松)이 줄지어 선 남향받이 숲길을 만들자. 그리하여 장엄한 낙조가 금빛 파도처럼 넘실대며 숲길로 들어오는 이곳에서 살아가자……

그런데 조용하던 이곳에 몇 대의 자동차와 오토바이가 나타나 질주를 하고 차 꼬리에서는 소금가루가 흩날리고 있었다. 붕붕거리는 소리가 요란했다. 교통신호등이나 지정된 선이 없으니 마음대로 달리는 것이다. 아니나 다를까, 자동차와 오토바이가 교통법규가 없는 이곳에서 속도를 마

음껏 발산하고 있
었다.

꿩음을 내며 사
라졌다 다시 나타
나는 자동차와 오
토바이를 보자 갑
자기 요동치는 바다 한가운데가 떠올랐다. 질주하고 있는 자동차들은 만
선을 꿈꾸고 떠나는 고깃배가 되어 있다. 자동차가 소금가루를 흩날리며
지나간 자리는 고깃배가 파도를 헤치며 긴 줄의 파문을 일으키는 수면,
오토바이의 꿩음은 만선의 기쁨으로 어부들이 소리치며 그물을 당기고,
그 위로 많은 갈매기가 춤을 추듯 선회하는 듯 보였다.

나는 바다를 좋아한다. 아직도 세상의 파도에 떠밀려 뭍으로 기어오르
지 못하고 갯가 바위에 주저앉아 있는 처지다. 그래도 망향의 덕지덕지
뗏자국의 그리움이 붙어 있는 꿈을 자주 꾼다. 여전히 푸른 파도를 찾아
헤매고, 낯모를 사람들과 한가롭게 낚싯대를 드리우고 있다.

차를 세워놓은 휴게소에 돌아왔다. 경찰차가 있기에 경찰관에게 자동
차가 들어갈 수 있는 것에 대해 문의했다. 경찰관은 가지고 있는 주소지
(Bonneviall Speedway Road, Wendover, UT 84083 / 네비게이션 →
Bonnevill Salt Flats International Speedway)를 넘겨주면
서 이렇게 이야기했다. 계절과 관계없이 소금이
보이는 곳이면 제한 없이 들어갈 수 있다고 했
다. 대신 여름철(7~9월)에는 아무런 문제가
없는데, 겨울에는 비와 눈이 많이 오니 자
동차가 녹은 소금물에 빠질 수 있다고 했
다. 그리고 자동차 문제가 발생했을 때 핸드폰

이 안 터지는 곳도 있으니 조심하라!는 경고뿐이었다. 여름철 낮 온도가 40여 도이나 겨울철은 −20여 도가 된다는 것도 잊지 말라고 당부했다.

계속해서 소금광원 서쪽 끝자락에 자리 잡고 있는 모턴소금(Morton Salt) 공장을 둘러보기로 했다. 본부는 시카고에 있고 1848년에 설립된 회사다. 이 소금 공장은 원료가 항상 주변에 지천으로 깔렸으므로, 소금만 잘 정제하면 땅 짚고 헤엄치기라는 생각이 들었다. 더군다나 고속도로를 달리다 보면 주변에는 아무런 시설도 없는데, 이곳의 소금 공장과 '우산을 쓰고 있는 소녀'의 로고만 눈에 들어온다. 이 로고는 손으로 그린 것으로, 빗속에 우산을 쓰고 산책하는 소녀의 모습을 하고 있다. 전 세계적으로 잘 알려진 소금회사이다. 광고효과는 이보다 더 좋을 수가 없을 것이다. 어느 정도인가 하면 사진이나 길거리에서 소녀가 우산을 들고 서 있는 것을 보게 되면, 이곳 공장의 그림이 생각날 정도니 말이다.

소금의 역사는 참으로 다양하다. 고대 사회에서의 소금은 값비싼 상품이면서 경제의 원동력이 되었다. 절대 권력의 상징이기도 했다. 소금 염(鹽) 자는 신하(臣)가 소금(鹵)을 그릇(皿)에 넣고 잘 관리한다는 뜻이다. 서양도 동양과 별반 다르지 않다. 샐러리(salary)의 어원도 소금(salt)이며,

로마 병사는 월급으로 소금을 받았을 정도다. 그만큼 소금은 구하기 어려웠고 값나가는 상품이었기 때문이다.

중세 유럽의 지중해 무역을 장악했던 베네치아공화국은 13세기 후반 소금을 독점하기 위해 소금세를 도입했고, 소금 무역을 독점하기 위해 전쟁도 불사했다. 경쟁자의 염전을 점령하고 파괴까지 했다. 그리고는 소금을 곡물과 교환하여 많은 이득을 챙겼다. 그러면서도 자국민에게는 국제 가격의 절반 가격에 파는 이중가격제를 시행했다. 우리나라에서 소금을 전매한 왕은 고려 말의 충렬왕이 처음이다. 충렬왕은 소금이 많이 생산되는 지역에 사신을 파견하여 소금을 전매하게 했다. 이때는 독점보다는 소금세를 매기는 방식을 취했다.

I-80 고속도로 선상에 유타의 나무(The Tree of Utah)가 서 있다. 이파리가 여섯 개의 크고 작은 테니스공 모양을 여러 색과 선으로 만든 나무 모양 조형물이다. 1986년 스웨덴 작가 칼 모먼(Karl Momen)이 26.5미터의 높이로 만들었다. 그는 보네빌소금광원에서 느낄 수 있는 공허함에 색다른 볼거리를 제공해 줄 것이며, 상상력을 넘어 우주의 소리를 들을 수 있을 것이라고 했다고 한다.

밤에 다시 이곳에 찾아왔다. 휴게소를 중심으로 등산화에다가 등산용 스틱을 들고 조금씩 안으로 걷기 시작했다. 스틱 사용은 소금물 구덩이가 소금가루로 가려져 있어서 예기치 않게 빠질까 봐 싶어 그랬다. 몸뚱

이도 몸뚱이지만 메고 있던 카메라를 사용 못 하는 불상사를 막기 위함이기도 했다. 걸을 때마다 빠지직거리는 소리가 계속 따라다닌다. 눈 위를 걷는 듯한 착각이 든다. 밤하늘에는 구름 한 점 없다. 사진의 구도를 생각하며 적당한 자리에 삼각대를 놓고 카메라를 그 위에 올려놓았다.

주변을 둘러보았다. 외로울 정도로 조용한 이곳 소금광원은 1년 내내 거의 횡하고 적막할 것이다. 밤이 깊어가자 하늘에는 성운(星雲) 주변이 왕소금을 뿌려 놓은 듯이 아름다운 별들이 수직으로 수놓기 시작한다.

별들이 초롱초롱하게 빛난다. 카메라로 밤하늘의 천체를 촬영하며 우주의 크고 작은 소리에 귀 기울인다. 그곳에는 예쁘고 아름다운 세월의 흔적이 보인다. 광활한 천체를 바라보면 깨끗함이 있고 진솔함이 있어 자신을 되돌아볼 수 있어서 좋다. 한참 하늘을 쳐다보고 있노라니 나 자신의 통장에는 오욕의 잔고가 빠져나간 것을 느끼게 된다. 순간적이나마 그 빈 통장에는 욕망과 헛된 소망, 집착과 소유욕이 이미 빠져나간 것이다. 어쩌면 삶의 삼매경을 찾아낼 수 있는 곳이 바로 이곳이 아닐까 싶다.

하지만 밤에 사진을 촬영한다는 것은 인내심이 필요하다. 날씨가 좋지 않으면 사진 촬영은 고사하고 철수하는 일이 다반사다. 어쩌면 인간의 삶과 비슷하다 싶다. 왜 촬영해야 하며, 무엇을 위해, 어떻게 촬영해야 하는 가, 무엇이 아름다움을 주는 사진일까를 생각하며 출사(出寫)를 반복한다. 한 장의 사진을 통해 아름다움을 느끼고 사회적 아픔을 고발하고자 하는 것은 인간 본연의 원초적인 사고일 것이다.

바람이 불어온다. 내 마음을 흔드는 갯바람이다. 어디서 풍겨 오는 것일까. 주머니에 손을 넣으니 한치와 쥐포가 잡힌다. 친구가 먹거리로 마련해 준 것이다. 냄새가 집에 밸 것 같아 냉장고에 보관하다가 내게 건네준 것이라 했다. 입에 넣고 질겅질겅 씹다 보니 생뚱맞게 구운 고등어가 생각났다.

다음 날 아침, 다시 요양원에 들렀다. 친구 어머님에게 인사를 드리고 공항으로 향했다. 어머니의 건강을 걱정하는 친구에게 몇 마디 했다. 삶이란 길흉화복의 희비가 굽이굽이 치는 것이고, 살다 보면 절망에 빠지기도 하지만 희망이 있어 좋은 것이다. 그래서 인생살이는 새옹지마라며 완쾌하기를 기다려 보자고 위로했다.

오월이 오면 고향에 갈 일이 있다. 이번에는 중국, 캄보디아, 월남, 일본까지 들러야겠다. 그리하여 거대하고 광만(廣漫)한 세계를 보며 원초적인 삶과 자연을 또 다른 곳에서 생감(生感)하며 읽고 싶은 이유에서다.

캘리포니아 주도였던
몬터레이와 론 사이프러스

　아침 일찍 시애틀에서 출발했다. 5번 도로를 타고 남쪽 방향 LA로 내려오다가 뉴먼(New Man)을 지나자 152번 도로로 바꾸고 다시 156번 도로를 탔다. 그러다가 최종 1번 국도로 갈아타고 몬터레이(Monterey)와 붙어 있는 도시, 시사이드(Sea Side)에서 하루를 묵기로 했다.

　목적지인 LA로 가기 위해서는 지름길인 5번 프리웨이를 중심으로 가야 하지만, 간혹 빙 돌아가는 돌음길을 선택한다. 이렇게 일 년에 한두 차례 1번 국도를 타고 계절과 관계없이 남태평양 바다를 보며 목적지인 시애틀 혹은 LA로 향한다. 남들은 멀리 돌아간다고 말하지만, 눈에 익은 길의 풍경과 바다가 있어서 좋다. 내가 살았던 고향 바닷가가 눈에 밟혀서 그런 게 아닌가 싶기도 하다. 어디 그것뿐인가. 이 길은 사람의 왕래가 뜸하

니 한적하고, 또 바닷가 돌덩이나 벤치에 궁둥이를 붙이고 마음대로 쉴 수도 있고, 소변을 봐도 보는 사람이 없어서 그렇게 한다. 어쩌면 이 길은 이방인의 자유 같은 것이 있어 만만하게 느껴진다.

먼저 시사이드에 도착하려면 샐리나스(Salinas) 아스팔트 길 양편에 있는 채소밭 평원을 지나가야 한다. 이 평원은 농사꾼들이 재배하는 밭인데 끝이 안 보일 정도로 넓다. 이곳에서 체리, 자두, 복숭아 등 많은 과일과 채소가 재배된다. 그중 딸기와 채소는 전 캘리포니아 식단에 80퍼센트가 오른다는 말이 있다. 마침 멕시코 농부들이 일렬로 줄 서서 딸기 수확하

는 것을 보다가 놀라운 사실 하나를 발견했다. 완전하게 익은 딸기를 바닥에다 다 버리는 것이었다.

이유는 다 익은 딸기는 상점에 도착하기도 전에 상하기 때문에 상품이 안 된다는 것이다. 바닥에 버려진 딸기를 주워 한입 먹으니 과즙에서 묻

어나오는 맛과 향기가 꿀처럼 달고 맛이 있었다. 차에 있는 비닐 봉투를 꺼내어 딸기를 한가득 주워 넣고는 휘파람을 불며 다시 운전대에 앉았다.

시사이드에 도착한 나는 여장을 풀고 내일 아침부터 들를 곳을 확인하고 이내 잠자리에 들었다.

몬터레이가 처음으로 유럽인들에게 알려진 것은 포르투갈의 탐험가인 후안 로드리게스 카브리요(Juan Rodriguez Cabrillo)에 의해서다. 그는 1542년 몬터레이 해안을 탐험했지만, 풍랑과 폭풍으로 정박할 수 없었다. 그렇지만 해변의 울창한 소나무 숲을 보고는 '라 바이아 드 라 로스 피노스(La Bahia de Los Pinos)', 즉 소나무 해안(Bay of Pines)이라 부르게 되었다. 이후 1602년 스페인 탐험가인 돈 세바스티안 비스카이노(Don Sebastian Viscaino)가 몬터레이 해안에 정박했다. 이때 자신의 탐험을 도운 몬테 레이(Monte Rey) 백작의 이름을 따서 이곳을 몬터레이라 명명하게 되었다. 하지만 몬터레이는 캘리포니아가 미국에 넘어가기 이전, 스페인 식민지 시절과 멕시코 지배를 받고 있을 때 캘리포니아의 주도였다. 식민 시절만 해도 이 도시의 이름을 몬테레이(Monte Rey) 혹은 몬터리(Montery) 등으로 오늘날과는 조금씩 다르게 불렀다.

1700년대 후반 몬터레이 일대는 주니페로 세라 신부(Father Junípero Serra)를 빼놓고는 설명할 수 없다. 몬터레이의 기초를 닦은 것도 사실상 '세라 신부'이다. 가까운 카멜(Carmel)에 있는 카멜미션(Carmel Mission)도 세라 신부에 의해 이곳 몬터레이에 세워졌다가 이후 자리를 카멜로 옮긴 것이다. 몬터레이에 있었던 채플은 로열 프레시디오 채플(Royal Presidio Chapel)이

렌즈를 통해 본 디지털 노마드

다. 이곳 카멜미션은 한국에 있는 이해인 수녀가 찾아보고 싶은 곳이라고 한다.

이런 역사를 간직한 몬터레이는 샌프란시스코와 산호세를 지나 중부 캘리포니아 바닷가에 자리 잡고 있다. 샌프란시스코에서 남쪽으로 약 200킬로미터 떨어진, 태평양 연안의 캘리포니아 해변에 있는 시, 몬터레이는 온화한 기후와 천혜의 조건을 가진 아름다운 조그마한 항구이다. 스페인풍의 건물과 부둣가가 모두 1850년 이전에 건축된 것이라 자연미와 고전적 분위기가 압도한다. 지금은 휴양지로 많은 관광객들이 찾고 있으며, 또 존 스타인벡의 연고지라 미국인들도 많이 찾아온다.

아침나절, 몬터레이역사공원(Monterey State Historic Park)부터 먼저 찾았다. 이곳에는 1827년에 건설되었다는 커스텀하우스(Custom House) 광장으로부터 3킬로미터에 걸쳐 스페인풍의 아름다운 주택과 교회, 캘리포니아 초기의 극장 등이 있다. 공개된 건물 내의 전시물을 둘러보면 화려했던 몬터레이의 과거를 엿볼 수 있다. 이곳에는 빽빽이 우거진 울창한 나무들과 그 주변에 있는 유럽풍의 주택들, 언뜻 보면 유럽의 작은 농촌 마을에 와 있다는 착각을 느끼게 한다. 공원 호숫가 주변에는 나이 많은 어르신들이 한가롭게 여유를 즐기는 모습이 평화롭다.

다음으로 대형 수족관 몬터레이베이아쿠아리움(Monterey Bay Aquarium)을 찾았다. 1984년에 열었다는 이곳 수족관 입구에는 많은 초등학교와 중·고등학교 학생이 군데군데 그룹별로 모여 있다. 총 623종, 35,000개체 이상의 해양 동식물을 사육하고 있는 대형 수족관이다. 규모나 시설, 보유 어종과 해양생물 등 어느 면에서나 세계 최고라고 자부하는 이곳 수족관에서 화려한 바닷속 생태계를 체험할 수 있다. 이렇게 다양한 해양 생물들을 전시하는 곳이라 그런지 항상 관람객들로 북적인다.

안으로 들어갔다. 제일 먼저 눈이 간 곳은 해저를 볼 수 있는 높이 9미

터의 거대한 수족관이었다. 많은 어종이 떼를 지어 활기차게 움직이고 있어 눈을 즐겁게 했다. 천장부터 벽까지 온통 물고기들과 해양생물로 가득한 각각의 수족관에는 해양생물들의 생태계에 대한 설명을 들을 수 있고, 어패류도 직접 만져볼 수 있어서 아이들과 함께 학습하기에도 좋을 성싶었다. 이곳은 카메라 촬영이 허용되어서인지 관람자들의 카메라에서 터지는 불빛은 엄청 거슬렸다. 그러나 수족관 내에서 밖으로 나가면 멀리 태평양을 조망할 수 있게 해놓아 좋았다.

다음은 피셔맨스워프(Fisherman's Wharf)로 이동했다. 먼저 아치형 간판이 눈에 들어왔다. 1845년에 만들어진 이곳 부두는 평일이라 그런지 차들이 많지 않아 수월했다. 피어 안쪽으로 들어갔다. 왼쪽에는 요트들이 한가롭게 정박해 있고 오른쪽은 넓은 태평양 바다 위에서 요트를 즐기는 사람들이 눈에 띄었다. 1960년대까지만 해도 이곳은 생선시장이었다. 그러나 정어리잡이가 뚝 끊기자 사양산업이 되면서 관광지로 탈바꿈해 지금은 식당과 상점들이 줄지어 있다.

지금도 피어에는 다양한 해산물 상점과 해산물을 직접 처리·가공하는 곳이 있다. 길가에는 테라스가 있는 바에서부터 각양각색의 레스토랑들이 바다를 배경으로 손님들의 미각을 유혹하고 있다. 특히, 이곳에는 클램 차우더(clam chowder. 대합을 넣은 야채 수프)를 메인으로 하는 음식점들이 주를 이룬다.

이곳을 누비다 보면 몬터레이 카운티에 소속된 몇 개의 시는 샌프란시스코, 시애틀, 산타모니카 등과는 다르게 소박하다는 느낌이다. 우선 자유롭고 한가한 분위기 속에서 여유를 가지며 즐길 수 있다. 고래가 찾아오는 계절이 되면 유람선이 이곳에서 출발한다. 그런데 여러 각도로 사진을 촬영하던 중 피어 끝자락에 있는 생선가게 문 앞에 몇십 마리의 펠리컨과 서너 마리의 갈매기가 눈에 띄었다. 펠리컨은 높은 창공에서 줄지

어 기러기 떼처럼 날아다니는 큰 종류의 바닷새이다. 먹잇감이 눈에 띄면 하늘에서 바다로 수직으로 뛰어드는 모습은 장관인데, 이곳에서 품위(?)를 지키지 못하고 있었다. 생선을 처리하면서 나오는 부산물을 얻어먹기 위해 문 앞에서 기다리는 자태가 영 말이 아니었다. 사람이 다가가도 눈 하나 껌벅이지 않고 생선 처리장을 떠나려 하지 않았다. 도리어 이놈들은 공장 내부까지 들어갔다가 쫓겨나오기를 되풀이하는 신세였다. 어릴 때 집에서 키웠던 거위 같은 모습이 떠올라 빙그레 웃음이 나왔다.

대신 나는 주변에 있는 조개껍데기를 주워 바다 위로 하나씩 던지기 시작했다. 그런데 한 마리의 물개가 쏜살같이 달려와 조개껍데기가 떨어진 물속으로 들어갔다가 빈껍데기인 것을 알고는 나를 쳐다보며 "꽥~" 하는 소리를 지르며 신경질 내는 것이었다. 그게 신기하여 카메라를 들이댔다. 사진을 촬영하려면 먹을 것부터 달라는 듯 얼굴만 빼꼼히 내밀고 나를 쳐다보고 있는 게 앙증스러웠다.

다음으로 이곳에서 가까운 몬터레이역사공원으로 향했다. 이 공원 내에는 캘리포니아 최초의 극장, 캘리포니아에서 미국 국기가 처음으로 게양되었던 몬터레이커스텀하우스(Monterey Custom House) 등 역사적인 건물들이 복원되어 있다. 이 건물들은 당시 몬터레이가 캘리포니아의 멕시코 지배 시절부터 미국 정부의 일부가 되기까지 다양한 캘리포니아의 문화를 보여주고 있었다. 그래서일까 한때 이곳이 캘리포니아의 주도였던 만큼 여러 가지의 '최초' 기록을 가지고 있다. 캘리포니아 최초의 극장과 벽

렌즈를 통해 본 디지털 노마드

돌집, 공립 학교, 공공 건물, 공립 도서관, 활자 신문 등이 등장한 곳이 바로 이 도시다.

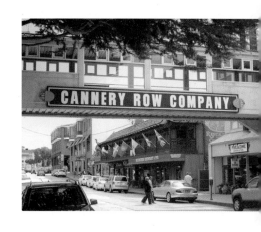

다시 몬터레이역사공원에서 해변을 따라 1킬로미터쯤 이동해서 '통조림 골목(Cannery Row)'을 찾았다. 이곳은 1962년에 노벨문학상을 받았고, 영화로 잘 알려진 『에덴의 동쪽(East of Eden)』의 저자인 존 스타인벡(John Ernst Steinbeck, 1902~1968)의 고향이자 소설 무대이다. 바로 그의 작품 『통조림 골목(Cannery Row)』과 『달콤한 목요일(Sweet Thursday)』의 장소인 것이다. 예전에는 이곳에 정어리 통조림 공장이 있었는데, 지금은 존 스타인벡 덕분인지 부티크와 레스토랑, 카페가 모여 있는 관광명소가 되어 있다. 하지만 아무리 주변을 둘러봐도 존 스타인벡 소설의 무대였다는 분위기를 느낄 수 없다. 대신 그의 기념관인 샐리나스에 있는 내셔널스타인벡센터(National Steinbeck Center)에 이 정어리 공장의 내부가 잘 전시되어 있다. 그를 중심으로 19세기 후반부터 예술인, 작가들이 몰려들기 시작해 이 도시 특유의 풍부한 예술과 문화를 일궈내게 되었다. 로빈슨 제퍼스(Robinson Jeffers), 헨리 밀러(Henry Miller), 로버트 루이스 스티븐슨 (Robert Louis Stevenson) 등을 꼽을 수 있다.

다시 차를 몰고 남쪽 해변 도시 퍼시픽그로브(Pacific Grove)에 갔다. 아담하고 아기자기한 빅토리아풍의 집들을 뒤에 두고 고운 백사장과 자갈밭을 거닐어 본다. 이곳에는 멕시코와 미국 북부를 오가는 제왕나비(Monarch Butterflies)가 쉬어 가는 곳이며, 1855년에 세워진 최장 운영 기록을 경신하고 있는 포인트 피노스 등대(Point Pinos Lighthouse)가 있다. 지금

은 등대가 이곳의 상징이라서 그런지 밝고 화려한 도시의 밤을 피한, 새벽 1시부터 4시까지 세 시간만 작동하고 있다. 그런 중에도 화요일과 수요일 이틀간은 작동을 안 하고 있다. 하지만 4~5월이면 이곳, 사랑의 공원(Point Love's Park) 바닷가 부근 전체가 봄의 전령인 꽃잔디(Magic Carpet)로 변한다. 밤이면 꽃잎을 닫고 아침부터 해가 질 때까지 얼굴을 내밀고 있는 꽃잔디는 봄의 전령답게 분홍빛 아름다움을 수놓는다. 이것을 바라보는 이의 마음을 온통 주위의 분위기에 빠지게 하여 정신까지 쏙 뽑아 놓는다.

17마일 드라이브(17-Mile Drive)에 들어섰다. 이곳은 북쪽의 몬터레이와 남쪽의 카멜을 잇는 태평양 해안 몬터레이만(灣)의 환상적인 17마일 드라이브 코스다. 태평양의 푸른 파도, 소나무와 삼나무 숲, 해안의 절벽과

　　　　　　　　　　　　렌즈를 통해 본 디지털 노마드

기암, 다섯 곳의 골프장이 있다. 여기는 이곳에 사는 주민 외에는 다 입장료를 내고 들어가야 한다. 그래서인지 경치가 좋은 곳마다 친절하게 스물한 개의 전망 포인트를 만들어 경치를 감상하도록 해놓고 있다. 5번 포인트 스패니시베이(Spanish Bay), 6번 포인트 레스틀리스시(Restless Sea)를 통과했다.

5번 포인트에는 고운 모래사장과 피크닉 장소, 그리고 골프장이 있다. 6번 포인트에는 이름 그대로 쉬지 않고 움직이는 역동적인 바다의 참모습을 보여준다. 눈앞 가까운 곳에 크고 작은 바위들이 많

아 거세게 부서지는 파도의 모습을 한눈에 볼 수 있다. 10여 분 정도 서 있으면 바다의 리듬에 익숙해지게 되고, 다양한 파도의 모습에 쉽게 발을 떼지 못하게 된다.

해안선을 따라 움직이며 차의 문을 열었다. 바람이 차다. 4월의 햇살은 거친 바닷바람에 맥을 못 추고 있다. 얼른 창문을 다시 닫았다. 그래도 푸른 하늘과 먼바다는 짙푸른 사파이어, 바닷가에 가까이 올수록 청잣빛으로 변한다. 그렇게 내달려오면서 청잣빛은 긴 곱사등을 그리다가 마침내 흰빛으로 부서지며 굉음을 낸다. 이런 굉음은 물개와 갈매기 그리고 사람들의 목소리까지 삼켜버리고 침묵하게 만든다.

10번 포인트 버드록(Bird Rock)에 잠시 주차한다. 이곳은 주차하기에 편하고 또 도로 옆에 화장실이 있다. 특히, 이곳은 바다사자와 물개 그리고 여러 종류의 바닷새가 모여 휴식을 취하고 있는 큰 바위가 눈앞에 보인다. 큰 바위 주변은 이놈들의 오물로 아예 하얗게 변해 있다. 또한, 이곳에서는 주변 전체의 맑고 푸른 바다를 다양한 각도에서 볼 수 있어서 좋다.

16번 포인트인 론사이프러스(Lone Cypress)에 도착했다. 이곳은 페블비치(Pebble Beach)의 상징이자, 아이콘인 '론 사이프러스'라는 이름을 가진 나무가 있다. 이름 그대로 '바위 위의 고독'이라는 이 소나무는 큰 바위 위에서 250년 동안 비바람과 파도를 견디며 당당하게 서 있다. 이 소나무를 보면 불굴의 용기와 기백 그리고 아픔과 고독이 떠오른다.

주변 바위에 걸터앉았다. 내 옆에는 죽어 앙상한 몸통만 남아 있는 몇 개의 고목이 서 있다. 그중 한 고목은 바위 위에 있는 소나무와 부부 사이였는지, 위험한 바위 위에서 내려오라는 듯 죽어서도 그곳만 응시하고 있다. 언제 죽었는지는 몰라도 알몸을 훤히 드러내놓고 서 있다. 기다리다가 지쳐 뒤틀려 꼬여 죽은 몸통이라 싶었다. 죽어서도 균형과 조화와 통합을 이룬 고목의 구도는 참으로 가여울 정도로 아름답고, 또 이곳의 분위기와 잘 맞는 듯했다.

다시 골프 코스인 페블비치로 향했다. 이곳 골프장 주변은 기암과 소나무와 삼나무 그리고 푸른 태평양의 해안선이 잘 어울려 있었다. 이 길을 따라 달리다 보면, 경치도 경치이지만, 군데군데 고급 별장과 골프장들이 보이는 풍경이 예사 동네가 아님을 보여준다. 동행자에게 농담으로 "이곳에서 공짜로 집을 준다고 해도, 나는 관리할 능력이 없다."라고 말할 정도로 대단한 규모이다. 울창한 삼림지대를 지나면 시야가 탁 트인 바닷가가 눈에 들어오는데, 이곳에 골프장이 있다. 차를 세우고 골프장 안으로 들어갔다. 이곳 우승자의 US오픈 명단 중 '타이거 우즈'의 이름이 붙어 있다. 페블비치를 지나다 보면 어느덧 17마일 드라이브가 끝나고, 계속 남쪽으로 진행하면 작가와 음악가 그리고 예술의 거리로 유명한 카멜이 나온다.

나는 17마일 문(Gate)을 빠져나와 1번 국도를 따라 남쪽에 있는 빅서(Bic Sur) 방향으로 내려가고 있다.

얼마를 달렸어도 변하지 않았던 태곳적 모습을 간직한 해변, 기암괴석에 맞부딪는 파도, 한 점 잡티 없이 맑은 공기, 바닷바람에 밀려 육지 쪽으로 가지를 뻗은 채 반쯤 누운 삼나무들, 태평양을 끼고 달리는 1번 국도는 어떤 시름과 아픔이라도 다 추슬러 주고 평화롭게 품어주는 듯싶다.

하지만 4월이라 그런지, 몇 시간을 달려도 다른 차들은 거의 보이지 않는다. 갑자기 이 길이 외로워 보인다. 서럽게 보인다. 여름철에는 한 번씩 사람들의 잦은 왕래가 문전성시를 이루며 북적대기도 하던 곳이 아니던가.

빅서와 산시메온

아침나절 문우(文友)의 집을 나서면서 차를 움직이려니 타이어에 문제가 있다는 신호가 들어 왔다. 잠시 자동차 정비소에서 타이어를 점검하고 1번 국도를 따라 빅서(Big Sur)를 향해 내려갔다. 카멜을 벗어나자 바다가 보이기 시작하며 태평양과 평행으로 달리기 시작했다.

한가한 바닷가 도로에서 남태평양을 끼고 달리는 것은 낭만적이어서 마음이 편해진다. 시간적 여유를 가지고 경관이 좋은 곳에서 차를 세우고 먼바다와 주위의 풍광을 보게 된다. 이럴 때는 과거를 회상하는 가요, 최백호의 〈낭만을 위하여〉라는 노래와 비교되지 않을 만큼의 진한 낭만을 느끼게 된다.

30여 분을 달렸을까. 콘크리트로 만든 아치형인 로키크리크다리(Rocky Creek Bridge)의 사인과 다리 입구 절벽 쪽으로 큰 돌덩이가 서너 개 보였

다. 이곳부터 빅서가 시작되는 지점이다. 두 절벽 사이에 있는 이 로키크리크브리지는 1932년 완성된 다리이며 길이 497.1피트(151.5미터), 높이 239피트(73미터)가 된다.

다리에는 난간과 차도(車道)만 있고, 인도(人道)는 없다. 하지만 다리 중앙까지 걸어갔다. 바다에서 불어오는 해풍은 코를 자극하고, 눈앞에는 마크 로스코(Mark Rothko, 1903~1970)의 그림을 보는 듯하다. 하늘과 바다가 수

평 구조로 이등분된 화면에 파란 단색인 '무제(Untitled)'가 펼쳐져 있다.

주위를 둘러본다. 멀리 바라다보이는 크고 작은 섬들은 한 편의 서정시를 주고받고 있다. 등 뒤로 비치는 오전 햇살은 다리 모양의 그림자가 모래사장에 그대로 나타나 있다. 나는 다리의 그림자를 중심으로 쉼 없이 밀려오는 파도와 모래사장에서 부서지며 내는 소리를 영상으로 담기 시작했다.

이 외에도 1번 국도 빅서에는 아치형 세 개의 다리가 더 있다. 다름 아닌 빅스비 브리지(Bixby Creek Bridge), 리틀서리버브리지(Little Sur River Bridge), 빅크리크브리지(Big Creek Bridge)다. 다들 빅서의 명물로 이 지역의 자랑거리이지만, 빅스비 브리지가 가장 많이 알려져 있다.

빅서라는 단어는 '크다'는 뜻의 영어 빅(Big)과 '남쪽'이란 뜻의 스페인어 수르(Sur)를 결합한 단어다. 그리고 태평양에서 육지를 향해 솟아오른 듯한 느낌을 주는 산타루치아 산맥(Santa Lucia Mountains)은 미국의 남서쪽 해안 지역을 장관으로 만들어 놓고 있다. 산봉우리인 콘픽(Cone Peak)은 해안선에서 내륙으로 약 3마일(4.8킬로미터) 지점에 있고, 해발고도가 5,155

피트(1,571미터)로 미대륙의 동해안과 서해안 그리고 멕시코만 해안에 있는 산 중 가장 높은 산이기도 하다.

또한, 빅서는 지역(地域)을 가리키고, 행정구역은 몬터레이 카운티에 속한다. 동서로는 해안에서부터 산맥까지 최장 20마일(32킬로미터)에 이르고, 북쪽은 카멜강(Carmel River)과 남쪽 샌카포포로크리크(San Carpoforo Creek)까지 대략 90마일(140킬로미터)에 이른다.

다음은 다리 중 가장 아름답다는 빅스비 브리지다. 깎아지른 두 절벽 사이를 잇는 이 아치형 다리는 길이 710피트(218미터), 높이 250피트(76미터)나 된다. 또한, 세계에서 가장 높은 단일 스팬 콘크리트 아치형 교량(single-span concrete arch bridges)이다. 이곳 사람들은 기분과 날씨에 따라 레인보우브리지(Rainbow Bridge), 혹은 빅서브리지(Big Sur Bridge)라 부르기도 한다. 다리 주변은 산과 바다를 함께 바라볼 수 있는 해안 절벽이지만 특징적인 것이 있다. 바로 산에서 내려오는 맑고 넓은 개울물이 이 다리 아래를 지나 눈앞의 바닷물과 만나는 장소이기도 하다. 계속해서 다리가

남쪽에 더 있지만, 이곳이 캘리포니아 1번 국도에서 가장 역동적인 풍경을 감상할 수 있는 곳이다. 그래서인지 자동차 광고나 TV 드라마 그리고 영화에도 이 다리가 자주 등장한다.

다시 움직였다. 해안선 1번만 따라가다 보면 키홀 아치(Keyhole Arch)라는 바닷가 쪽으로 사인이 나온다. 여긴 바다 위에 솟아 있는 작은 섬 하나가 있다. 이 섬 중앙 아래쪽, 파도가 넘실대는 곳에 커다란 구멍이 나 있다. 해가 질 때면 그 구멍으로 햇살이 들어온다. 이때 햇살은 구멍 안 벽이 바닷물의 반사로 짙은 오렌지빛으로 변한다. 그것뿐만 아니다. 파도는 바위를 때리고 구슬 알 같은 흰빛 포말(泡沫)을 낙조 동안 구멍 밖으로 토해낸다. 그 오렌지빛과 파도의 뭉침은 황홀하다고 할 만큼 오묘한 느낌을 주며 자연의 신비함과 아름다움을 함께 느낄 수 있다. 이때 주변은 온통 사진사들의 탄성과 함께 카메라 셔터 소리가 요란하게 들린다.

지금은 오전이라 오렌지빛의 촬영은 불가능하다. 하지만 이곳 캘리포니아는 일 년 내내 맑은 날씨라 마음만 먹으면 사진 촬영이 가능하다. 그래서 다른 곳으로 이동하면서도 아쉬움은 없었다. 이곳 주위에는 인가나 상가가 없다. 오로지 자연 그대로의 듬성듬성 굵은 돌이 박혀 있는 모래

밭뿐이다. 그래서인지 이곳에 오면 꼭 조선 후기 약천(藥泉) 남구만(南九萬, 1629~1711) 선생의 시조가 생각난다.

남구만 선생의 시조 무대는 솔바람 소리가 나는 강원도 강릉 부근 약천의 농촌 마을이다. 약천 선생이 보는 아침 햇살은 창호지를 통해 들어오고, 이곳은 저녁 햇살이 돌구멍을 뚫고 나오는 대조되는 모습이다. 하지만 빛이 들어오는 것은 다 같다. 강원도 솔바람 소리와 이곳 파도 소리가 같이 느껴지니 이상하기도 하다.

동창이 밝았느냐 노고질이 우지진다	東窓明否鸕鴣已鳴
소치는 아희놈은 상기아니 일엇느냐	飯牛兒胡爲眠在房
뒷뫼에 사래 긴 밧홀 언제 갈려 하느니	山外有田壟畝闊/今猶不起何時耕

차를 몰고 다시 남쪽으로 향했다. 빅서의 랜드마크요 주립공원인 줄리아 파이퍼 번스 스테이트 공원(Julia Pfeiffer Burns State Park)이 나왔다. 12월과 1월, 이곳에는 귀신고래가 새끼를 낳고 기르기 위해 남쪽 바하캘리포니아 해안으로 이동하는 것을 볼 수 있다. 이때 물 위로 솟아오르는 물줄기와 하늘로 치솟았다가 떨어지는 고래의 동작은 가히 역동적이라 할 수 있다. 또한, 다른 종류의 고래들도 해안 가까이에서 볼 수 있다. 3월과 4월에는 여름 서식처인 북태평양으로 돌아가는 고래들도 볼 수 있다.

이곳 면적은 해변으로부터 내륙의 3,000피트 높이의 산등성이까지, 넓이는 3,762에이커라 공원치고는 큰 편이 아니다. 하지만 레드우드(Red Wood), 탠오크(Tan Oak), 마드론(Madrone), 덤풀숲(Chaparral), 그리고 오버

룩 트레일(Overlook Trail) 등 등
산로가 쭉 이어져 있다. 하이
킹 코스가 일품이며 울창한
숲과 바다로 난 전망대는 꼭
둘러볼 만하다. 또한, 이곳에
는 캠핑할 장소가 있어 하룻
밤을 텐트 속에서 여유롭게 보
낸다면 오래도록 추억에 남을
만한 곳이기도 하다. 왜냐하면
태평양을 향해 떨어지는 멋진
폭포가 이곳에 있기 때문이다.

   맥웨이폭포(McWay Waterfall)
라고 불리는 폭포인데, 폭포의
높이는 80피트(24.4미터)이다.
높은 폭포는 아니지만, 태평양
을 끼고 있는 폭포로는 미국
전체에서 단 한 개뿐이라 희소
성을 더해 준다. 캘리포니아는
아열대성 사막지대라 비가 거
의 없어 1년 내내 일정한 폭포
수가 떨어진다. 그러다 어쩌다

비가 쏟아지는 날이 되면 폭포는 그야말로 장관을 이룬다.

   이곳에는 19세기 후반 크리스토퍼 맥웨이(Christopher McWay)와 그의
아내 레이첼(Rachel)이 처음 거주했다. 1,924년 미국 하원의원(U.S. House
Representative)을 지낸 바 있는 라스롭 브라운(Lathrop Brown)과 동부 출신

의 그의 아내 헬렌(Helen Hooper Brown)이 이 지역 전체를 사들였다. 그들은 밤이 긴 이곳에서 풍광은 아름다웠으나 전기가 없어 애로점이 많았다. 그러다가 1940년 초, 폭포수가 흐르는 맥웨이개울(McWay Creek)의 물을 이용하여, 빅서 지역에서는 처음으로 수력발전용 펠턴수차(Pelton Wheel)를 사용했다. 그 당시 펠턴수차 바퀴는 적은 양의 물을 가지고도 하강 속도가 빠른 이곳에서는 최대한의 효과를 낼 수 있는 시스템이었다.

바퀴 전체는 국자 모양의 날개 수레가 360도로 촘촘히 붙어 있고, 이 날개 수레는 노즐로부터의 물의 양과 속력에 따라 비례하며 회전한다. 이때 회전 속도에 의해 전기가 발생하는 것이다. 이렇게 자가발전한 돌집(Stone House)은 터널을 지나고 언덕으로 올라가다 보면 개울가 옆에 있다. 바로 이곳에서 떨어지는 물을 이용하여 자체 수력 모터로 전기를 생산했던 곳이다. 그러다가 1962년 이 땅 전체를 캘리포니아 주정부에 기증했고, 주정부는 전망 좋은 이곳을 주립공원으로 조성했다. 하지만 지금은 이들이 살았던 집은 없어졌고, 집터 주변에 세 곳의 기록사진이 있을 뿐이다.

또한, '줄리아 파이퍼 번스'라는 공원 이름은 라스롭 브라운과 그의 아내 헬렌의 친구이기도 했으며, 과거 이 빅서 지역 선구자 집안의 딸이었던 줄리아 파이퍼 번스(Julia Pfeiffer Burns)의 이름이며, 목장 이름을 딴 것이다. 그리고 산에서 내려오는 맥웨이개울과 폭포 이름은 최초 거주한 크리스토퍼 맥웨이(Christopher McWay)의 이름 중 맥웨이를 따서 사용하고 있다.

또 하나의 흥미로운 사실이 있다. 원래는 맥웨이폭포는 바닷물에 바로 떨어졌다. 마지 제주도 서귀포에 있는 정방폭포처럼 말이다. 하지만 1983년 북쪽 가까운 곳에서 발생한 대규모의 산사태로 흘러내린 토사가 이곳까지 흘러내렸다. 이 토사가 절벽 안쪽으로 켜켜이 쌓이면서 지금의 백사장이 만들어졌다. 또 2011년에도 카멜 아래쪽에서 산사태가 발생하여 6개월간 이곳의 길 전체가 막혔고, 군데군데 복구공사로 한 차선만 이용하면서 다시 개통하게 되었다.

다음은 실버피크황야(Silver Peak Wilderness)다. 1992년 미국 의회는 이곳 총 28,428에이커를 국립공원으로 지정했다. 이곳은 별도의 주차장도 없어 1번 국도 주변 적당한 곳에 주차해야 한다. 산책로는 가파르다. 이 탓에 젊은이들이 많이 모여든다. 산책로를 따라 쉬엄쉬엄 걷다 보면 아름다운 새들과 사슴, 다람쥐, 너구리, 토끼 등을 볼 수 있다. 그러다가 등산로 입구에서는 생각할 수 없었던 넓은 별천지가 펼쳐진다. 이 넓은 곳에서는 야생칠면조(Wild Turkey)를 볼 수 있다. 어디 그뿐인가, 약 3.5마일의 새먼 크리크(Salmon Creek)에 들어서면 폭포에 발을 담글 수 있다.

이곳에도 숲길을 따라 걷다가 개울이 있는 곳에는 텐트를 치고 유숙하는 젊은이들을 가끔 보게 된다. 레드우드는 기본이고 회색 소나무와 노송나무 그리고 산타루치아 전나무 등을 볼 수 있다. 정상에서면 동쪽으로 샐리나스 밸리에서부터 해안선까지 다 볼 수 있다.

다시 차를 몰고 내려간다. 오늘의 최종 관광지 산시메온(San Simeon)이다. 이곳에는 피에드라스블랑카스등대(Piedras Blancas Lighthouse)가 있다. 먼저 1875년에 세워진 70피트(21미터)—처음에 이 등대는 100피트, 즉 30미터였으나, 1948년 12월의 지진으로 상부 세 개 층을 제거했다—높이의 등대에 들렀다. 이 등대는 거친 바람이 지나가는 산시메온 바닷가 꼬리에 있다. 지금도 캘리포니아 해안을 향해 등댓불은 먼바다를 향해 쉬지 않고 깜빡인다.

이곳은 단체로 방문이 허용된다. 매주 세 차례 화요일, 수요일, 토요일 아침부터 등대의 긴 역사를 설명하기 위해 안내자가 상주한다. 방문자는 열 명을 한 조로 묶어 안내자의 인솔로 두 시간 정도 등대 내부와 주변을 함께 둘러본다. 물론 성인 입장료 10달러는 부담해야 한다.

또 있다. 멀리서 보면 이 등대 남쪽에 희고 큰 바위 한 개가 우뚝 서 있다. 등대의 이름이 '피에드라스 블랑카스(Piedras Blancas)'다. 이 이름은 스

페인어로 '백색 바위'를 의미한다. 그래서인지 흰색 등대와 흰 바위는 참으로 잘 어울린다. 그런데 가까이에서 보면 높이 솟은 바위는 육지가 아니라 육지 가까이 있는 바닷물 속에 있다. 새똥으로 뒤덮인 바위는 아예 흰색 바위인 것으로 착각하게 하고, 바위에는 여러 종류의 바닷새가 항상 쉬고 자며 또 갈기고 있는 게 보인다.

등대를 벗어나서 남쪽으로 몇 분만 운전하다 보면 피에드라스블랑카스 바다표범(Piedras Blancas Seal Rookery)의 번식지라는 간판과 함께 긴 모래사장이 나온다. 이곳에는 12월에서부터 4월까지 바다표범이 새끼를 낳고 사육하는 장소다. 자세히 살펴보면 바다표범 암수가 엉켜 잠에 빠져 있는 게 보인다. 그런가 하면 어미가 새끼를 품고 젖을 물리는 장면, 새로운 생명이 탄생하는 장면까지 목격할 수 있다. 또 한편에는 갈매기들이 새끼를 낳고 버려지는 태(胎)를 서로 먹기 위해 서성이는 장면까지 볼 수 있는, 해양 포유류가 생활하는 자연 서식지이다. 이곳의 조건이 좋은지 바다표범은 해마다 개체 수가 증가한다고 한다.

서너 대의 카메라를 꺼내 들었다. 그리고는 나무로 만들어 놓은 인공산책로를 따라 이놈들이 무리 지어 널부러져 있는 곳을 향해 움직였다. 잠자는 모양도 가지가지다. 배를 하늘로 향해 놓고 자는 놈들, 얼굴을 포개고 자는 놈들, 모래를 뒤집어쓰고 자는 놈들 등 별별 모양이 다 있다. 이

렌즈를 통해 본 디지털 노마드

놈들이 많이 모여 있는 곳에는, 코를 들 수 없을 만큼 비릿한 냄새가 진동했다. 숨이 컥 막혀 왔다. 숨을 급히 들이마시고는 천천히 뱉어내며 촬영하기 시작했다. 덩치가 크고 코가 나온 것은 성숙한 수컷이다. 가끔 수컷은 일광을 즐기며 모래에 누워 있는 암컷들 사이로 기우뚱거리며 돌아다니기도 하고, 수컷끼리 싸우기도 한다. 그러다가 몸이 더운지 날개로 모래를 몸에 뿌려댔다.

차가 있는 곳으로 돌아왔다. 그런데 모래사장 위에 쌓아놓은 돌담 사이로 청설모가 분주하게 움직이는 게 보였다. 이곳에는 많은 관광객이 찾아온다. 그러다 보니 관광객이 먹다 버리는 음식으로 살아가는 듯싶었다. "음식을 주지 말라."는 경고문은 보이지 않았다. 주변에는 아무런 나무가 없는데, 이놈들이 어디서 왔는지 알 수 없었다. 어쨌든 관광객들이 버리고 가는 음식이 없으면 살아가지 못할 듯싶었다.

급히 차를 뒤졌다. 몬터레이에 있는 문우가 준 간장과 설탕에 졸인 땅콩이 보였다. 운전하면서 입이 심심하면 먹으라며 내게 준 것이었다. 이 땅콩을 꺼내 청설모에게 몇 개 던지니 기다렸다는 듯이 주워 먹었다. 장난기가 발동한 나는 직접 손에 올라와서 먹으라고 손바닥에 몇 알 놓으니, 그 마저 스스럼없이 손바닥 위에서 먹는 게 아닌가. 나중에는 손가락으로 땅콩을 꽉 쥐고 있으니, 두 손으로 땅콩을 꽉 움켜쥐고 뺏으려 했다.

이곳 캘리포니아 도시의 식당 테라스에는 가끔 새들이 날아온다. 음식 부스러기를 먹기 위함이다. 그런 곳에는 대부분 "새들에게 음식을 주지 말라."는 경고문이 붙어 있다. 음식 부스러기를 주게 되면 많은 새가 몰려들어 푸드덕거리며 먼지를 일으키고 새똥을 아무 데나 갈겨댄다. 무엇보다는 위생상 좋지 않고, 새들 스스로 먹이를 찾아 먹으려 들지 않게 된다. 한마디로 새들답게 살 수 없게 만든다는 것이다.

하지만 사람과 새가 함께 어울리면 얼마나 보기가 좋은가. 집 베란다의 새장에서 키우는 관상용 새보다 훨씬 더 자유롭지 아니한가. 인간과 새가 교감하는 것은 꽉 눌린 일상생활에서 벗어나는 일종의 유희요, 한 조각의 음식으로 이루어지는 행동이지만, 자연 친화적 해방이다. 어쩌면 인간의 허세가 통하지 않는 진솔한 행동이며 그것들에서 생명의 소슬한 기운, 그 외경심 같은 것이 전해지는 것이리라.

저녁 햇살이 시나브로 하루를 닫는다. 해가 태평양 바다로 빠져든다. 마치 아버지가 국기가 그려진 대문을 닫는 모습 같다. 그리고는 아버지가 방 안에 들어오며 평생 배 타며 겪었던 이야기, 비린내가 아리도록 배겨 있는 별빛과 달빛 이야기. 그것은 내가 그토록 기다린 평화요, 그리움이요, 기쁨이 아니겠는가.

다시 차를 몰기 시작했다. 이제 1번 국도를 벗어나야 한다. 하모니(Harmony)에서 46번 도로로 갈아타다가 다시 5번 프리웨이에서 남쪽으로 향했다.

밤늦게 집에 도착한 나는 아침에 촬영한 영상을 되풀이해서 보다가 침대에 누웠다. 불을 끄고는 영상 대신 파도 소리만 자동으로 되풀이하게

했다. 그러자 파도 소리는 밤 파도로 바뀌었다. 눈을 감았다. 밤 파도가 구시렁대는 소리, 바람과 천둥, 번개에 이르기까지 삶의 소리가 고스란히 담겨 있다. 그럴수록 말 없는 고독은 목구멍으로 기어들었다.

중·고등학교 때다. 밤 11시부터 새벽 1시까지 두 시간 동안 진행하는 〈한밤의 음악편지〉라는 라디오 프로그램이 있었다. 다락방에서 자주 듣곤 했는데, 지금도 기억에 남는 음악은 〈검은 눈동자〉와 〈꿈꾸는 아일랜드〉다. 그중 〈꿈꾸는 아일랜드〉는 트럼펫 소리가 파도 소리와 참 잘 어울린다 싶었다. 그런데 거의 50여 년이 지난 지금 빅서의 파도 소리를 들으며, 생각지도 않았던 그 곡이 무슨 이유로 불현듯 떠오르는지 모르겠다.

그러다 잠이 들었다.

아침에 일어나 보니, 얼마나 피곤했던지 침대 바닥에서 자고 있었다. 베개 대신 이불을 꾸겨 베고 이상한 꿈까지 꾸었다.

102

꿈의 내용은 대략 이렇다.

나는 빅서의 첫 번째 다리 로키크리크브리지 난간에서 두 팔을 벌리고 스스로 비상(飛上)했다. 그리고는 리처드 바크(Richard Bach, 1936~)의 『갈매기의 꿈(Jonathan Livingston Seagull)』에 나오는 '조나단'처럼 높은 상공에서 보석을 흩뿌린 듯 반짝이는 태평양 연안을 날고 있었다. 하늘의 찬바람 때문에 가슴이 툭 터지게 상쾌해졌다. 바닷속으로 들어가 고기를 잡고 놀다가 펠리컨과 함께 알 수 없는 섬을 향해 끝없이 날아가는 꿈이었다.

왜 그런 꿈을 꾸었을까를 한참이나 생각했다. 소설의 내용처럼 멋지게 날기를 꿈꾸는, 진정한 자유와 자아실현을 위한 비상의 꿈은 아니었을까. 어쩌면 무한한 자유를 느낄 수 있는 공간까지 날아올라가고 싶은 욕망일 성싶었다. 그 내면에는 오랜 관습에 저항하고, 북적대는 도시의 삶이 문득문득 외로움을 느끼게 하는 군중 속의 이방인, 그런 이질감과 고독 속에서 살 수밖에 없기에 그런 꿈을 꾸지 않았나 싶다. 오늘도 내 가슴속의 집은 내 삶의 숨통을 터줄 비상구를 찾기 위해 다른 도시로 떠나려 할 것이고, 찾으려는 것이다.

Chapter

02

억겁의 그래피

렌즈를 통해 본 디지털 노마드

독종 가시와 조슈아 트리

토요일 아침, 집 앞에서 어린애들이 가지고 노는 팔랑개비를 보다가 사진기를 걸치고 팜스프링스(Pam Springs)로 향했다. 팜스프링스 철도를 중심으로 대형 풍차가 모여 있는 곳을 여러 각도에서 몇 장 찍고는 바로 62번 국도를 탔다. 가까운 곳에 있는 조슈아트리국립공원(Joshua Tree National Park)으로 이동하기 위함이다.

조슈아트리국립공원은 LA에서 동쪽으로 대략 250킬로미터, 두 시간 삼십 분 거리의 샌버나디노 카운티와 리버사이드 카운티에 걸친 모하비사막(Mojave Des.) 남쪽의 황량한 벌판에 있다. 19세기 말까지 소수의 인디언이 이곳에 흩어져 살았던 곳으로 3,214세제곱킬로미터에 달하는 넓은 곳이다. 1936년 프랭크린 루즈벨트 대통령이 준국립공원(national monument)으로 지정했고, 1994년에는 국립공원으로 승격되었다. 몇몇 드라이브와 하이킹을 겸한 코스는 대부분 공원 캠프장과 연결되어 있고 굴곡이 없어 찻길이 편하다.

히든밸리(Hidden Valley)를 관통하는 하이킹 코스가 1.6킬로미터 정도로 사막 깊숙이 들어가지 않고도 이 지역의 아름다움을 쉽게 느낄 수 있다. 공원 남쪽을 향하고 있는 키즈뷰(Keys View) 조망대는 코첼라밸리(Coachella Valley)와 솔턴바다(Salton Sea)를 한눈에 내려다볼 수 있다.

이곳에는 독특하게 생긴 조슈아 트리는 키가 12미터까지 자라는 거대한 나무로, 봄이면 가시 돋친 나뭇가지에 2.5센티미터 안팎의 꽃송이 군단이 피어난다. 1851년 이곳을 여행하던 모르몬교도들이 이 나무를 발견

하고는 성서에 나오는 이름 붙여 '조슈아 트리'라고 했다나. 그들은 총격과 방화 등 많은 위협으로부터

이주를 결정하고 만 명 가까운 신도들과 함께 그들이 원하는 곳을 향해 이곳을 통과했다는 이야기가 있다. 물이 없는 이곳을 통과하던 중 떡하니 버티고 서 있는 나무숲을 보며, 부근 어딘가 물이 고여 있을 것이라고 확신했단다. 안 그래도 마실 물 때문에 항상 걱정거리인 그들이기에, 눈 감고 "물 좀 주세요!"하고 기도하듯 외치다가 눈을 떠보니 두 팔 벌리고 있는 헛것, 성서에 나오는 조슈아(여호수아)를 본 것은 아닌지. 아니면 석양에 비친 나무가 조슈아로 보인 것인지, 재미있는 상상을 해본다. 그래서일까, 촐라 칵투스(Cholla Cactus) 선인장군(群)을 벗어나면 이곳에서의 유일한 오아시스와, 히든밸리 동남쪽 길을 따라가면 목축업자가 물을 막아 만든 바커댐(Barker Dam)이 있으나 우기(雨期)가 아니면 바닥은 거의 말라 있다.

국립공원 안으로 들어가면 암벽에서부터 한 키 높이의 작은 바윗덩어리까지 다양한 모양이 전개된다. 그곳은 암벽등반(rock climbing) 훈련장으로 많이 이용되고 있는데 멀리서 보면 이 바위들은 잘 익은 호박처럼 탐스럽기까지 하다. 특히, 이 바위들을 바라보는 각도와 빛의 굴절에 따라 그 모습이 다양하게 바뀐다. 해가 뜰 무렵과 해 질 무렵, 이 바위들과 조슈아 트리가 한 짝이 되어 아름다운 풍광을 만들어 낸다.

이 공원 내에 지정된 한 곳, 10번 고속도로에서 62번 지역 도로로 빠져 국립공원 입구에 들어선다. 제일 먼저 촐라 칵투스라는 선인장군과 다른

렌즈를 통해 본 디지털 노마드

식물이 자생하는 곳, 촐라
칵투스 가든(Cholla Cactus
Garden)을 만나게 된다. 몇
년 전 이곳에서 잊지 못할
경험이 있던 곳이라 유심
히 쳐다보게 된다.

가든 입구에 정원처럼
목장 펜스같이 긴 나무
로 둘러 있고, 촐라 칵투
스의 사진이 들어 있는 일
반 경고판이 붙어 있다.
으레 가시가 있는 선인장
이니 조심하라는 문구로
추정하고 선인장군 안으
로 들어가면 큰코다칠 수 있다. 말이 좋아 가든이지 실제로는 자연스레
형성된 칵투스가 모여 있는, 잘 가꾸지 않은 우리네 텃밭 같은 느낌이 든
다. 겉모양은 둥그런 밤송이 영근 것 같이 연둣빛 가시가 날카롭게 형성
되어 있다. 또 어떻게 보면 목을 몸에 숨기고 털을 세우고 있는 고슴도치
형상 같다. 이런 가시 덩이가 여러 줄기 덤불을 형성해서 동물의 모양처
럼 크기도 하고, 바다 밑 산호초처럼 보이기도 한다. 땅에 떨어진 것들은
색깔이 검은색으로 변해 있는데, 마치 동물시체가 말라 삐뚤어진 것처럼
흉물스럽기까지 하다.

그때 선인장 사고가 났던 시간은 오후 서너 시였다. 강렬한 캘리포니아
햇살이 이 가시를 투과하고 있어 그럴듯한 사진이 나올 것 같았다. 마시
던 커피잔과 사진기를 들고 고샅길 같은 촐라 칵투스 밭두렁이 있는 나무

울타리 사이로 들어갔다. 그리고는 커피를 마시면서 셔터를 누르기 시작했다.

몇십 장을 찍었을까. 다른 곳으로 이동하려는 데 선인장 꽃이 가시덤불 사이사이로 보였다. 선인장 가시 사이에서 꽃대가 빠져나와 피우는, 가시 없는 꽃이려니 했다. 그런데 일반 선인장 꽃과는 달리 꽃대에 가시가 촘촘히 붙어 있고 꽃대 안은 서너 종류의 단색으로 구분되어 피어 있었다.

광각렌즈로 바꿔 꽃 가까이에서 움직이기 시작했다. 그런데 넓적다리가 따끔거려 고개를 뒤로 돌려보니 바지에 칵투스 덩이 하나가 붙어 있는 게 보였다. 사진 찍기에 몰두하다 보니, 나도 모르게 칵투스 덤불을 건드린 것이다. 생각 없이 손으로 밤송이를 털 듯 손으로 떼려 했다.

아뿔싸! 순간 이놈은 반으로 쭉 갈라져서 한 놈은 내 손가락을 찌르고, 또 한 놈은 바지에 그대로 붙어 있는 게 아닌가. 특히, 손가락에 붙어 있는 놈은 어찌나 따갑고 아프던지 버럭 화가 났다. 보통 밤송이 가시라면 툭 하고 떨어져야 하는데, 이건 움직일수록 안으로 깊이 파고들어 아픔도 더 심해졌다. 참 희귀한 놈이라 싶었다.

들고 있는 카메라 렌즈에 붙어 있는 후드로 떼려 했으나 불가능했다. 도리어 이놈은 고기가 물 만난 듯 "넌, 이제 내 거야!" 하고 죽어도 떨어지지 않으려고 발버둥 치는 것 같았다. 순간적으로 이놈은 식물이 아니고 흡혈식물 혹은 식생동물처럼 느껴졌다. 처음부터 이놈의 특성을 알았다면 바지를 무릎까지 벗는 퍼포먼스로 아무 일이 없었을 터인데. 놀라고 뜨악한 마음에 떨어지지 않는 가시를 혼자 해결할 방도가 없자, 주변에 있는 분에게 도움을 요청했다. 그는 주머니에 있는 휴지로 몇 번 시도하다가 불가능하자 카메라 렌즈 뚜껑으로 가시를 떼려 했다. 하지만 그것도 무용지물, 떨어지기는커녕 가시에 손을 댈 때마다 더 깊숙이 가시가 파고들었다.

서서히 손가락이 붓기 시작하며 피까지 비치기 시작했다. 이 지독한 가시도 떨어지면 안 되겠다 싶었는지 내 손가락 살갗 안으로 파고드는 흡력이 웬만한 힘으로 떨어낼 수 없을 것 같아 보였다. 이러다간 병원에 가서 수술받아야 하는 것 아닌가 하는 걱정까지 들기 시작했다.

그는 안 되겠다는 생각이 들었는지 돌덩이 두 개를 주어 돌덩이 양쪽 끝에 힘을 주며 가시를 빼기 시작했다. 바지에 붙어 있던 놈은 이내 빠져나오고, 손가락에 붙은 가시는 얼마나 지독한지 쉬 빠지질 않다가 다시 힘을 주자 빠져나왔다. 이미 손가락은 피멍이 들어 있었고, 가시가 뽑힌 자리에서는 피까지 흘러나왔다.

이를 옆에서 보던 또 다른 이는 칵투스 덩어리를 신발로 밟아본다. 신발창에 붙어 있는 가시를 보며 "와, 신발창을 뚫고 들어오려 하네!"라며 혀를 내두른다. 식인식물은 아니지만, 살아 있는 세포에만 반응하는 듯한 이런 식물에 대해 들어본 적 없는 나로서는 놀랄 수밖에 없었다. 순간 나도 모르게 "참, 별일이야! 이렇게 위험한 것이라면, 일반적인 Warning(일반경고)이 아니라 DANGER! KEEP OUT!(위험경고)판을 세워놓았어야지!"라며 불평을 해댔다.

사진 찍기는 포기하고 손가락을 입에 물고는 표지판 앞에 가서 내용을 자세하게 읽기 시작했다.

"만약 이 식물에 어떤 효용이 있는지 알게 된다면, 알려주면 기쁘겠다. 우리가 사는 지구에는 다양한 생물이 있다. 그중에서 인간에게 유용한 것은 그 효용 가치를 빨리 발견하지만, 잘 모르는 것에 대해선 효용 가치가 없다 해서 평가에 인색한 면이 있다. 이 촐라(초이야) 칵투스 역시 잘 알지 못하는 것 중의 하나이다. 만약 사막 숲의 쥐나 사막선인장에게, 이 촐라에 대해 묻는다면 그들은 놀라 눈을 휘둥그레 뜰지도 모른다.

인간이 아직 모르는 어떤 유용성이라도 발견하게 된다면 알려주기 바란다!"

눈이 번쩍 뜨였다. 가시덩이군(群) 사이에 보이는 식물의 꽃술은 해마(海馬) 혹은 독사 머리 같다. 아니다. 자세히 다시 쳐다보니, 섬뜩한 것이 흡반충 내지는 바닷가의 말미잘처럼 찰거머리 입처럼 보였다. 다행히 독이 없어 이상이 발생하지는 않았지만, 어떻게 해서라도 또 다른 곳에도 번식하려는 식물 본능이라는 생각이 들었다. 살아 움직이는 동물을 만나면 착 달라붙어 떨어지지 않으려는 거머리 같은 습성. 그 강렬한 생명 의지가 느껴지는, 식물의 정적인 모습과는 전혀 다르다 싶었다. 건조하고 척박한 이런 곳에서 살아가야 했기에, 또 다른 번식 본능은 온갖 만물에 다 있다는 것을 다시 한 번 느끼게 된다. 이때만큼은 온갖 욕념이나 번민과 고통이 사라져버린 선승(禪僧)의 마음이 되어 적멸궁으로 떠난 듯싶었다.

차를 몰고 공원 안으로 들어가면서 한국 시디를 작동시킨다. 〈봄바람〉이 흘러나오고 다음 곡 〈하숙생〉이 흐른다.

"인생은 나그네길 어디서 왔다가 어디로 가는가. …… 정일랑 두지 말자 미련일랑 두지 말자."

맞는 말이다. 우리네의 인생은 어디서 오고 어디로 가는지. 그리고 정을 남긴다고 떠나가지 않는 게 어디 있으랴. 미련을 둔다 해서 이승에 붙박이가 될 수 없을 터인데 말이다. 그래도 개똥밭에 굴러도 이승이 저승

보다 낫다 싶다.

얼마를 가다가 식사할 수 있는 캠프장 간판을 보자 허기를 느껴 캠프장으로 들어갔다. 노인들이 단체로 불을 피워놓고 소시지와 채소를 구워먹으면서 담소하고 있었다. 그들이 불을 피워놓은 자리를 빌려 물을 데운다. 그런데 그들과 주변 풍경은 세월이 농익은 색다른 풍경화를 보는 듯잘 어울린다. 어깨는 굽었고 손놀림은 게으른 듯 둔하다. 얼굴과 손등엔검버섯과 주름이 가득하다. 어떤 할머니는 한 점 소시지를 입에 넣고 꼬물꼬물 씹고 있다. 그리고 보니 전부 입을 꼬물거리며 담소하고 있다. 또어떤 노인의 얼굴에 경련이 일정하게 일어난다. 자신의 의지로도 제어할수 없는 경련. 나이를 먹는다는 것은 여간 쓸쓸한 일이 아닐 것이다.

컵라면 뚜껑을 열고 더운물을 붓는다.

다시 서너 곳을 둘러보고 한곳에 정착한다. 그리고 카메라를 삼발대에올려놓고 해가 떨어지기를 기다린다. 해가 산 넘어가는 시간은 고작 5~6분이다. 해가 넘어가면 하늘은 붉게 변하고 산속은 어둠으로 생소해지기 시작한다. 재재거리던 새들의 소리가 끊어지고 사방은 점차 어둠에 가려 주변은 손바닥만 하게 보인다. 이내 어둠이 찾아들며 새들도 깃들 곳에서 미동하지 않는다. 이때부터는 갑자기 세상은 적막해진다.

가슴을 열고 먼 곳을 쳐다본다. 빛깔이 없는 무채색의 시간이다. 새벽의 일출 전과 저녁의 일몰 후 무채색은 하루에 두 번 온다. 빛깔이 없고 분위기는 비슷하지만 나는 일몰 후를 더 좋아한다. 늦잠이 많은 나로서는 새벽보다는 쉽게 접할 수 있기 때문이리라.

점차 별들이 하늘에 수놓기 시작한다. 눈여겨보았던 기이한 돌을 중심으로 두 대의 카메라로 천체를 찍는다. 그중 한 대는 별의 이동을 찍기 위해 삼발대에 카메라의 렌즈를 열어놓고, 밤하늘의 별을 중심으로 고정시킨다.

이곳의 밤 기온은 빠르게 떨어진다. 아니나 다를까, 얼마 서 있지 않았는데도 한기가 들고 속이 떨려온다. 차 속에 있는 점퍼를 꺼내 입고 장갑과 목도리까지 착용하고 다시 카메라 앞에 선다. 그런데 아침부터 좀 전까지 없었던 자잘한 바람이 분다. 키가 작은 잡목들은 힘없이 몸을 부르르 떤다. 그러다 한 번씩 잔인할 정도로 강하게 불어댄다. 바람이 거침없이 훑어간 뒷자리는 잡목 잎사귀들만 힘없이 한댕거리고, 나의 마음도 깊은 곳까지 흔들어 저리게 한다.

밤이 깊어졌다. 온 하늘에 펼쳐져 있는 별들은 형태가 일정하지 않지만 크고 작은 별바다와 성채(城砦)가 우뚝 서 있다. 마치 망망대해에서 은빛 물결을 타고 보석처럼 반짝이는 별들이 일렁이는 파도처럼 다가온다. 그리고 다른 도시에서 모인 붉은 불빛을 누가 손으로 하늘에다 그려 놓은 듯 조슈아 트리와 별들 사이에서 하모니를 이루고 있다. 절묘한 조화인 듯싶다.

아무것도 오염되지 않아 보이는 저 별들의 나라는 우리가 살고 있는

렌즈를 통해 본 디지털 노마드

이 세상과는 다른, 감히 범접할 수 없는 순수의 세계로 끝없는 오로지 평화만이 흘러넘치는 것 같다.

묘(妙)라는 낱말이 있다. "묘는 소생의 의(義)이고, 되살아난다는 의, 즉 원만구족(圓滿具足)."이라고 일련(日蓮)이 말했다. 묘는 '오묘하다', '미묘하다', '말할 수 없이 빼어나다', '기쁘고 훌륭하다', '소생하다', '연소하다'는 다양한 의미를 지니고 있다.

그렇다. 묘라는 낱말 속에는 새로운 삶과 기쁨이 소생하고 희망의 의미가 내포되어 의를 이루는 것이리라. 한 점 흐트러짐 없는 마음과 뜻 그리고 정성으로 내일이라는 미래를 준비할 수 있는 시간이다. 이 깊은 밤은 여느 때보다 조용하고 경건하다.

집에 돌아갈 채비를 한다. 카메라와 삼각대를 접고 차의 실내등과 히터를 켠다. 잃어버린 것이 없나 주위를 살피면서 차에 올라탄다. 그런데 차창에 비친 내 얼굴 뒤에 아버지의 얼굴이 어른거린다. 옛날 어머니 등에 업혀서도 곧잘 보챘던 내게, 아버지는 내가 잠이 들 때까지 "새야 새야. 파랑새야. 녹두밭에 앉지 마라. 녹두꽃이 떨어지면 청포장수 울고 간다."를 자장가 삼아 불러주셨다. 비록 아버지는 북망산천에 갔고 마음으로만 모습을 보는데, 나의 마음은 늘 하늘에 걸린 깃발처럼 그리움이 나부끼고 있어 언뜻 환영이 눈앞에 지나간 것일 게다.

운전석에 마시다 남아 있는 커피를 마신다. "참, 모르몬교도들은 커피는 물론이고 홍차도 안 마시다고 하던데. 무슨 이유로 안 마시는지." 혼자 구시렁대며 운전을 한다.

포코너즈와 인디언의 슬픔

미국은 한반도 국토 면적의 44배가 넘는 982만 6,675제곱킬로미터의 광대한 면적을 차지하고 있다. 이곳에 세 개의 주가 한 곳에 몰려 있는 지역, 스리코너즈(Three Corners)는 캐나다와 멕시코 접경까지 포함해 50개가 넘는다. 그런가 하면, 네 개의 주가 한 곳에 몰려 있는 포코너즈(Four Corners)는 한 곳뿐이다. 이곳은 콜로라도, 뉴멕시코, 애리조나, 유타의 국도 160번 경계선으로, 남한 면적 3분의 2 정도 크기의 인디언보호구역이다.

1868년 초, 이곳 포코너즈에 미합중국 측량사와 천문학자가 콜로라도 주의 남부 경계 측량 완료를 기념하기 위해 기념소를 만들었다. 계속해서 1875년 뉴멕시코 주 서부, 1878년 유타 주 동부, 1901년 애리조나 주의 북부 경계 측량까지 완료했다. 이것을 계기로 1912년, 네 개 주의 교차점에 영구적인 경계표지를 세웠다.

그러나 방치하다 보니 이곳은 있는 둥 마는 둥 경계만 있을 뿐, 아무도

관리하지 않았다. 1992년, 다
허물어가는 '포코너지(地)'를
화강암을 사용하여 새롭게
개수했다. 정사각형 전체는
동서남북 네 방향, 자신이 선
택한 네 계단을 밟고 올라가
면 전체가 평면단이다. 중앙
은 네 줄의 주 경계선을 시작으로, '하나님의 자유 아래 네 개 주가 만난
다(Four States in freedom here meet under God)'는 여덟 단어를 각 주가 두 단
어씩, 청동판으로 만든 네 개의 둥근 주 형상, 네 개의 주 이름까지, 똑같
은 방법으로 만들어져 있다. 계단 뒤로는 네 개의 주기(州旗)와 통합을 의
미하는 나바호기(旗)와 성조기가 걸려 있다. 네 개의 계단 위를 네 가지로
구분해 배치한 의미는 네 개의 주가 잘 합쳐져 있다는 상징성을 보여주기
위함이었으리라.

　주변은 황량하기 그지없다. 붉은빛 대지에는 몇 개의 밋밋한 언덕이 있
고, 모래바람만 간간이 분다.

　포코너즈를 소개하는 건물과 거의 다 비어 있는 가게가 을씨년스럽
게 느껴진다. 단순한 곳에다, 쉴 곳도 마땅찮으니 방문객 대부분은 이곳
과 66킬로 떨어진 콜로라도 코르테스(Cortez)의 메사베르데국립공원(Mesa
Verde National Park)에 들렀다가, 아니면 지나가다가 이곳에 잠시 들리게 된
다. 이곳과 분위기가 사뭇 다른 메사베르데국립공원도 인디언 원주민이
살았던 유적지로, 계곡과 계곡 사이의 거대한 바위 지붕을 두르고 서 있
는 하늘궁전(Lift Palace)이 있다.

　이곳에 도착하면 할 일이 꼭 있다. 네 개의 주가 모이는 은색 중앙 꼭
짓점에다 손바닥을 올려놓거나, 양팔과 양다리로 네 군데에, 그 위에서

각자의 스타일로 기념사진을 몇 장 찍는 일이다. 마치 네 개의 주가 "내 손바닥 안에 있소이다."라는 나름대로 표정을 지으면 된다. 그리고 포코 너지 평면단 주변에 간이 탈의장같이 일렬로 붙어 있는 30여 개의 가게의 물건들을 둘러보면 그만이다. 그래야만 입장료가 덜 아깝다는 생각이 들기 때문이다.

해가 지면 장사꾼들은 몇 개 안 되는 짐과 몇 푼 번 돈을 들고 공동체로 돌아가고 텅 비게 된다. 대신 이곳에는 들짐승이 사람들이 먹다 버린 음식 찌꺼기를 찾아 서성거릴 것이다.

이곳 물건은 인디언 문양의 은세공품, 터키석(turquoise)으로 만든 장식품, 티셔츠, 물감을 칠한 토기류, 인디언 토산품이다. 자리를 지키고 있는 구릿빛 얼굴들은 한국의 어느 시골 마을에서 본 듯한 그런 얼굴이다. 자세히 보면 또 다른 특징이 있다. 단순한 상품에다, 인디언들은 먼저 "이것 구경하세요. 저것 사세요."라는 말은 하지 않는다는 것이다. 더군다나 같은 인디언 상인들과도 아무런 대화 없이 서로 침묵하는 것이 흥미롭다. 이런 상황이니 이들에게 상품 이외의 이야기를 꺼내기가 쉽지 않다. 몇 군데 상점을 돌다가 토산품을 파는 얼추 60대 인디언 남성과 어렵게 대화할 수 있었다.

"편의 시설물을 설치하고 홍보하면, 부(富)를 위한 장소가 될 것임에도 왜 그렇게 하지 않는가?"라고 물었다. 그는 하나씩 이야기를 하자면서, 자신은 수타이어(Sutio) 족 인디언이라고 했다. 자신은 사우스다코타(South Dakota) 중심의 수(Sioux) 족 인디언인데, 자신의 부인이 나바호 원주민이라 이곳에서 같이 공동생활을 한다면서 이렇게 물었다.

"너도, 우리에게 아시아인의 피가 섞였다고 생각하는가?"

"그렇다."

"그것은 너의 생각일 뿐이지, 그게 아니다."

렌즈를 통해 본 디지털 노마드

어떤 인류학자는 인디언의 선조가 아시아에서 얼음을 타고 이곳까지 왔다지만, 그럴 리 없다면서 손사래를 쳤다. 그들은 선조 대대로 이곳 거북이 섬(인디언은 북아메리카 대륙을 거북이 섬이라 지칭)에서 태어나 지금까지 살아간다고 했다. 그러면서 지금 네가 서 있는 이 땅도, 자기네 발이 닿으면 다정하게 반응한다는 것이다. 그 이유는 이 땅이 자기 조상들의 뼈로 이루어졌기 때문이라고 했다. 그리고 그들은 의자보다 땅에 앉거나 땅 주변에 있는 나무나 돌덩이에 기대는 것을 좋아한다는 것이다. 그렇게 함으로써 자연의 신비를 더 느낄 수 있게 되고, 주변에 있는 다른 동식물까지 가까운 혈족임을 느낄 수 있다는 것이다.

자신들의 문화는 커다란 공동체이며, 이들은 그 속에서 어린 시절부터 남들과 함께 사는 법을 배운다고 한다. 그리고 우정과 인간애, 자연에 대한 애정, 세상 모든 것과 하나가 됨, 생명의 존중, 절대적인 힘에 대한 강력한 믿음, 진실과 정직 그리고 자비와 평등의 원리를 실천한다고 했다. 그렇게 함으로써 조상으로부터 물려받은 전통의 이치를 알면 삶은 더욱 값진 것이라 말한다.

지금은 많이 변했지만, 나이가 든 인디언들은 재산을 모으는 것에 대해 그리 칭찬하지 않는 버릇이 있다고 했다. 도리어 재산 축적은 사람들 사이에 벽을 만들고 불신을 조장한다고 믿고 있단다. 지금도 공동체 내에서는 돈보다 물물교환을 많이 한다고 했다. 이럴진대 이곳에다 큰 건물을 짓고, 돈을 벌어야 한다는 것인가. 그 짓은 위대한 정령(精靈)에게 죄짓는 일이라고 했다. 지나친 욕심은 도시 문명에나 있는 일이지, 자연 속에서의 우리에게는 필요 없다고 단언했다. 그러면서 너희 목표는 돈을 벌겠다는 욕망뿐이다. 자식들에게 세상을 살아가는 데 필요한 인성교육이 아니라, "부자가 되기 위해 공부하라."는 것에 맞추어진 듯싶다. 이런 교육 탓에 너희는 돈이 될 만한 것을 찾아 벌떼처럼 사방으로 돌아다니는 것이 아니냐고 말했다.

"그렇다면 여기서 장사를 하는 이유가 무엇인가?"라고 되물었다.

이곳을 50여 년이나 내버려두다 보니, 백인들이 자체 관리하겠다는 통보를 수십 차례 받았다고 했다. 그걸 막기 위해서는 이렇게라도 자리를 차지해야만 한다는 것이었다.

이곳이 자신들을 위한 보호구역이라지만, 교육 문제는 철저히 외면당하고 있단다. 무슨 이유를 둘러대서라도 인디언의 자녀에게 미국식 교육을 받게 하려고 시도한다는 것이었다. 그렇게 되면 앞으로 몇십 년 이내 자신들의 언어는 잊히게 될 것이고, 간직하고 있는 전통마저 모조리 사라질 것이라고 걱정했다. 죽어도 그렇게 할 수는 없지 않느냐며 미국 시민권이 아닌, 인디언 원주민증을 보여주었다.

하지만 아이러니하게도 이곳 공동체의 바람과는 달리 젊은 인디언들은 미국 주류 사회로 거의 다 빠져나간다. 대신 나이가 든 인디언들이 자리를 차지하고 있다. 지금 미국 전역에 있는 자체 보호구역 내의 인디언은 얼마 남지 않은 숫자로 전락했고, 농사짓는 법, 장사하는 법을 배웠기 때문에 넓은 땅은 필요치 않다고 한다. 인생을 살아가는 머나먼 길의 애환을 함께한 이 땅을 진정 우리가 소망하는 대로 살게 해 준다면, 과거부터 자신들에게 저질렀던 부당한 일은 잊겠다면서 몇 가지 예를 이야기했다. 백인들이 이 땅에 정착하면서 전파시킨 폐렴, 결핵, 괴혈병 등의 병균으로 인디언의 90퍼센트 이상이 사망한 일, 백인 대표와 평화협정을 맺기 위해 모인 각 부족 대표를 총으로 몰살시킨 일, 자신들에게 강제로 술을 먹여 술주정뱅이로 만들었던 일, 이외도 엄청 많다고 했다. 그랬다. 이곳에는 많은 아픔을 간직한 채, 자신들만의 전통을 계승하며 살아가고 있다. 살아 있다는 것은 기회를 가질 수 있는 희망을 품을 수 있다지만, 이들의 삶 자체가 모든 것을 대변하지 못하고 있는 듯하다.

이들이 처한 현재 상황은 전쟁하던 당시의 선조 때보다 훨씬 나쁘다고 했다. 적어도 이들의 조상은 백인들과 전쟁을 할지언정 자유로웠다고 했다. 주위를 둘러쳐진 경계선이 없었다고 했다. 그런데 지금은 어디를 가도 보이지 않는 담이 둘러쳐져 있고, 곳곳에 침입 금지 표지판이 붙어 있다고 했다. 남의 목장에 잘못 들어갔다간 도둑으로 몰려 총 맞기 십상이라고 했다. 매 순간 이들은 늘 위험 속에 살고 있으며, 무엇을 하든 먼저 관리국의 허락을 받아야 하는 신세라고 했다. 정말이지 먼바다에서 고향 산천으로 돌아오는 연어처럼, 고향의 산과 들에서 마음껏 뛰놀다 그곳에 묻힐 수 있는 자유와 소망이 그의 얼굴 곳곳에 묻어 있었다.

이곳은 인디언 보호구역이다. 그러나 엄격히 말하면 이곳은 인디언 땅이 아니고, 연방정부의 땅이다. 백인 부대는 미국 전역에 흩어져 있는 인디언과의 전쟁에서 승리한 직후, 불모지라 생각되는 곳에다가 집단으로 내몰았다. 그렇게 지정해준 땅이 바로 인디언보호구역이다. 이곳은 그들이 뿌리를 내리고 사는 곳이 아니라, 삶을 연명시키는 울타리일 뿐이다. 그러니 이곳을 고향이라고 부를 수 없을 것이다. 그래서일까, 이곳에는 번듯한 나무 한 그루 서 있지 않다.

헤르만 헤세(Hermann Hesse)는 『삶을 사랑하는 젊은이들에게』에서 삶은 우리를 행복하게 해주기 위해 존재하는 게 아니라, 우리가 고뇌와 인고 속에서 얼마나 강할 수 있는지를 보여주기 위해 존재한다고 했다. 그리고 생텍쥐페리(Saint Exupéry)는 『전투 조종사(Pilote de guerre)』에서 인생의 불합리를 없앨 정해진 해결법은 없고 오직 진행 중인 힘뿐이다. 오로지 힘만 있으면 해결법 따위는 저절로 나타난다고 했다.

인간은 자신들의 전통과 역사를 호지(護持)하고 이를 위해 철저히 싸운다. 이것은 변하지 않는 방정식이다. 모든 것은 전통성을 갖춘 주권자에 의해 통치 행위가 이루어지고, 책임은 한 사람 한 사람의 개인 몫이 된다.

문제는 인디언이 엮어내려는 전통이 무엇인지를 먼저 파악해야 한다. 자신들의 전통을 고수하는 방법이 이들만이 느끼고 차별을 초래하는 것인가. 보편적 진리는 함께 서로의 경애를 높여가는 게 맞다. 그러나 그 전통의 맥(脈)을 되돌리려는 구조에는 엄청난 결함이 보인다. 예를 들어, 지금의 이 세상을 살아가는데, 땅을 함께 공유하고 돈이 필요 없다는 식의 구조 등은 실현이 불가능한 것이다. 이러한 전통과 역사는 힘의 원리와 아무런 상관없는 이상향일 뿐이다. 미국 전역에 있는 인디언들은 이미 이러한 전통에 회의를 느끼고 빠르게 서구화되어가고 있다.

이런 와중에도 전국에 있는 인디언들은 전국단체협의회를 만들었다. 이곳에서 자연 경시, 생명 경시의 풍조와 단호하게 싸우고, 정의의 소리를 울리고자 한다. 이를 통해 전통적 생명의 경애를 높이고 인디언적 사회를 실현하려는 것을 공동생활에서 되찾겠다는, 의지의 표출인 것이다.

하지만 지금의 인디언은 백인 사회에 줄 것이 거의 없고 힘도 없다. 언젠가 이들의 소망과는 달리 백인의 정책 속으로 동화되고 말 것이고 역사에 묻힐 것이다. 그래도 이들에게 관심을 두어야 할 것이고, 사랑으로 대해야 할 것이리라. 이들이 진정 원하는 곳, 고향의 산과 들에 묻히는 게 소망이라는 것은 영원히 불가능하겠기에, 죽어서라도 찾아가겠다는 이유를 알 것 같다. 일제강점기 때 우리의 부모들도 36년간 서로 껴안을 강한 두 팔이 필요했던 암울한 시기가 있었다. 해외에서 살아가는 우리들의 선조는 1860년대 이후 조선 말기(1392~1910) 국내의 어려운 사정 탓에 만주와 러시아로 이주하고, 1902년 12월부터 1903년 5월까지 600여 명의 한인이 하와이로, 사탕수수밭에서 일하기 위한 이민역사가 시작되었다.

렌즈를 통해 본 디지털 노마드

과연 우리는 후손들이 흠모하는 조상으로 남아 있을까. 그리고 후손들 앞에 얼마나 당당한 선조가 될 수 있을까.

나 스스로 '삶이란 무엇인가, 원래 삶이란 이런 것인가?'라고 되묻고 있다. 불현듯 이 땅에 살아가는 나 자신의 삶이 구차하고 모순투성이라는 생각에 마음이 어두워진다. 언제부터인가 나는 밤하늘의 별 보기를 좋아하는 버릇이 생겼다. 별은 세상의 온갖 번뇌를 말없이 감싸주고 남에게 띄지도 않아, 위안의 대상이 되었으리라 싶다.

황토빛 먼지가 휘부는 주변을 한 바퀴 거닐며 한 편의 시를 읊어 본다.

> 사람의 손이 닿지 않은 이름 모를 그곳,
> 그 숲이라 하더이다
> 억지로 꾸미지 않아 더욱 아름다운 숲
> 박자와 음정 맞지 않아도
> 순수함 하나로 사랑스레 들려오는
> 시냇물의 노래와 새들의 지저귐처럼
> 사람도 자연을 닮아,
> 별다른 치장 없이 마음 따라 아름다운
> 많이 배우지 않았어도 정직하게 살아가는
> 자신을 필요로 하는 이들에게
> 목적 없이 사랑을 베푸는
> 그 숲에 가면
> 나무 같은 사람, 그들이 있더이다
>
> — 홍인숙의 시, 「그 숲에 가면」

돌아오는 찻길 너머 끝없이 펼쳐진 광야에 붉게 치솟은 거대한 암석 기둥들이 흩어져 있고, 지평선 너머 노을은 붉게 타오르고 있다.

죽음의 계곡, 데스밸리

한여름에는 다들 대갈통만 한 수박 몇 통을 들고 바닷가나 숲이 우거진 계곡을 찾는다. 더부살이 인생인 나는 밴댕이 소갈머리일까, 숨이 컥컥 막히는 여름철 한증막을 찾으려 스스로 모의하고 차 타이어부터 점검한다.

고온의 땡볕을 피하고자 늦은 밤, 차에 기름을 가득 넣고 올빼미 눈으로 편도 여섯 시간의 강행군을 시작한다. 150여 년 전, 서부 금광을 찾아 길 떠난 동부의 개척자 300여 명이 이곳의 환경을 전혀 모른 채 지름길을 택했다. 마땅히 쉴 만한 곳도 없고 섭씨 50도를 오르내리는 살인적인 더위에 마실 물까지 다 떨어졌다. 갈증으로 입이 탄 그들은 죽고 사는 것에 아랑곳없이 미친 듯 웅덩이에 고인 물, 배드워터(Bad Water)를 마시고 떼죽음을 당한 곳, 바로 데스밸리국립공원(Death Valley National Park)이다.

인생은 한 번 가면 되돌아올 수 없는 외길인데 어찌 지름길이 있을 건가. 있다면 그 길은 미로였을 뿐인데, 왜 그런 선택을 하여 '죽음의 계곡(Death Valley)'이라는 오명(汚名)을 남기게 했을까.

데스밸리 대부분은 캘리포니아 주 중남부에 속해 있고 북동쪽 일부만 네바다 주와 접경을 이루고 있다. 그동안 예닐곱 차례 죽음의 계곡을 답사했다. 그중 레이스트랙(Racetrack)에는 돌덩이들이 긴 궤적을 남긴다. 멀리서 보면 마치 경주 시합을 하는 것 같다고 해서 붙여진 이름이다. 찾아올 때마다 이 길은 굵고 날카로운 자갈길이라 차량 문제로 포기해서, 찜찜한 마음이 남아 불편했다. 레이스트랙은 데스밸리의 상징 중 한 곳이라 몇 개월을 참지 못하고 이 여름철에 카메라와 렌즈를 챙기고 4x4 SUV를 빌려 달려왔다.

렌즈를 통해 본 디지털 노마드

데스밸리의 넓이는 13,514제곱킬로미터(제주도의 7.3배)이며, 동서의 너비는 8~24킬로미터이지만, 남북의 길이는 225킬로미터를 점유하고 있다. 연평균 강우량은 50밀리미터 미만으로 연중 내내 비라곤 거의 내리지 않는다. 11

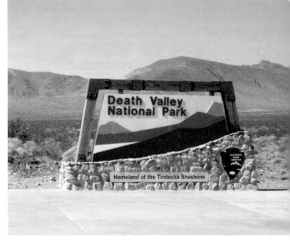

월부터 4월 사이의 평균 기온은 섭씨 20~30도, 여름엔 섭씨 58도까지 올라가는 살인적인 혹서의 지대이다. 해수면보다 82미터나 낮은, 북미 최저점이 있는가 하면, 그 옆에는 3,367.7미터의 높은 망원경 봉우리(Telescope Peak)가 솟아 있다. 또한, 이곳 시에라네바다 산맥의 남쪽 끝자락에서는 알래스카에서 제일 높은 매킨리 산(Mt. McKinley, 6,194미터)과 그다음인 휘트니 산(Mt. Whitney, 4,418미터)의 연봉과 만년설을 볼 수 있다.

데스밸리는 2억 년 전까지 바닷속이었다. 그때만 해도 이곳은 바닷물로

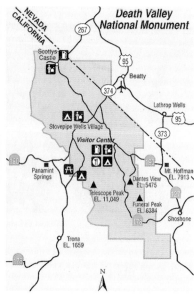

덮여 있고 기후가 온화하여 인디언들은 짐승 사냥과 고기잡이를 하며 살았다고 한다. 그 후 여러 차례 지각 변동을 거치면서 육지가 되었다. 그러면서 어느 땐가 폭우 탓에 산의 토양은 뼈대만 남기고 무너져 내렸으며, 양쪽의 언덕과 바위도 거센 물살에 깎여 그 흔적들을 고스란히 드러내놓고 있다. 이곳 밑바닥은 300미터 정도의 두터운 소금층으로 덮여 있다.

제일 먼저 숯가마(carcoal kilns)에 도착한 후 먼동이 트기를 기다리고 있다. 근처에 있던 광산 제련소에 사용할 숯을 굽기 위해 만든 열 개의 숯가마가 그대로 남아 있다. 먼동이 희붐하게 밝아오자 열 개의 숯가마가 처녀의 젖무덤처럼 아스라하게 드러난다. 비록 1877년이라는 오래지 않은 옛날에 세워졌지만, 사람 그림자 하나 없는 산 중턱에 서 있는 모습이 마치 고대 유적을 연상케 한다.

모래언덕(Sand Dunes) 입구에 도착했다. 오랜 기간을 두고 시나브로 호수가 메말라 8,960에이커의 모래언덕까지 생겨났다. 이 탓에 바람의 방향과 속도가 수시로 모래의 무늬와 형태를 바꾼다. 이 모래는 일출과 일몰 때엔 오묘한 빛의 향연을 펼친다. 이런 희한한 풍광 때문에 사진작가들은 이곳에 서면 쉽게 떠나지 못한다. 눈을 들고 휘이 한 바퀴 둘러본다. 이 모래언덕은 칼날처럼 서 있고, 그 주변 능선에 황금 모래바람이 휘몰아치는 것은 마치 신기루를 보는 것 같다. 견고하리라 싶어 칼날 같은 모래 모서리를 밟아본다. 허망하게 푹 꺼져버린다. 눈에 보이는 게 다가 아니라는 것처럼 우리 인생살이의 한 단면이 아닐까 싶어 왠지 마음이 아파온다.

모래언덕에서 15킬로미터 동쪽으로 가면 스코티스 별장(Scotty's Castle)이 나오고 그곳에서 북쪽으로 60킬로미터를 가면 빅파인(Big Pine)을 만난다. 다시 서남쪽으로 5킬로미터 정도 내려가면 우베헤베 크레이터(Ubehebe Crater)가 나온다. 이곳은 화산이 폭발하여 생긴 몇 개의 크고 작은 분화구이다. 이 분화구를 인디언들은 '돌솥의 큰 바구니'라는 뜻으로 우베헤베라고 불렀다. 큰 분화구는 직선거리 800미터, 깊이 150미터로 거대하다. 그중 한 개는 폭발한 지 2,000년이 안 된다. 온통 흑색으로 덮인 주위 풍경이 암울한 느낌을 자아낸다. 사방 천지가 바짝 말라 돌덩이만 무수히 깔린 이곳에 무슨 스며들 물이 있어 마그마에 의해 데워진 물이 증기 폭발(steam explosion)로 이렇게 큰 구덩이가 생겨난 것일까.

벌써 해가 중천에 띠 있다. 서둘러 레이스트랙의 길로 출발했다. 43킬로미터나 되는 길을 얼마간 들어가니 자갈길로 바뀐다. 그냥 자갈길이 아니다. 눈에 띄는 것은 날카로운 굵은 자갈이라 타이어가 찢길까 봐 오금이 저린다. 속력을 최대한 줄인다. 차 뒤로 긴 먼지를 날리며 덜커덩거리니 자꾸 엉덩방아를 찧는다. 30여 분 들어가니 사진에서만 보던 넓은 벌판이 드디어 눈에 들어온다.

강한 햇볕과 고온에 수건으로 얼굴을 감싸고 레이스트랙 안으로 카메라를 들고 들어갔다. 고온 공기에 눈이 따갑고 머리까지 핑핑 돌 지경이

다. 산들이 병풍처럼 바닥, 레이스트랙을 막고 있어 지열은 가마솥처럼 달궈질 수밖에 없는 구조다. 연신 물을 머리 위로 붓는다. 그래도 숨이 컥컥 막힌다.

이곳은 가끔 폭우로 대량의 물이 들어왔다가 엄청난 바람과 데스밸리의 뜨거운 온도로 쉽게 증발한다. 물이 다 빠지면 하얀 밀가루처럼 고운 흙바닥은 말랑말랑한 고무 장판 같다가 이내 고온 건조한 날씨 탓에 블록처럼 쩍쩍 갈라진다. 이런 곳에 커다란 돌덩이들이 신기하게 긴 줄을 긋고 누워 있다. 개중에는 70~80킬로그램 정도의 굵은 돌덩이도 있다. 이에 대해 많은 이야기가 있지만, 폭우로 대량의 물이 빠질 때 강한 바람의 도움으로 돌덩이는 긴 줄의 궤적을 남기며 움직인다고 한다.

레이스트랙을 향해 들어가고 되돌아 나오는 길에 찻주전자 교차로 (Teakettle Junction) 안내판이 보였다. 안내판 하단에 누군가가 걸어 놓은 찻주전자들이 즐비하다. 물 없는 이곳에 누군가를 위해 남은 물을 넣어 놓고 가라는 뜻인지, 150여 년 전 금광을 찾아왔다가 갈증으로 죽은 이들의 넋을 기리기 위한 것인지, 기분이 묘하다. 나도 주전자 뚜껑을 열고 1리터 페트병의 물을 주전자 속에 넣고는 다시 출발했다.

스페인풍의 스코티스 별장은 데스밸리 북쪽 종주의 끝자락에 있다. 스코티스 별장은 80여 년 전 시카고의 백만장자가 250만 달러를 들여 겨울 휴가용 별장을 짓고자 했다. 그러나 사막성 황무지의 악천후를 버티어내지 못하고 지금까지 중단된 상태로 남아 있다. 아침 8시부터 5시 사이에

렌즈를 통해 본 디지털 노마드

입장료를 내면 미완성의 현재진행형 건물 내부를 속속들이 볼 수 있다. 별장은 지금도 완성에 이르지 못하고 있지만, 영원한 잠에 곯아떨어져 있지 않다는 데스밸리의 또 다른 의미라 싶다. 그곳에는 제법 키 큰 야자수가 군데군데 심어져 있다. 그 야자수 아래 의자에 앉아 가지고 온 라면을 끓이며 다음 길을 위해 지도를 펼쳤다.

잠시 안내소(Furnace Creek Visitor Center) 부근에 있는 솔트크리크(Salt Creek)를 찾는다. 개울 바닥이 거의 모래로 되어 있다. 볼 때마다 신기한 데스밸리의 유일한 어류인 팝피시(Pupfish)가 유영하는 게 보인다. 그럴 리 없다면서도 오아시스의 물인가 싶어 손가락을 물에 담갔다가 입에 대어본다. 역시나 짜디짜다. 일반 바닷물보다 네다섯 배나 짜고, 쓴맛이 온몸을 소스라치게 자극한다. 이런 곳에서 삶을 영위하다니, 벌린 입이 한동안 다물어지지 않는다. 송사리처럼 보이기는 하나 그보다는 약간 크고 유선형인 팝피시는 겨울과 봄 동안 눈 녹은 물이 흐르기 시작하면 새끼를 낳고 무리 지어 다닌다. 3개월이 지나면 성어가 되고 한여름에는 이 물마저 거의 다 마르게 된다. 이때 이놈들은 거의 다 죽고, 강한 놈만 습기가 있는 곳에서 다음 해를 기다리며 버틴다.

동남쪽으로 4킬로미터를 가면 자브리스키 포인트(Zabriskie Point)가 나온다. 이곳은 옛날 바다 밑바닥이었던 곳이다. 완만한 경사로를 따라 5분 정도 걸어 올라가면 벤치까지 설치되어 있다.

관망대에 올라섰다. 사방이 360도의 시야로 비스듬하게 누운 완만한 능선은 출렁이는 물결 모양이다. 아침 해와 저녁 해가 뜨고 질 때, 능선의 그림자는 또 다른 능선과 구릉으로 이어진다. 이때 주변에서 부는 바람과 능선의 그림자는 마치 황금색 파도가 치는 듯한 소리로 둔갑한다. 눈을 감고 양팔을 벌리고 가슴으로 파도 소리를 듣는다. 파도는 구릉 사이사이에 부딪혀 흰 포말로 되돌아온다. 문명의 소리는 자연의 소리에 점차 밀려나고, 가식과 위선으로 덧씌워진 내 삶의 때를 벗겨낸다. 바람이 멎고 파도가 잔잔해지자 아련한 어릴 때의 기억이 하나씩 보랏빛 물감으로 채색되어 온다. 눈물이 난다.

다시 배드워터를 향해 출발했다. 얼마를 달렸을까. 터질 듯한 더위에 차는 라디에이터를 식히려 팬이 꺼지지 않고 돌고 있다. 에어컨은 장난 심한 사내아이처럼 바닥에다 오줌을 줄줄 내갈기고 있다. 잠시 차를 세운다. 차창 밖을 둘러보아도 쉴 그늘 집이 없다. 차가 나자빠지면 오도 가도 못하는 신세가 되고 말 것이다. 겁은 나지만, 달리는 수밖에 없다.

어느새 눈 덮인 개활지로 착각하게 하는 물웅덩이 배드워터의 광활한 소금밭이 눈에 들어왔다. 그 어떤 세계보다 아름다운 바다, 푸른 나라를 꿈꾸며 염전 같은 소금밭을 형성해 놓은 듯 보인다. 가까이 가서 보니 아리아리한 옥색 청염을 쏟아부어 놓은 대형 접시가 수없이 놓여 있는 것 같다. 사금파리를 딛고 선 듯 발끝이 조심스럽다. 낯선 설국(雪國)의 세계에 가슴이 아려온다.

1,669미터의 단테스 뷰(Dante's View)에 올랐다. 이탈리아 시인 단테의 서사시 『신곡(神曲)』에 나오는 지옥의 심연에서부터 연옥과 천국까지 두루 편

력하는, 영혼의 정화를 그린 것 같아 단테스 뷰라 한다.

　모든 풍광이 한눈에 들어온다. 건너편 파나민트계곡(Panamint Valley)의 제일 높은 망원경 봉우리는 '백설의 연봉'이란 뜻을 가진 시에라네바다(Sierra Nevada)다. 거대한 거인이다. 『걸리버 여행기』의 난쟁이 나라에서 걸리버가 심한 폭풍에 배가 파선되자 파도와 바람에 휩쓸려 어떤 섬에 닿게 된다. 극심한 피로감에 깊은 잠에 빠진다. 온몸이 묶인 줄도 모르고 이 거인도 잠들어 있다. 신선이 노는 곳에서 한 나무꾼이 한잠 자고 일어나보니 도낏자루가 썩었더라는 우화처럼 이 큰 거인들은 얼마 동안 깊은 잠에 빠진 것일까? 지금 데스밸리의 옷가지는 만고풍상을 견디지 못해 삭을 대로 삭아 누더기가 되어 있고, 육신은 피골이 맞닿을 정도로 삐쩍 말라 있다.

　고인(故人)을 "잠들었다."라고 말한다. 『성경』도 사자(死者)를 '잠잔다'라고 기록하고 있다. 잠잔다는 것은 곧 깰 것이라는 의미를 내포하고 있다. 시에라네바다란 이름의 거대한 거인도 언젠가는 깰 것이다. 입을 쩍 벌리고 하품을 하며 툴툴 털고 앉기라도 한다면, 데스밸리는 그 머나먼 옛날, 수목이 울창하고 새들과 동물들이 뛰놀았던 시절로 되돌아갈 것이다. 하지만 지금처럼 잠만 자는 동안은 '죽음의 계곡'이라 불릴 것이다.

돌아오는 길은 남쪽을 택했다. 저녁노을은 계곡마다 푸른 초원들을 아름답게 꾸미고 있다. 시에라네바다 산맥 서쪽은 태평양에서 올라오는 수증기로 수목이 울창하지만, 동쪽은 수증기가 이 산맥을 넘지 못해 비를 만들 수 없기에 황량할 것이다. 거인이라는 몸 하나를 사이에 두고 이렇게 양쪽이 다를 수 있는지 놀랍기만 하다.

하루를 꼬박 달린 탓인지 온몸이 나른하고 머릿속은 멍하다. 주유소에서 기름을 넣고는 하늘을 쳐다봤다. 밤하늘에 수많은 별이 쏟아지고 있다.

갈 길은 아직도 까마득한데 잠이 쏟아진다. 이를 어쩔꼬?

붉은 도시 세도나

메모리얼 데이(Memorial Day)의 연휴를 이용해 친구와 함께 열흘간 캠핑 여행을 하기로 했다. 몇 군데의 여행지를 결정하고 40번 고속도로를 이용하여 애리조나의 플래그스태프(Flagstaff)를 기점으로 정했다. 부근 야영장을 빌려 소나무 밑동에 텐트를 치고 차에 있는 물건들을 정리했다. 그리고는 지도를 펼쳐놓고 세부적인 도로 번호와 주변을 점검하기 시작했다.

다음 날 아침, 남쪽 89A와 179번이 합치는 Y형 교차점에 있는 세도나(Sedona)로 출발했다. 스페인어로 '녹색의 탁자'란 뜻의 베르데밸리(Verde

Valley) 천 리 낭떠러지 길을 타
고 세도나로 향해 내려갔다.
주변이 국유림(national forest)으
로 이루어져서 그런지 5월 하
순인 맑은 날씨인데도 굵은 빗방울이 후
드득 떨어지다 멎는 전형적인 한국의 우기 같았다. 2006년 6월 초, 이곳
에 대형 산불이 났다는데, 그런 흔적은 보이지 않았다.

세도나에 백인이 최초로 정착한 것은 1876년으로, 존 톰슨(John. J.
Thompson)이라는 노동자였다. 그는 오크크리크캐니언(Oak Creek Canyon)에
있는 목장과 복숭아밭, 사과밭에서 일했다. 또한, 세도나라는 이름에 대
해서 여러 이야기가 있다. 초기 정착자인 시어도어 칼턴(Theodore Carlton)
은 우체국을 설립하기 위해 우체국 이름 후보를 오크크리크크로싱(Oak
Creek Crossing)과 자신의 부인 이름 중 중간 이름을 뺀 세도나 밀러 쉬네

블리(Sedona Miller Schnebly), 쉬네블리 스테이션(Schnebly Station) 중 한 개의 이름을 허락받기 위해 신청했다. 하지만 무슨 이유에서인지 전부 거부되고 말았다. 그래서 다시 세도나로 신청했다. 결국, 1902년 자신의 아내 쉬네블리(Sedona Arabella Miller Schnebly, 1877~1950)의 이름을 딴 '세도나'로 최종 승인받는다. 이 당시 55명의 주민이 이 우체국을 이용했고, 1950년 중반의 첫 번째 전화번호부에는 155명의 이름이 나와 있다. 지금은 1만 5,000명이 넘는 시민들과 세도나마라톤, 국제세도나요가축제, 세도나바위축제 등 주목할 만한 단체들이 즐비하게 들어서 있다. 특히, 1995년부터 세도나국제영화제(Sedona International Film Festival)가 매년 이곳에서 열리는 바람에 많은 예술가가 사는 문화와 예술의 고장으로 크게 변모했다.

　　다운타운에 들어서자 붉은색으로 치장한 상가와 붉은 바위들 그리고 핑크빛 관광용 지프까지 온통 붉은색이다. 관광객들과 함께 붉은색의 도심을 걸으며 주변에 있는 조형물과 각종 장신구와 공예품 등을 눈요깃거리로 구경하다가 몇 개의 액세서리와 그림엽서를 샀다. 그런데 왜 이곳 주변에는 붉은 바위가 많을까?

이곳은 붉은 바위가 도시 전체의 외곽을 병풍처럼 둘러싸고 있어서 '바위나라(rock country)'로 불리기도 한다. 이유는 이곳이 3억 년 전에 바다였기 때문이다. 바닷물이 빠져나가면서 2억~6,500만 년 전에는 공룡이 살았다. 그러다 2,000만 년 전 애리조나 남부 지방은 융기와 침몰, 풍화작용에 의한 침식 활동이 계속된다. 2,000만~1,200만 년 전 화산 활동으로 단층이 생기고, 베르데밸리를 만들면서 모골론 림(Mogollon Rim)의 특색인 사암(沙巖, sandstone)을 형성하게 되었다. 300만 년 전, 콜로라도 고원(Colorado Plateau)은 지각 변동으로 다시 솟아오르게 된다. 이후 눈, 비, 바람에 끊임없는 침식과 단층 활동은 바위를 비롯하여 철분을 함유한 사암층이 오랜 세월에 걸쳐 지금의 오크크리크캐니언을 만들어 냈다. 그러면서 퇴적물(堆積物) 중 철분이 산화되어 붉은 바위들이 나타나게 되었다.

세도나는 크게 세 개 지역으로 나눈다. 한 곳은 179번과 89A가 만나는 삼거리를 기점으로 개발된 웨스트 세도나(West Sedona)이다. 이곳은 호텔, 레스토랑, 상점 등 주거 지역이다. 북쪽은 업타운(uptown)으로 기념품 가게, 레스토랑, 여행사, 호텔 및 각종 상가가 밀집해 있으며, 삼거리 남쪽으로는 아트 갤러리가 모여 있다.

서부영화에서나 볼 수 있는 마차와 마차에 사용하던 바퀴들 그리고 물통이 눈에 띄었다. 상점에 들어가니, 카우보이 복장을 한 영화배우들의 사진과 기념상품이 진열되어 있었다. 1920년부터 서부영화의 중심 야외 촬영지이기도 했던 세도나는, 1970년대 한 해 60편 이상의 영화를 촬영했다. 서부영화의 불후 명작, 〈자니 기타(Johnny Guitar)〉, 〈천사와 배드맨(Angel and Badman)〉, 〈사막의 분노〉 등이 대표작이다. 영화배우 중 존 웨인, 엘리자베스 테일러, 엘비스 프레슬리 등의 사진이 눈에 띈다.

동양인에게는 뭐니 뭐니 해도 세도나는 기(氣)의 도시로 인식된다. 강력

한 전기 파장인 볼텍스(vortex), 흔히 말하는 기가 넘친다. 17년 전이다. 처제가 한 달간 미국에 놀러 와서 한 첫 마디가 세도나에 가서 명상과 기치료를 받고 싶다는 것이었다. 그래서일까, 매스컴을 통해 '명상을 통한 정신휴양'이라는 기체조와 치유 명상에는 이곳이 빠지지 않고 소개된다. 이렇듯 기의 힘을 체험하고자 하는 신봉자가 찾는 곳임에는 틀림이 없다. 1981년 여류 작가이자 명상 수련가인 페이지 브라이언트(Page Bryant)가 이

　　　　　　　　　　　　렌즈를 통해 본 디지털 노마드

곳에 정착하면서 많은 사람이 모여들기 시작했다.

이곳에 한국인이 운영하는 명상체험센터가 몇 군데 있고, 태극기를 걸고 식당을 운영하는 곳이 있다. 이른 아침 그 식당에 들어갔더니, 한 한국인이 우리 일행을 보고 기 치료사를 찾느냐고 묻고, 기에 대해 설명해 주었다. 기는 오오라(aura)와 차크라(chakra)로 표현한다면서, 그게 조화와 안정이라고 했다. 이를 이용하는 기 치료사는 인체의 맥을 짚어 잃어버린 흐름을 복원시켜 준다고 했다. 그러면서 전 세계에 스물한 곳만 볼텍스가 나오는데, 그중 네 곳이 세도나에 모여 있어 그 효과가 크다고 했다. 인간의 뇌파는 네 개(베타파, 알파파, 세타파, 델타파)로 구분되고 전기 볼텍스와 자기 볼텍스를 구분하여 설명하면서, 네 군데의 볼텍스가 나오는 장소와 음양(陰陽)까지 가르쳐준다.

인간의 네 개의 뇌파는 이렇다. 깊은 명상에 들어갔을 때 나타난다는 '세타파(4~8사이클/초)', 편안한 상태에서 나타나는 '알파파(8~14사이클/초)', 깊은 수면 상태에서 나타나는 '델타파(1~4사이클/초)'가 있고, 마지막으로 평소 사회생활을 하면서 나타나는 피로와 흥분, 스트레스에서 오는 긴 '베타파(14~30사이클/초)'가 있다. 그의 설명을 들으며, 힐링(healing)이라는 뜻은 명상에 의한 자연치유법이 회자된 것이 아닌가 싶었다.

도심을 한 바퀴 돌고는 대성당바위(Cathedral Rock)에 갔다. 입구는 만원(full)이란 간판이 붙어 있었다. 부근 주택가에 차를 세우고 도보로 입장했다. 차량 한 대당 계산이 아닌 개인당 입장료를 낸 셈이다. 주차장을 지나 잔디밭 주변에 있는 산책로를 따라 걷다 보니 풍차와 무성한 나무 위로 대성당바위 상단이 보였다. 다시 숲길과 개울을 따라 10여 분 올라가니 폭이 엄청 넓고 평평한 붉은 바위가 펼쳐졌다. 패인 모래밭에는 풀과 어린나무가 자라고 있고, 야생화들의 꽃이 소담스럽게 피어 있었다. 이곳은 모래가 쌓인 곳이다. 여기에는 한 번씩 많은 비가 내린다. 계곡을 타고 흐르는 물 수위가 높아지면 바위 위의 모든 것은 다 씻겨 내려갈 것이다. 하지만 자연의 순환을 걱정하지 않고 씩씩하게 자라고 있는 생명이 자랑스럽다.

물가에 갔다. 우거진 숲 사이로 쉽게 범할 수 없는 붉은 대성당바위가 우뚝 서 있다. 오크크리크에서 흘러내리는 물은 대성당바위의 붉은빛 바위 그림자, 초록빛 숲, 파란빛의 하늘로 이루어진 삼원색 빛이 눈에 선명하게 들어온다. 높이 솟은 붉은 바위가 만들어낸 색의 대비이며 빛의 조화일 것이리라. 물이 투사해 내는 빛의 스펙트럼을 넋 놓고 바라보다가 발을 담갔다. 발이 시릴 정도로 맑고 차다. 물결에 따라 일렁이는 대성당바위의 모양은 기기묘묘하게 변하며 소리를 낸다. 1876년 무장한 백인 군대에 의해 다른 지역으로 쫓겨가기 전 이곳에서 뛰고 놀았던 인디언 어린 아이들의 웃음소리 같기도 하고, 울음소리 같기도 하다. 어쩌면 적막한 골짜기에 흐르는 허무와 침묵의 늪을 빠져나오기 위한 몸부림과 붉은 피를 토하는 소리일 것일 게다.

이 대성당바위에는 저명인사들이 많이 다녀간 곳으로도 유명하다. 오프라 윈프리, 니컬러스 케이지 같은 할리우드 스타는 물론이고, 박찬호 선수도 슬럼프에 빠졌을 때 몸과 마음을 정화하기 위해 이곳을 방문했다고 한다.

종바위(Bell Rock)를 찾았다. 멀리서 보면 종바위는 그 이름대로 종(鍾)을 엎어놓은 형상이다. 붉은색 종이 이렇게 평화로움을 자아낼 수 있다니 신기롭기까지 했다. 주위는 한가롭다. 종바위가 있는 곳까지 짧은 산책길로 목적지를 향해 천천히 발을 옮겼다. 그런데 이곳에서 흰 드레스와 검은 턱시도를 입은 예비신부와 신랑이 야외 촬영을 하고 있다. 그 옆에는 몇십 명의 예비신부와 신랑의 친구들이 같은 연붉은색 원피스와 검은색 양복을 입고 축하 촬영에 동참하고 있었다. 종바위에서 예비부부의 기념사진이라 그런지 묘하고 색다른 기분이 들었다. 아마 영원히 변하지 않을 사랑의 종, 시들지 않는 붉은색 종을 대상으로 한 사진이 갖고 싶을 것이리라.

종바위 꼭대기에서 바라보는 도심은 한 폭의 그림처럼 아름답다. 이곳의 나무 중 특이하게 비비 꼬여 있는 모양을 볼 수 있다. 볼텍스 때문에 일어난 현상이며, 조용히 눈을 감고 명상하면 쉽게 볼텍스를 느낀다고 한다. 주위에 몇 명의 백인 도사(?)가 눈에 띄었다. 호기심이 발동한 나는 도사 옆에 슬그머니 앉아 양팔을 벌리며 눈까지 감았다. 3~4분 지나도 아무런 반응이 없다. 단전호흡하면서 마음을 눌러 앉혀야 하는데 아둔한 나는 그럴 여유조차 없었다. 목은 점점 마르고 무상이나 명상은커녕 다른 곳으로 빨리 옮겨야겠다는 생각뿐이다. 후다닥 일어났다. 다음 목적지로 옮겨가면서 "인생이란 기다리며 그 속에서 여유를 찾는다는데, 이것도 못 참는가."라고 혼자 구시렁댔다. 그동안 가까이에 있는 것을 멀리서 찾고, 쉬운 것을 어려워하며 도망치기에 바빴다. 무엇이 이토록 조급하게 만들었는지…… 쓸쓸한 생각이 들었다.

다시 십자가성당(The Chapel of Holly Cross)으로 향했다. 십자가성당은 로마가톨릭 성당의 일부로 세도나를 대표하는 건축물이다. 특별법을 제정하면서 30만 달러를 들여 만든 이 성당은 1956년에 완공되었다. 1957년, 미국건축가상을 받았으며, 2007년에는 애리조나 주의 7대 건축물로 지정되기도 했다.

차를 주차장에 세웠다. 여러 종류의 선인장군에 달린 꽃들이 먼저 화사하게 반긴다. 누군가가 붉은 골짜기에 던져놓은 동전을 따라 위로 걷다 보면 바위틈 사이 십자가 꽂혀 있는 형상의 예배당 입구가 나온다. 내부에 들어가면 유리창은 액자가 되고 그 속의 그림, 큰 도시는 풍경화가 되어 평화롭게 보인다. 성당 밖 주위 바위들은 새로운 상상력을 자극하

게 한다. 겹치게 놓은 둥근 화분에는 꽃들 옆으로 물이 흐르게 만들어져 있다. 십자가가 그려져 있는 기념석에는 설립자 명단, 아래층은 양초며 십자가 등의 기념품을 팔고 있다. 그런데 인디언들의 아픔이 있는 이곳에 무엇을 위해 성당을 세웠는지 알 수 없다는 생각이 들었다. 하지만 분명한 사실은 아메리카 원주민의 성지이자 삶의 터전이었던 이곳에서 '과거를 잊게 하고 평화와 화합의 상징'으로 거듭날 것일 게다. 또한, 이곳에서 '사랑의 꽃'이 필 것이라 믿는다.

다음은 세도나의 중심 오크크리크캐니언에 있는 틀라케파케 (Tlaquepaque Arts & Crafts Village)를 찾았다. 틀라케파케는 원주민 말로 '모든 부문에서 최고'라는 뜻이다. 틀라케파케는 단어의 뉘앙스가 그렇듯, 이곳에 있는 작품 대다수가 멕시칸 스타일이다. 입구에 들어서면 일정한 색깔의 돌로 깔아놓은 보도(步道)나 포도나무 넝쿨 장식을 한 벽, 아치형의 출입문은 수백 년이 된 듯한 느낌을 받게 한다. 작은 정원들은 아름답게 꽃으로 꾸며져 있고, 8각형 분수와 아트형 같은 십자가, 벽화며 어도비 (adobe: 굽지 않고 햇볕에 말린 진흙 벽돌) 건물들은 이국적인 인상을 보여주기에 부족함이 없다. 이곳에는 마흔 곳이 넘는 갤러리와 멕시칸 음식과 프렌치 식당까지 모든 게 다 잘 어우러져 있다. 어떻게 보면 한국의 민속촌 같은 기분이 들기도 한다.

1906년 국립기념지로 지정되었으며 341헥타르의 면적인 몬테주마캐슬

렌즈를 통해 본 디지털 노마드

국립기념지(Montezuma Castle National Monument)를 찾았다. 이곳은 애리조나 캠프베르데(Camp Verde) 인근에 있다. 기념품을 판매하는 관광지라기보다는 옛날 인디언들이 생활했던 주거지였다. 석회암 절벽에 있는 동굴주택 정면이 보이는 벤치에 앉아서 망연히 쳐다보았다. 역사학자들은 이곳에 시나구아(Sinagua) 원주민 부족이 서기 700여 년경 절벽 사이에 집을 짓고 살았던 곳으로 추정했다. 뉴멕시코와 애리조나 등에도 이런 형태의 집을 짓고 살았던 북미 원주민들의 거주 흔적과 거의 같다.

몬테주마캐슬국립기념지도 그런 곳 가운데 하나이다. '몬테주마'라는 이름은 초기 유럽 정착민들이 붙였다. 그 이름이 멕시코의 아즈텍문명과 아스테카 황제, 몬테수마와 연계된 것으로 생각하지만, 사실 아무런 관계가 없다. 이곳에는 지금도 물이 흐르는 도랑이 있다. 집터에는 곡식을 갈았던 모형 맷돌이 있다. 과거 이곳 원주민들은 가축 사냥과 옥수수나 밀 등을 재배하는 농업에 의존했을 것이다. 무엇보다 이러한 형태의 주거지는 다른 부족이나 동물들의 침입으로부터 재산과 인명을 보호하는 데 안성맞춤이었을 것이다. 주거지를 출입할 때는 여러 사다리를 부분부문으로 24미터의 절벽 사이 위아래로 내렸다 올리기를 반복했을 것이다. 또한, 절벽 사이를 이용해 집을 지은 탓에 멀리서 잘 눈에 띄지 않는 장점도 있었을 것이리라.

하지만 무슨 이유로 살던 곳을 버리고 떠났는지는 알 수 없다. 역사학자들은 유물 증거 등의 분석을 통해 1,400년대 후반쯤 떠났다고 주장한다. 어쩌면 가뭄이나 계속되는 다른 부족과의 충돌 혹은 질병의 원인으로 이곳을 떠난 지도 모를 일이다. 돌과 회반죽으로 만들어진 절벽 주거지 중앙은 5층 높이에 방이 스무 개나 되는 것도 있다. 거주자가 50여 명에 달했을 것으로 보인다. 포코너즈 북쪽 66킬로미터에 있는 메사베르데 국립공원에도 4,400개가 넘는 유적지가 있다. 가파른 벼랑에 세운 600채가 넘는 빈집은 아직도 주인을 묵묵히 기다리고 있다.

마지막으로 세도나 외곽에 있는 보인턴캐니언(Boynton Canyon)을 찾았다. 인디언들은 이곳을 신성한 장소로 여겼다. 잡다한 길흉사와 백인들이 가지고 온 전염병 그리고 전쟁터에서 죽은 동료들을 위한 제사를 이곳에서 지냈다. 계곡이 있는 곳까지 걷기에는 비교적 평평한 길이라지만 왕복 다섯 시간 정도가 소요된다.

시내 관광을 끝내고 이곳을 먼저 찾고 싶었으나, 세도나에 처음으로 방문한 문우가 "기 좀 받자!"라는 말에 그렇게 된 것이다. 우리 일행은 아파치 족의 여인 '카치나(Kachina)'바위와 주변을 둘러보는 것으로 만족해야 했다. 목에 흰 줄의 띠가 있는 카치나의 얼굴은 햇빛이 비칠 때 조는 듯하다가, 구름이 햇빛이 가려졌을 때는 슬프게 보였다. 순간 두보(杜甫)의 「몽이백(夢李白)」이라는 시가 떠올랐다.

사별이탄성(死別已呑聲)　　사별의 슬픔은 목이 메고
생별상측측(生別常惻惻)　　생이별은 항상 가슴이 쓰리네.
강남장려지(江南瘴癘地)　　강남은 열병과 피부병이 번지는 곳
축객무소식(祝客無消息)　　축객은 소식조차 없구나.

시의 초장은 이렇게 시작되면서 눈앞의 카치나와 함께하는 5월 하순 대낮, 주변에 부는 스산한 바람에 두보의 시의 무대가 한 개로 조합되며 허허롭게 느껴지기까지 한다.

탄성(吞聲)과 측측(測側)의 의미가 말해주듯, 슬픔 때문에 말할 수가 없어 소리를 삼켜 밖으로 나타내지 못하고(吞聲), 마음 아파하는 모양(測側)과 귀양 간 강남(江南: 양쯔강 남쪽으로 이백이 귀양을 간 장소)이 나온다. 그리고 장려(瘴癘)는 열병과 피부병 및 유행병을 뜻하고 축객(祝客)은 추방되어 먼 곳에 있는 자를 말한다.

애리조나는 조상 대대로 원주민의 땅이다. 하지만 이 땅은 외부의 침략으로 수난의 아픈 역사와 함께한다. 이곳에는 맑은 물과 숲이 있다. 이런 계기로 기원전 9,000년 경 아르카익(Archaic. 원어 야바파이Yavapai) 인디언들이 베르데밸리에 거주했다. 이곳에서 기원전 300년까지 머물며 세도나 근처 펄랫카(Palatka)와 혼난키(Honanki)까지 영역을 넓히며 바위에 다양한 예술작품을 남겼다. 650년경에는 시나구아 족 인디언들도 베르데밸리에 합류했다. 그들도 바위에 예술작품을 남기며 도자기, 바구니, 세공법과 같은 예술작품을 만들었다. 몬테주마, 혼난키, 펄랫카, 투지쿠트(Tuzigoot)와 같은 절벽을 이용하여 그곳에서 생활하다가 1,400년경, 시나구아 족 인디언들은 무슨 이유에서인지 베르데밸리를 떠났다. 역사학자들은 이때 베르데밸리에 아파치 족이 들어왔다고 한다. 전투에 능한 많은 아파치 족은 지역을 넓히며 유목 또는 반유목으로 살아갔다.

하지만 1876년 야바파이 족과 아파치 족은 삶의 터전인 베르데밸리에서 백인들의 군대에 의해, 남쪽으로 201/180마일 떨어진 샌 카를로스(San Carlos. 인디언보호구역)에 강제 이주하게 된다. 그것도 약 1,500여 명이 추운 겨울에 샌 카를로스로 이주한 것이다. 이때 수백 명이 목숨을 잃었고, 생존자는 25년간 구금된 생활로 연명하게 된다.

1787년에는 북서부 조례에 따라 백인 정착민들이 인디언들이 거주하는 곳에 공식적으로 대거 유입된다. 북서부의 인디언들은 이 '영토 침범'에 대해 항전하겠다고 호소했지만, 조지 워싱턴(George Washington, 1732~1799) 초대 대통령은 군대를 파견해 진압한다. 전투에 패한 인디언들은 1795년 '그린빌조약(Treaty of Greenville)'에 서명하고 그들의 땅을 미합중국에 양도하고 만다. 계속해서 이어지는 인디언들과 전쟁 결과가 한 개의 법으로 탄생하게 된다. 바로 '인디언이주법'이다. 토머스 제퍼슨(Thomas Jefferson)이 제창하고, 앤드루 잭슨(Andrew Jackson) 대통령이 1830년에 서명하여 효력을 발생시킨 '인디언이주법'은 강제법은 아니었다. 그런데 루이지애나 매입으로 얻은 서부의 땅과 교환할 동부 인디언의 땅 협상 권한을 국회는 대통령에 일임한다.

잭슨 대통령은 '인디언이주법'은 "인디언을 백인이 없는 서부 인디언 준주(현 오클라호마)에 강제 이주시키고, 연방정부가 신탁 유보한(reserve) 유보지(reservation)에 살게 하라. 그곳에서 백인 사회 체제를 구축하며 인디언들을 백인 사회에 동화시키는, 인종청소정책을 시행하라. 만약 따르지 않으면 그곳에 있는 인디언 부족은 멸족시켜라!"라고 선언한다. 그렇다. 인간은 태초부터 새로운 것에 대한 도전이고 힘을 근본으로 한다. 그 힘은 잇는 것과 잊는 것에 대한 비교는 상대를 두고 '오늘의 역사'가 이루어지는 것이 아니겠는가.

해가 붉은 서산마루에 걸려 있다. 서산마루에 걸려 있는 저녁 해는 잘 익은 앵두처럼 보인다. 숨이 막힐 정도로 아름답다. 넓은 지평선 사이의 산들은 잔잔하게 일렁이는 파도처럼 다가온다. 어둠이 찾아오면 하루의 일과는 기억이라는 창고에 잠시 정리되다 허물어지겠지만, 자연의 섭리는 밤낮이라는 횡선을 정확히 긋고 있다.

텐트가 있는 플래그스태프로 출발했다. 야영장 주인에게 마른 장작 세 단을 샀다. 이곳 캠프장에는 곰은 나타나지 않는다고 했다. 먼저 소나무 밑에 흐드러지게 떨어져 있는 솔방울과 솔잎을 한 움큼 쥐고 캠핑용 화로에 소담히 놓는다. 그리고는 라이터를 켜고 조심스럽게 입으로 후후 불어대며 불씨를 살려낸다. 일어난 불길에 장작을 세로로 세우고 불이 옮겨붙게 한다. 이때부터 주변이 따뜻해진다. 가스버너에 밥을 짓고 국도 끓인다. 장작 타는 연기가 스르르 땅에 깔리면서 매캐한 장작 냄새가 풍긴다.

장작 냄새와 연기는 아스라한 유년 시절, 안개처럼 고향 집과 외갓집이 한줄기 소슬바람을 타고 그리움으로 다가온다. 볏짚으로 엮은 외가 지붕에는 서너 개의 박이 영글어 있고, 앞마당에는 감나무가 한 그루 서 있었다. 태풍이 불 때 감나무는 벼락을 맞아 넘어지고 뿌리에 집 짓고 살던 두꺼비 가족이 타죽어 있던 광경, 고향 집 부근 이송도(二松島) 끝자락 절벽에서 겁도 없이 바다로 향해 뛰어내리던 일, 등대 사이로 수영하며 놀았던 친구들이 세차게 타오르는 장작더미 불길 속에서 딱딱 소리를 내며 웃으며 찾아온다.

장작더미가 꺼져가자 한기가 코끝까지 느껴진다. 이곳은 해발 7,000피

트(2,123미터)의 고도 지역이라 낮과 밤의 온도 차가 상당히 심하다. 남아 있는 불씨에 잿더미를 덮고는 텐트에 들어갔다. 텐트 생활이 익숙지 못한 나를 위해 친구는 장작에 구운 돌덩이 하나를 신문지에 덮고, 그 위 수건까지 둘둘 말아 내게 건네준다. 슬리핑백 아래쪽에 놓으니 따뜻한 온기가 느껴진다.

잠은 오지 않고 소나무 가지를 스치는 바람 소리가 싱그럽다. 솔방울과 솔잎이 텐트 위에 떨어진다. '툭' 하고 떨어진 솔방울 소리와 '스르르' 소리를 내며 텐트 아래로 밀려 내려가는 솔잎이 괜스레 기분을 들뜨게 한다. 이중으로 되어 있는 텐트 출입문 중 한 겹을 걷어내고 투명 모기장 창문으로 밖을 내다본다. 북두칠성이 보이는 듯하여 밖으로 나왔다. 구름 모양으로 퍼져 있는 성운(星雲)을 보면서 아름답게 그려진 별을 보았다. 화들짝 놀랐다. 그 옆의 천체(天體)는 지천으로 펼쳐진 별들의 형태가 크고 작은 별바다를 이루고 있었다. 그동안 제법 많은 성운을 보았지만, 이곳의 천체는 또 다른 느낌이 들게 했다.

이 별들의 나라는 크고 작고, 옳고 그름 없이 질서에 의해 각각 평화롭게 빛나고 있었다.

호스슈벤드캐니언과
앤털로프캐니언

이틀에 걸쳐 애리조나 주에 있는 플래그스태프의 한 인근 캠프장에 짐을 풀고 세도나와 주변을 둘러보았다. 다음 목적지를 정하고 아침 식사를 준비하는데 빗방울이 텐트를 두드리는 소리가 요란했다. 서둘러 짐을 챙기고 북쪽 방향 89번 국도를 타고 호스슈벤드캐니언(Horseshoe Bend Canyon)과 앤털로프캐니언(Antelope Canyon)을 향해 출발했다.

플래그스태프의 날씨는 맑다가 구름이 끼고 이내 후드득 빗방울이 떨어지다 이내 멈춘다. 그러다가 다시 비가 내리는 변화무쌍한 날씨라 종잡을 수 없었다. 그러나 89번 북쪽에 접어들자 구름 한 점 없는 한적한 도로와 맑은 날씨가 이어졌다. 차창 주변에 보이는 것은 야트막한 언덕과 끝없는 벌판뿐이다. 조금은 황량하고 쓸쓸한 풍경이다. 흙과 돌로 이루어진 사막 지형이라 매우 건조했다. 하지만 손대지 않은 자연 그대로라 평안함을 느끼게 한다. 간혹 나타나는 인디언들의 주택과 도로변의 간이판매장이 보일 뿐이다.

차를 세우고 들어가 보았다. 안내 간판이나 별도의 입구가 있는 게 아니라 길거리 장사다. 천장은 양철지붕이나 햇빛이 들어오는 플라스틱 슬레이트로 지붕을 덮고 있었다. 평상 위에는 인디언들의 전통 액세서리가 듬성듬성 놓여 있다. 다른 간이판매장 서너 곳은 언제부터 장사를 안 했는지 주변에 잡초만 무성하게 자라고 있다. 이러니 무슨 손님이 있겠는가. 어쩌다 나 같은 사람이 한 번 휙 둘러보고는 그냥 돌아서기가 미안하여 "값이 얼마냐?"라고 물을 뿐이다. 저녁이면 물건을 다 거두어 철수하면

이 자리는 빈 곳으로 남게 된다.

89번 국도 주변에 있는 호스슈 벤드에 도착했다. 이곳은 약 200만 년 전, 물과 무기물에 의해 강화된 사암층이다. 그러다가 100만 년 후부터 강물과 비와 홍수로 침식되었고, 지금의 이 모양을 이루게 되었다.

벌써 공용 주차장은 만원이라 도로 갓길 양쪽에는 차들이 길게 늘어서 있다. 한가할 때 이곳은 그냥 지나쳐 버리기가 일쑤다. 다른 관광지처럼 대형 간판이나 도로 이정표가 따로 없고, 도롯가에 조그만 간판만 있을 뿐이다. 갓길에 차를 세웠다. 내리쬐는 햇살과 더위는 장난이 아니었다. 얼른 모자를 눌러 썼다. 그리고는 카메라 가방에 페트병을 넣고 붉은 모랫길 따라 언덕을 오르기 시작했다. 도로에서 호스슈벤드캐니언까지 왕복 1.5마일(2.4킬로미터)이고, 말발굽에 대어 붙이는 말편자 모양 같아 호스슈 벤드(horseshoe bend)라는 이름이 붙었다. 언덕을 넘어야 하는데 가파르지는 않지만, 모랫길이라 걷기의 폭에 따라 대략 왕복 30~40여 분

정도가 소요된다. 모래가 신발에 들어가고 뜨거운 태양 탓에 걷기가 다소 힘들어진다. 언덕을 오르면 왼편에는 안내판 오른쪽에는 정자(亭子) 한 채가 있다.

정자에 들어갔다. 내리막 끝 호스슈벤드캐니언 주변에는 많은 사람이 조그마하게 보인다. 외길이라 오가는 사람들의 행렬은 줄을 잇고 있다. 드디어 콜로라도 강이 보이는 곳, 붉은 말발굽 편자가 절벽 아래 있는 곳에 도착했다. 눈앞은 천 길 낭떠러지다. 오금이 저리며 가슴이 절로 쪼그라들게 되지만, 강물은 270도를 휘면서 붉은 말발굽 편자를 휘감고 흘러가고 있다. 풍광이 장관이다. 그 광대함에 가슴은 크게 열리고 열린 입은 한동안 다물 수 없게 만든다. 불현듯 강원도 정선 북실리와 귤암리 사이에 있는 선암 마을이 떠오른다. 병방치 U자형 스카이워크에서 바라보면 한반도와 닮은 밤섬이다. 강을 끼고 있고 모습이 이곳과 비슷한 느낌을 들게 한다. 정선 스카이워크는 해발 583미터 절벽 끝에서 바닥까지 투명 유리로 만든 11미터의 U자형 구조물을 설치되어 있다.

이곳 전망대에서 콜로라도 강까지는 거의 90도의 깎아지른 낭떠러지라

걸어서 내려갈 수가 없다. 높이가 무려 300미터나 된다. 한국의 63빌딩 높이가 250미터인데, 그보다 50미터나 더 높다. 아무런 안전장치 없이 아래로 내려다보는 것은 대단한 용기가 필요하다. 그런데 무슨 이유에서인지는 몰라도 그 흔한 안전펜스나 전망대가 한 곳도 없다. 이 때문에 관광객들은 더 가까이에서 보기 위해 조심스럽게 한 걸음씩 앞으로 나아가야 한다. 아슬아슬할 정도의 위치까지 가는 사람들이 있다. 그 장면을 가슴 졸이며 쳐다보는 이들의 눈까지 아찔하게 만든다.

눈을 먼 곳으로 돌린다. 태양은 초록빛 물결 위에 은빛 보석을 만들어 내고, 붉은색 기암절벽의 그림자는 길게 뻗어 있어 한가롭기만 하다. 그리고 짙은 초록빛 강을 따라 길게 이어진 초록색 나무는 붉은빛 주변과의 대비가 잘 어울리지만, 이 모든 것은 정적에 잠긴 한 폭의 풍경화다.

카메라를 꺼냈다. 일반 렌즈로는 호스슈벤드를 한 화각에 다 담을 수 없어 광각 줌 렌즈 중간단계(16~35밀리/1:2.8)를 사용했다. 광각렌즈를 교체하고 뷰파인더에 의해 몸을 움직이며 촬영하는 것은 대단히 위험하다. 눈으로는 분명 절벽 모서리인데도 뷰파인더로는 몇 발자국을 더 나가도 될 성싶게 보인다. 처음에는 위험하다는 것을 인지한다. 하지만 촬영에 집중하다 보면 나 같은 사람은 쉽게 잊어버리게 된다. 이런 습관 탓에 몇 번이나 아찔했던 경험이 있다. 해서 꼭 필요한 광각렌즈로 교체해서 사용한다. 그리고 또 다른 철칙이 하나 더 있다. 위험한 위치에 서면 보폭을 먼저 확인한 후, 그 자리에서 한두 장 촬영하고는 바로 되돌아서는 것이다.

다시 400밀리 망원렌즈로 강가 주변을 촬영하기 시작했다. 텐트를 치고 즐기는 이들과 간이화장실 시설도 보였다. 국립공원 휴양지의 안내지도에는 캠프장 표시가 없다. 그러나 이 부근에서 야영하고 싶다면 레스페리(Less Ferry)에서 카누를 빌려 캠핑 장비를 싣고 글렌캐니언댐(Glen Canyon Dam)까지 강물을 따라 올라가면 된다. 선착순으로 텐트 서너 개를 사용할 수 있는 강가 캠프장 여섯 곳에서 캠핑을 즐길 수 있다. 그곳에는 인디언들이 강가에 집을 짓고 옥수수와 콩, 고기를 잡았던 흔적이 남아 있다.

지도를 꺼내고 주섬주섬 카메라를 챙기면서 호스슈벤드캐니언 사이로 보트들이 흰 줄을 남기며 속도를 즐기는 것을 쳐다본다. 이 보트들은 이곳에서 10킬로 정도 하류에서 콜로라도 강을 건너는 다리, 나바호브리지(Navajo Bridge) 레스페리에서 출발한 보트들이다. 따라서 나바호브리지를 기준으로, 하류는 그랜드캐니언국립공원(Grand Canyon National Park)이고, 상류는 글렌캐니언국립휴양지(Glen Canyon National Recreation Area)가 된다.

한가로운 강의 모습과 캐니언의 풍광을 머리에 이고 돌아섰다. 언덕에 올라 정자 벤치에 앉아 잠시 쉬기로 했다. 그런데 정자 주변에 흙모래가 하늘로 원통형으로 오르면서 세찬 바람이 우리 주변을 스치고 지나갔다. 얼른 두 손으로 얼굴을 가렸다가 차로 이동했다. 친구는 "갑자기 불어대는 바람은 인디언의 혼령이 아닐까?"라는 농담으로 말문을 뗐다. 그 말을 듣자 이곳이 무대였던 나바호 출신은 아니지만 카이오와(Kiowa) 족 추장 사탄다의

연설문이 생각났다. 그는 코만치 족, 샤이엔(Cheyenne) 족, 아라파호 족 형제들과 합세하여 1874년 백인들과 대전투를 벌였던 인물이다.

"이곳은 좋은 땅이며 우리의 땅이다. …… 당신들이 우리의 대지를 파헤치는 걸 원치 않는다. 당신들은 자신들이 원하는 걸 위해 대지를 다 죽이고 있다. 우리의 것을 보호해야 한다. 내가 서 있는 이 대지를 사랑한다. 우리가 자유롭고 행복하게 평원을 거닐 수 있도록 우리 땅을 지킬 것이다. 우리의 것을 위해 싸울 것이다."라고 했다. 어쩌면 그의 혼령은 바람이 되어 이곳 주변을 돌아다니는 걸까?

오늘의 최종 목적지 앤털로프캐니언에 가기 위해 페이지(Page)로 출발했다. 페이지 도심 동쪽, 자동차로 10여 분 떨어져 있는 곳에 앤털로프캐니언이 있다. 애리조나 98번 국도 기준으로 북쪽 협곡은 업퍼앤털로프캐니언(Upper Antelope Canyon, 길이 200미터)이고, 남쪽 협곡을 로어앤털로프캐니언(Lower Canyon, 길이 407미터, 높이 37미터)이라고 부른다. 이렇게 폭이 가늘고 긴 협곡을 슬롯캐니언(Slot Canyon)이라 하는데, 이곳은 미서부 콜로라도 고원 지대에 흩어져 있는 슬롯캐니언 중 하나다. 이 슬롯캐니언은 물의 침식작용으로 생겨난 산물이다.

이곳은 나바호 자치지구 내에 있고, 1930년대 소를 찾기 위해 길을 헤매던 나바호 부족 소녀에 의해 최초로 발견되었다. 이 탓에 이곳은 개인적으로 출입할 수 없다. 반드시 나바호 족이 운영하는 관람 프로그램을 이용해야만 하고, 나바호 부족 가이드의 인솔하에서만 이루어진다.

또한, 비가 내리면 이 투어는 중단된다. 그 이유는 이렇다. 1997년 8월, 상류 지역에 내린 폭우가 로어앤털로프캐니언으로 급류가 되어 밀려들었다. 그러나 사고에 대해 염려하지 않았던 열한 명의 관광객들(프랑스 일곱 명, 스웨덴 두 명, 영국인 한 명, 미국인 한 명)이 급류에 휩쓸려서 나바호 가이드 한 명을 제외하고 열한 명 관광객 전원이 협곡에 갇혀 목숨을 잃는 참사가 발생했다. 이때부터 비가 오면 투어가 중단되는 것이다.

페이지에 도착했다. 나는 두 곳 중 어느 곳을 선정할 것인가를 생각했다. 솔직히 관람객이 많은 업퍼앤털로프캐니언을 피하고 로어앤털로프캐니언에 가고 싶었으나 이내 마음을 바꾸었다. 이유는 이곳에 처음 온 친구들을 생각하고 업퍼앤털로프캐니언을 택했다. 업퍼앤털로프캐니언은 노약자, 어린이도 쉽게 다녀올 수 있는 200여 미터의 모래밭이다. 하지만 로어앤털로프캐니언은 철계단을 타고 오르내려야 하며, 무엇보다도 입장료가 업퍼앤털로프캐니언에 비해 훨씬 비싼 편이다.

오후 1시경, 업퍼앤털로프캐니언 입구에 도착했다. 현금만 요구하는 주차장에 차를 주차했다. 10여 미터 떨어진 사무실 입구에서 입장료를 내면서 취소한 예약자 명단을 빼고 대신 우리의 이름을 올렸다. 20여 분이 지나자 안내자가 열다섯 명을 한 팀씩 분류하여 4X4트럭 뒤칸에 오르게 했다. 트럭은 협곡 입구까지 관광객이 앉아 있을 수 있게 만들어 놓은 의자, 천장은 햇빛 가림막이 설치되어 있었다. 운전자는 강바닥으로 협곡 입구까지 달렸다. 시간은 대략 10여 분인데 밀가루와 같이 가는 모래바람이 안경 속까지 들어왔다. 나는 카메라가 신경이 쓰여 가슴속에 넣었다.

협곡 입구에 도착하니 많은 관람객들이 줄을 서서 기다리고 있었다. 우리 일행을 태워준 운전사이자 안내자는 협곡 내에서 촬영할 카메라 노출과 ISO, 셔터 스피드 등 협곡 안에서의 주의사항을 상세히 설명했다. 위

에서 내려다보면 한 사람이 겨우 빠져 들어갈 수 있는 비좁은 곳으로 평범하게 보인다. 4~9월 사이 협곡 안쪽으로 들어서면 햇빛의 양과 시간대에 따른 방향에 따라 바위는 화려한 물결무늬의 색으로 바뀐다. 이 색의 조화는 마치 파도가 일렁이는 듯하다. 빛의 방향과 양에 따라 대략 30여 차례 색이 바뀌는데, 좁은 바위틈 천장에서 쏟아지는 빛과 바위의 황금빛은 화가가 그린 것처럼 아름답다.

10년 전 처음 이곳에 왔을 때의 느낌이 하나씩 되살아났다. 거대한 붉은 사암 틈 사이에는 또 다른 세상이 눈앞에 나타났다. 부드러운 곡선에 줄무늬의 붉은 사암은 햇빛에 따라 명함이 뚜렷해졌다. 이를 바라보는 나의 심장은 마구 뛰기 시작했다. 제법 많은 관람객이 있었다. 관람객들은 앞으로 조금씩 움직이면서 천장을 향해 카메라를 들이대고 있었다. 나는 삼각대를 이용하여 빛의 굴절을 하나씩 카메라에 담고 싶었으나 그런 생각을 이내 접었다. 이렇게 천천히 앞으로만 전진해야 하는데 무슨 삼각대를 사용할 수가 있겠는가. 도리어 삼각대가 통행에 불편할 뿐이었다. 나는 안내자의 말을 귀로 들으며 사진 찍기에만 충실했다. 앞뒤의 관람객과 부딪히면 서로 마주 보고 얼굴은 이내 천장으로 향했던 기억이다. 이런 사정을 잘 알기에 로어앤털로프캐니언에 가고 싶었던 것이다.

친구들과 함께 안으로 들어가기 시작했다. 협곡의 아름다움과 웅장함에 여기저기에서 작은 함성이 터지기 시작했다. 한 명이 겨우 지나갈 수 있는 좁은 폭이 나왔다. 그러다가 언제 그랬냐는 듯 수 미터의 넓은 공간, 밝은 공간과 어둠만 있는 공간이 교차한다. 어둠만 있는 공간에서 차

가운 협곡에 몸을 기대면 순간 겁이 더럭 나고 군중 속의 고독을 느끼게 된다. 그러다가 밝은 공간으로 이동하면, 내가 살아 있다는 뿌듯한 안도 감과 빛의 신비함을 다시 한 번 느끼게 되었다.

한 곳의 암벽에 몸을 기대며 잠시 머물렀다. 높이가 사람 키 수십 배에 이르는 곳인데 위에서부터 한줄기의 광선이 쏟아지고 있었다. '빛 내림(sunlight beam)'이다. 이 빛은 레이저빔(laser beam) 같았고, 또 어떻게 보면 화선지에 한줄기의 물감을 칠해 놓은 것 같았다. 아니다. 햇빛이 통과하면서 미묘하게 변해 있는 이곳은 단테의 서사시에 나오는 지옥의 심연에 비치는 빛이었다. 그 어디에서도 볼 수 없는 몽환적이고 신비로운 사실적 풍경이 눈앞에 펼쳐졌다. 연한 암자색과 황금색 그리고 하늘의 파란색이 번져나는 오묘한 선염법(渲染法), 그 몽롱한 공간에 잘 어울리는 마른 나무 한 그루가 서 있다. 이것을 카메라에 담아내려고 셔터를 눌러대는 내 손끝은 어찌 이리도 둔할까 싶었다. 이 빛은 나의 가슴 깊은 곳으로 들어오면서 경건함과 겸손함을 가르쳐 주고 있었다. 잠시 관람객들이 빈 사이 사진 촬영을 위해 바닥에 있는 모래를 빛이 통과하는 곳으로 던지는 사람이 있었다. 빛의 굴절을 모래 먼지로 이용해 촬영하려는 방법이리라.

협곡 밖으로 나왔다. 잠시 쉬다가 처음 들어 온 곳으로 되돌아가야 한다. 그런데 생리적인 현상이 찾아왔다. 주변에는 간이식 화장실이 없다. 소변을 참다 보면 사진 촬영에 지장이 있기에 협곡 반대편으로 돌아 주변에 사람이 없는 곳까지 갔다. 그리고는 협곡 가까이에서 소변을 보기 시작했다. 그런데 도마뱀이 눈앞에서 꼼짝 않고 나를 쳐다보는 게 아닌가. 카메라를 도마뱀을 향해 들이대고 몇 장 촬영하고는 "잘 있어라."라고 손짓하며 협곡 입구로 돌아왔다.

나를 기다리는 안내자와 우리 팀은 다시 협곡으로 들어갔다. 얼마쯤 걸었을까. 붉고 푸른 팽이 같은 것에서 광채가 나고 있었다. 요요(yoyo)였다. 한 젊은이가 요요를 허공으로 던지고 부메랑으로 되돌아온 것을 다시 던지고 받기를 반복하고 있었다. 요요는 현란한 색채를 내며 요술의 날개인 양 아름답게 왕복을 계속했다. 이런 곳에서 생각지 않았던 일이 벌어지는 것을 관람하는 재미가 쏠쏠했다. 관람객들이 곡예를 바라보는 바람에 좌우 통로의 흐름이 잠시 막히기는 했지만, 어린 시절로 되돌아가기에 충분했다. 어쩌면 이런 각박한 세상에 타임머신을 타고 즐거운 동화 같은 상상을 주는 따뜻한 불빛 사위 덕분에 해조음(海潮音)을 맡듯 나도 모르게 코끝이 찡해졌다.

다시 차를 타고 89번 도로 북쪽으로 움직였다. 이번 캠핑의 마지막 여행 목적지인 브라이스캐니언(Bryce Canyon)으로 가기 위해서였다. 1956년, 그랜드캐니언 상류 지역에 해당하는 글렌캐니언에 수력발전 설비를 갖춘 글렌캐니언댐 다리(Glen Canyon Dam Bridge) 입구에 차를 세웠다. 난간에서 빠르게 흘러가는 강물을 바라보면서 물과 협곡에 대해 다시 한 번 생각하게 된다.

지금도 앤털로프캐니언은 조금씩 변하고 있다. 그 원인은 빗물이 제일 큰 요인이다. "돌 뚫는 화살은 없어도 돌 파는 낙수(落水)는 있다."라는 속담이 있다. 그렇다. 천하장사가 힘껏 내쏘는 화살이라도 돌을 뚫지 못한다. 하지만 세월을 두고 쉼 없이 떨어지는 낙수는 돌을 파고, 구멍을 낸다. 불의 역할도 대단하지만, 오랜 세월을 두고 물과 바람은 참으로 대단한 힘을 가졌다 싶다. 수백만 년 전 바닷속에 있던 지층이 융기한 후 강물이 흐르고, 모래바람이 불면서 사암인 이곳에 작은 균열을 만들어 냈다. 그 틈 내부에 또 다른 물이 세차게 파고들면서 다양한 패턴과 침식은 대자연의 예술작품으로 탈바꿈시키는 것이다.

앞으로도 물과 바람이 흘러가는 이곳에, 흐르는 세월만큼 자연의 예술은 조금씩 창조될 것이다. 긴 세월 동안 깎아지고 뭉개져 만들어진 오묘한 붉은 조화는 인간의 교만과 허영을 부끄럽게 한다.

천 년(?) 후, 이곳에 다시 찾게 된다면, 어떻게 변해 있을까 궁금해진다.

브라이스캐니언

앤털로프캐니언을 관광한 후 오후 4시경, 89번 국도를 타고 다음 목적지 브라이스캐니언국립공원(Bryce Canyon National Park)으로 출발했다. 캠프장에 사전 예약하지 않아 걱정은 되었지만, 부지런히 달려갔다. 먼저 브라이스캐니언 입구의 한 개인 캠프장에 들렀다. 숙박료가 거의 C급 호텔 수준이라 국립공원 내의 캠프장에 가기로 했다. 입구에는 입장료가 차량당 25달러라고 붙어 있었다. 이곳은 국립공원이라 만 62세부터 평생 사용할 수 있는 '국립공원 시니어 카드'와 ID를 보여주고 무료로 통과했다.

방문자센터를 지나자마자 오른편에 캠프장(North Campground) 팻말이 보였다. 이미 만원이라는 안내판이 입구에 놓여 있었다. 그래도 안내소까지 들어가서 캠프장 관리원(ranger)에게 빈 캠프 자리가 있나를 문의했다. 우리가 타고 온 캘리포니아 차량을 잠시 훑어 보더니만 RV(recreational vehicle) 캠프장에 한 자리가 예약이 취소되었다면서, 내일 자동차용 캠프장으로 옮긴다는 조건으로 승낙받았다. 이곳에는 RV와 일반 차량 캠프가 구분되어 있기 때문이다.

지정된 장소에 텐트를 치는데 벌써 달이 뜨고, 날씨가 차가워지기 시작했다. 싸한 바람이 맵다. 대충 짐 정리하고 저녁을 준비했다. 이 캠프장에는 샤워장은 없지만, 공동화장실에는 따뜻한 물이 나오고 실내가 깨끗해서 좋았다. 무엇보다 배터리를 충전할 수 있는 것이 더 좋았다. 그동안 푸세식 변소를 사용하다가 넓고 심지어 밤에는 따뜻한 히터까지 가동되는 수세식 화장실이라 마음이 한결 가벼워졌다.

다음 날, 새벽 일찍 캠프장 뒷산으로 올라갔다. 천하명경(天下明鏡)이 눈앞에 펼쳐져 있었다. 후두(Hoodoo)라 불리는 수많은 연분홍빛 첨탑 바위가 거대한 원형극장(Amphitheater)이라는 분지에서 제각각의 모양과 색깔로 아침을 맞이하고 있었다. 이곳과 가까운 자이언캐니언(Zion Canyon)의 우뚝 솟은 절벽 사이로 버진 강(Virgin River)이 있고, 10여 층 아파트 수십 채

를 합한 붉은 암석들은 남성적인 데 비해, 이곳은 계곡이라기보다는 뾰쪽한 첨탑으로 이루어진 분홍빛 바위들이 섬세하고 화려해 여성적이었다.

뒤를 돌아다 보았다. 주변 숲 사이로 사슴의 무리가 유유히 거닐고

렌즈를 통해 본 디지털 노마드

있다. 사슴의 무리 쪽으로 갔다. 사슴은 인기척에 다른 곳으로 가 버리고 말았지만, 걸을 때마다 바스락대는 소리가 묘한 감정을 느끼게 하고, 나무 숲에 이는 바람 소리와 나무가 만들어내는 향기는 코끝을 자극했다.

우리 일행은 소형차용 캠프장으로 옮기기 전, 빈 캠프장을 돌면서 좋은 장소를 눈으로 확인해 놓았다. 그래도 텐트를 걷어내고 옮기는 게 번거로워 레인저를 찾아가서 "이곳에 닷새 있을 예정인데, RV 캠프장을 그대로 사용하면 안 되겠는가?"라고 문의했다. 규정상 불가능하니 차량용 캠프장으로 옮겨야 한다고 했다. 그러면서 레인저는 신청서와 봉투를 건네주었다. 신청서를 작성하는데 시니어는 일반요금의 50퍼센트라는 문구가 눈에 들어왔다. 작성한 용지와 시니어 요금을 봉투에 넣고 밀봉했다. 이미 확인한 캠프장의 번호가 있는 사물함에 넣고 다시 텐트를 쳤다.

아침을 적당히 때우고 방문자센터에 갔다. 2015년 안내서(The Hoodoo)를 받아들고 브라이스캐니언의 역사 및 지리 등에 관한 22분짜리 영상을 소극장에서 감상했다. 다시 20여 분 간격으로 무료로 제공하는 셔틀버스를 탔다. 방문자센터 앞에서 출발한 버스는 다섯 군데의 브라이스 포인트(Inspiration Point, Sunset Point, Bryce Point, Sunrise Point, Fairyland Point)를 둘러보았다. 5월 하순부터 9월 초순까지는 아침 7시 10분부터 저녁 7시 22분까지 운영되고 있어 이곳을 찾는 관광객은 누구나 편리하게 관광할 수 있다.

셔틀버스의 특징은 지정 정류장 한 곳에 내려 자신이 원하는 곳을 시간에 구애받지 않고 구경하다가 다른 셔틀버스를 타면 된다. 그러니 탈

때마다 다른 셔틀버스 운전 담당
레인저가 마이크를 잡고 그곳을 소
개하면서 운전한다. 또 있다. 1일 2
회 예약 운영하는 또 다른 무료 관
광이 있다. 레인보우 포인트 앤드
요빔파 포인트(Rainbow Point & Yovimpa Point)까지 왕복 60킬로미터되는 시
닉 드라이브(Scenic Drive)다. 방문자센터에서 전화번호를 받아 레인보우 포
인트 셔틀(Rainbow Point Shuttle)에 전화 예약을 했다.

다음 날 아침, 방문자센터 앞에서 예약자 명단을 확인하고 출발했다.
스왐캐니언(Swamp Canyon) → 화이트맨 벤치(Whiteman Bench) → 페어뷰
포인트(Fairview Point) → 내추럴 브리지(Natural Bridge) → 아과캐니언(Agua
Canyon) → 폰데로사캐니언(Ponderosa Canyon) → 블랙버치캐니언(Blackbirch
Canyon) → 브리스틀콘 루프 트레일(Bristlecone Loop Trail) → 레인보우 포
인트 앤드 요빔파 포인트를 운전사의 설명과 함께 둘러보았다. 그런데 운
전 담당 레인저가 자신의 쌍둥이 손자 사진첩을 셔틀버스 안에 있는 관
광객들에게 돌아가면서 구경시키며 자랑하는 것이다. 동서고금을 통해
내리사랑은 어쩔 수가 없나 싶었다. 쌍둥이 손자 사진 중 할아버지의 양
쪽 바지 주머니에 손자를 한 명씩 넣어 촬영한 것이 눈에 띄었다.

아과캐니언(Agua Canyon)은 바위들의 빛과 색채의 대비를 볼 수 있으며
자연동굴 사이로 보이는 빽빽한 전나무들의 아름다움을 볼 수 있다. 레
인보우 포인트 앤드 요빔파 포인트에는 유타 주 남부의 광대한 풍광을 조
망할 수 있는 장소로, 애리조나 주에서 멀리 떨어진 카이넙 고원과 나바
호 마운틴은 물론이고 맑은 날에는 뉴멕시코까지 볼 수 있다.

나는 이틀 동안 브라이스캐니언국립공원 내의 도로를 따라 차를 타고
정상까지 올라간 뒤 반대로 내려오며, 또 역순으로 걸어가면서 중간중간

렌즈를 통해 본 디지털 노마드

동쪽에 마련된 조망소를 중심으로 후두를 내려다보는 방법을 택했다. 이는 후두 전체를 가장 손쉽게 조망하는 방법이다.

차를 타고 가다 보면 아스팔트 옆으로 폰데로사 소나무(Ponderosa Pine)들이 즐비하다. 그런데 이 소나무들 사이로 장작더미가 쌓여 있는 것을 더러 발견할 수 있다. 이는 레인저가 임의로 만들어 준 동물들의 집으로, 특히 겨울철에 이곳에서 새끼를 낳고 보호하는 곳이기도 하다.

뭐니 뭐니 해도 이곳 중심은 선셋 포인트(Sunset Point)다. 이곳에는 많은 관광객들이 북적인다. 특별한 추억거리로 말을 타고 리더를 따라 호스 트레일(Horse Trail)을 관광할 수 있다. 이런 곳에서의 승마는 사람과 말이 일체가 되어 자연 속을 함께하는 것이라 정신 건강과 신체 건강에 좋다. 숲 속을 말과 함께하다 보면 일체의 허영이 배제된 무언(無言) 속에 자연의 섭리를 온전히 받아들일 수 있을 것이리라.

저녁이 되면 브라이스캐니언 라지(Brace Canyon Lodge) 강당에서는 매일 다른 프로그램을 영상과 함께 레인저가 관광객을 위해 직접 설명해 준다. 천체와 주변의 동식물, 토지 형질과 역사 등에 관한 내용이다.

이곳 브라이스캐니언은 유타 주 남부에 있다. 유타(Utah)는 인디언의 말로 '산에 사는 사람'이라는 뜻이고, 미국 내에서도 유명한 국립공원에 속한다. 1923년 준국립공원으로 지정된 지 5년 뒤인 1928년에 국립공원으로 지정되었다. 이 지역은 1850년대 모르몬교도들이 정착했는데 초기 정착자였던 에버니저 브라이스(Ebenezer Bryce)의 이름을 따서 명명되었다. 면적은 145제곱킬로미터지만 남북으로 33.6킬로미터 되는 긴 지역으로 해발 1,117미터에서 높은 곳은 2,660미터다. 7월은 평균 낮 기온이 섭씨 28도, 밤 기온은 섭씨 8도로 낮과 밤의 온도 차이는 세 배에 가깝다. 이런 상황이니 밤이 되면 엄청 추위를 느끼게 된다. 그래서 시간이 날 때마다 텐트 주변에 있는 솔가지와 솔방울을 주워 놓는 게 주된 일 중 하나다. 아침과 저녁에는 누구라 할 것 없이 먼저 화덕에다 불을 붙이고 사다 놓은 장작으로 식사 준비를 한다. 그러면서 다음 예약지를 상의한다.

미국의 국립기념물은 미국의 국립공원과 비슷한 미국 문화유산 자연보호를 위해 지정된 곳이다. 국립공원과 차이점은 국립공원보다 규모가 작고 현직 대통령이 의회의 승인을 거치지 않고 지정 고시하는데, 국립기념물에는 동식물 같은 것은 포함되지 않는다. 그러나 대통령의 임기가 끝나면 다음 대통령령에 따라 국립기념물 지정을 취소할 수 있다. 따라서 미국 상·하원에서 지정 결정을 요청하면 대통령의 승인으로 국립공원으로 지정된다.

또한, 국립공원으로 지정되기 위해서는 자연보존 상태가 양호하고 훼손과 오염이 적으며, 야생동물이 서식하고 희귀식물이 식생(植生)하거나 지형의 경관이 수려해야 한다. 그리고 문화재와 역사 유물이 있어야 하며 자연경관과 조화되어 보존 가치가 있어야 한다. 최종적으로 국유지나 공유지의 면적보다 사유지 면적이 적은 곳이어야 하는 조건을 갖춰야 한다.

저녁에는 밤하늘의 별과 분지 위에서 밤 별을 촬영하고자 했으나 이틀 동안 변덕스러운 날씨 탓에 불가능했다. 대신 밖의 추위 탓에 이내 잠자리에 들게 된다. 이때는 반드시 주변의 돌덩이를 한 개를 구워 신문지에

렌즈를 통해 본 디지털 노마드

싼 다음 수건으로 둘둘 말
아 텐트 침낭 발끝에 두어
야 따뜻한 온기로 쉽게 잠
잘 수 있다.

밤늦게 번개를 동반한 소
낙비가 내렸다. 떨어지는 빗
방울 소리는 잠을 설치게 했
다. 바람까지 불어댔다. 이러
다가도 낮에는 이상할 만큼
날씨가 말짱하고 햇볕은 따가울 정도로 엄청나게 맑았다.

셋째 날이다. 후두 조망(眺望)은 수박 겉핥기라 싶어 분지 안에서 하이
킹하기로 했다. 나는 항상 햇볕에 그을린 얼굴이지만, 마실 물과 선크림
과 카메라 등을 챙기고 짧은 트레일 코스라 말하는 선라이즈 포인트에서
아래로 출발했다. 브라이스 원형극장(Bryce Amphitheater)으로 내려와 기기
묘묘한 후두들 사이로 걷다 보면, 정원을 바라보는 여왕의 모습이 보인
다. 이곳이 바로 퀸스 가든(Queen's Garden)이다. 마치 빅토리아 영국 여왕
의 모습을 닮은 흰빛 후두(White Hoodoo)가 우뚝 서 있다.

다시 나바호 트레일(Navajo Trail)을 타고 월스트리트(Wall Street)로 올라
오기로 했다. 위에서 보는 광경과 달리 후두를 가까이에서 또는 밑에서
위로 쳐다보는 또 다른 후두의 위상은 참으로 대단했다. 붉은 지층이 빗
물과 바람에 깎여 만들어진 경이로운 광경은 절로 감탄사가 나왔다. 외길
에 경사도가 높아 가파른 정상을 향해 올라오면서 다리가 아파 몇 번이
나 쉬면서 걸어야 했다. 그 탓에 후두에다 등을 기대기도 하고 만지며 손
가락으로 작은 사암 덩이를 떼기도 한다.

보통 계곡 사이 물이 흐르는 깊은 곳을 캐니언(협곡)이라고 하는데, 이

곳 분지 내에서는 물 흐름을 볼 수 없다. 이곳의 후두는 바다 밑에 있을 때 토사가 쌓여 형성된 암석이 지상으로 솟아올랐다고 지질학자들은 말한다. 이후 빗줄기와 흐르는 물의 힘으로 다시 본래의 토사로 변해 흘러내려갔다. 그러나 비교적 단단한 암석만 침식되지 않고 남아 이렇게 많은 첨탑이 생겼다. 일종의 흙기둥이다. 지금은 원형극장의 가장자리가 50년 간격으로 약 30~40센티씩 꺼지고 있다. 그걸 증명이라도 하듯 선셋 포인트로 올라오는 가파른 길로 오르다 보면 무슨 핏줄 같은, 물의 흐름으로 굳어 있는 게 보인다. 손을 대면 톡 하니 부서지고 무너질 것 같은 아슬아슬한 첨탑이 많다는 것은 이를 증명한다. 이 모든 게 빗물과 흐르는 물, 특히 얼음이 얼었다 녹았다 하는 과정에서 단단한 암석들이 갖가지 모습으로 남아 있게 되며 조금씩 녹아내리는 것이다.

다음 날은 페어리랜드 포인트(Fairyland Point)에서 선라이즈 포인트로 돌아오는 제법 긴 코스를 택했다. 걷다 보니 진분홍 땅 색깔과 똑같은 잔돌 사이에 외롭게 피어 있는 야생화가 오랜만에 만나는 친구처럼 반갑게 맞아준다. 그 사슴의 무리와 새들 그리고 다람쥐가 뛰어노는 모습은 눈의 피로를 없애준다. 하지만 높은 온도와 고도의 태양 빛은 숨쉬기가 어려울 정도로 힘들다. 더군다나 불볕은 머리를 콕콕 찌르고 있지 아니한가. 사방을 둘러본다. 풀 한 포기도 없는 모래언덕 위에 긴 뿌리와 잔뿌리를 밖으로 내놓고, 굵은 뿌리는 깊은 모래에 파고들고 살아가는 모습이 간간이 눈에 띈다. 식물군의 먹고 살아야겠다는 강한 의지가 보인다. 나의 호흡은 더위에 더욱더 할딱거리고 가슴이 저려 온다. 계속해서 붉은 흙길을 따라 걷는다. 주변에 간간이 보이는 풀을 보면, 밟지 않고 피해 간다. 살아야겠다는 강한 생명력이 미세하게나마 나에게 전달되었기 때문이다. 후드 그늘에 앉아 잠시 쉬려고 손바닥을 땅에 대고 털썩 주저앉았는데, 손바닥에 핏방울이 맺혔다. 후드에서 떨어진 날카로운 잔 조각들 때문이다.

다시 걷는다. 후두의 모양과 색깔도 가지각색이다. 말굽 모양의 아치, 성당 및 성(城)으로 다채롭기도 하다. 걸리버의 성(Gulliver's Castle), 탑 다리 (Tower Bridge) 등의 이름이 즐비하다. 그런가 하면 서로 대화하는 듯한 형상, 동물이나 남녀 형상, 살구, 가면, 남녀 젊은이의 키스하는 듯한 형상 등은 신비롭기만 하다. 특히, 구멍이 뚫린 후드 사이로 보이는 숲을 감상한다는 것은 걷기 힘든 도보 여행일지언정 새로운 희망의 길로 안내하고 무한한 상상력을 불러일으킨다.

특히, 일출과 일몰 때의 후드는 노란색, 오렌지색, 백색, 붉은색 등의 파스텔 색조로 신비로운 모습을 하고 있어 "아름답다!"는 탄성이 절로 나오게 된다. 여기에다 초록색의 나뭇잎과 푸른색의 하늘이 맞물리는 어울림은 더욱더 환상의 세계로 안내한다. 이런 빛깔은 흙 혹은 바위 성분 중 철분이 얼마나 포함돼 있느냐에 따라 결정된다. 또한, 이 후두는 흙과 바위의 중간 정도의 강도를 가진 지형지물(地形地物)로 생김새는 동굴 천정에 흔히 매달려 있는 종유석과 비

숫하다. 높이는 천차만별이고 후두의 끝이 날카로운 비수처럼 보이는 것도 있지만 대부분 둥근 모양을 한 것들이 많다.

캠프장에 도착했다. 더위를 먹어 얼굴은 검붉게 변했고, 텐트 속에서 두 다리를 뻗고 앉으니 끙끙 앓는 소리가 절로 났다. 제일 먼저 뜨거운 물에 몸을 담그고 싶었다. 세면도구와 타올을 들고 차를 몰고 샤워장이 있는 잡화점(general store)에 갔다. 이곳은 브라이스캐니언 내 식당과 빨래방과 잡화점이 있는 유일한 곳이다. 역대 대통령의 얼굴이 그려져 있는 미화 1달러짜리 동전을 필요한 양만큼 바꾼 후 샤워실로 갔다. 1회 사용료가 2달러인데 비해 시간은 고작 8분이다. 물론 세면도구나 수건은 본인이 준비해야 한다. 이런 형편이니 여성분들은 세면대에 물을 받아 양말이나 팬티를 빨아 들고서 샤워실에 들어간다. 그리고는 머리와 온몸에 비누칠한 후 동전을 넣어 따뜻한 물로 전신을 씻어내는 8분짜리 샤워를 한다.

캠프장으로 돌아와서 꺾여진 나뭇가지를 텐트 옆으로 끌고 와서 양말 등을 걸어 놓았다. 주변 캠프장을 돌던 두 사람의 레인저가 나뭇가지를 장작용으로 사용하면 1,000달러의 벌금을 내야 한다며 경고한다. 미국의 공원 안에서는 이렇게 자연의 것은 있는 그대로 두기를 원한다.

마지막 날은 물이 흐르는 모시케이브(Mossy Cave)에 들렀다. 이곳은 분화구 안에 존재하지 않는다. 브라이스캐니언시티를 관통하는 12번 국도를 타고 북동쪽 방면으로 10여 분을 이동하면 오른쪽에 조그마한 안내판이 나온다. 차를 세우고 30여 분 하이킹 코스를 걷다 보면 스톤 브리지(Stone Bridge)가 나오고, 물이 흐르는 다리를 지나면 작은 폭포(East Fork of the Sevier River)와 모시케이브를 볼 수 있다. 겨울철에 이곳은 고드름이 주렁주렁 매달려 있다. 이렇게 더운 5월 중순인데도 우박이 떨어지는 것이 아닌가. 여하튼 많은 관광객이 잘 찾지 않는 듯 한가롭기 그지없다. 7월이라 그런지 물의 흐름은 많지 않았다. 물에 발을 담그고 있자니 더위

렌즈를 통해 본 디지털 노마드

가 스르르 날아간다.

발을 휘감고 흘러가는 물속에는 나의 세월도 따라 흘러가고 있다. 고향의 앞바다가 흘러간다. 추억과 그리움도 함께 흐른다. 영혼 속에 흐르는 강물은 강물이 흐른 후에 되돌아올 수 없다는 것을 깨닫게 된다. 하지만 인간은 나이 들수록 가버린 세월을 뒤돌아보기를 좋아한다. 세월은 뒤돌아보지 않는 데 말이다.

일어섰다. 몸이 한결 가벼워졌다. 바닥에 있는 형형색색의 조그마한 돌을 만지작거리다가 한 점 가지고 오기로 했다.

마지막 날 캠프장에서 짐을 정리하다 보니 소나무 사이로 초승달이 보였다. 급하게 카메라와 삼각대를 들고 언덕에 올라갔다. 별은 밤하늘을 수놓으며 가끔 별똥별이 끝없이 넓은 어둠의 공간을 반딧불이처럼 꼬리에 불을 달고 떨어지고 있었다. 눈이 부실 정도로 섬광을 반짝이는 별도 있고, 희미하게 비추는 별도 보인다. 주변에는 가을 풀 속에서 우는 귀뚜라미의 소리 같은 게 찌르륵 들린다. 이 벌레들이 이런 찬 곳에서 울어대고 있다. 귀를 세운다. 밤하늘의 공간에서 바람을 타고 가슴속으로 파고 드는 신음 같다. 속 깊은 영혼에의 이끌림이라 싶다.

밤은 깊어지고 있다. 쓸쓸해진다. 나이를 먹는다는 것은 육안 대신 혜안이 깊어진다고 하던가. 별 무리를 쳐다보며 뜬금없이 천년의 세월을 생각한다.

세쿼이아국립공원과
킹스캐니언국립공원

한국인이 대상인 낯선 여행사의 선전 광고에 눈이 갔다. 새로 개업한 여행사였다. 2박 3일의 여행인데 한 사람 가격에 두 사람이 갈 수 있다는 광고 내용이었다. 장소는 세쿼이아국립공원(Sequoia National Park)·킹스캐니언국립공원(Kings Canyon National Park)이었다. 2006년 7월을 기점으로 서너 번 가본 적 있는 곳이라 망설이다가 친구와 통화한 후 여행사에 등록했다.

출발 당일 정해진 시간, 여행사 앞 주차장에 도착하니 벌써 많은 한인들이 기다리고 있었다. 한 차에 150여 명용 관광용 버스라 편하기는 하다. 하지만 마음대로 개인적인 행동은 할 수 없고, 단체관광이라 목적지에서의 눈요기와 도심에서의 일상을 접고 잠시 자연의 품에 안길 수 있는 것에 만족해야 한다. 편안한 복장에 자동 디지털 카메라와 양치질 도구를 챙겨 친구와 함께 버스에 올랐다.

LA에서 공원 입구까지 대략 다섯 시간의 거리인데 단체여행이라 여

렌즈를 통해 본 디지털 노마드

섯 시간은 잡아야 한다. 가는 길은 5번 프리웨이 북쪽으로 가다가 베이 커스필드(Bakersfield)를 지나 99번으로 갈아타고 95마일 가면 비세일리아(Visalia)를 만나게 된다. 다시 198번 도로 동쪽으로 58마일 정도 가면 입구가 나온다. 이곳에서 다시 킹스 캐니언 시더 그로브(Kings Canyon Ceder Grove)까지는 제너럴스 하이웨이(Generals Highway)를 따라 58마일 거리의 산길이므로 두 시간 가까이 걸린다. 또 다른 길은 프레즈노(Fresno)에서 동쪽으로 52마일 달리면 공원 입구를 지나 그랜트 그로브(Grant Grove)가 나온다.

세쿼이아국립공원과 킹스캐니언국립공원은 캘리포니아의 척추 격인 시에라네바다 산맥 남부에 있다. 이곳에는 북미 대륙 최고봉 휘트니 산

(14,495피트)의 만년설과 함께 많은 봉우리가 있다. 시에라네바다 산맥은 특이한 지형과 위치 때문에 비가 내리지 않는 사막성 지역이 있는가 하면, 다른 한 편에는 태고의 빙하와 1,000여 개의 호수가 있다. 이 공원의 기후는 겨울에 눈과 비가 내리고, 여름은 덥고 건조하다. 고도가 3,000피트 높아지면서 화씨 1도의 온도가 내려가 산정 가까운 음지의 계곡에는 무더운 여름철에도 눈이 남아 있다.

그리고 세쿼이아군(群)은 시에라네바다 산맥 서쪽 경사면 3,500피트에서 7,500피트 높이에서 자라며, 한 나무의 밑동 둘레는 100피트에 달하는 것이 보통이다. 이곳에는 70여 개가 넘는 하이킹 코스가 실핏줄처럼 퍼져 있고, 1,200여 종의 나무와 식물이 살고 있으며 300여 종의 동물과 새들이 서식하고 있다.

이 국립공원은 1800년대 중반기에 미국 정부의 조사가 시작되었다. 세쿼이아군과 주변 자연환경을 보호하기 위해 1890년 9월에 제2호 국립공원으로 지정했다. 그렇다면 제1호 국립공원은 어딘 줄 아는가? 미국에서뿐만 아니라 세계국립공원 제도가 생긴 이후 최초 제1호는 신(神)이 만든 걸작품이요 우리 인간이 생각할 수 없는 대자연의 경이가 존재하는 옐로스톤국립공원(Yellow Stone National Park)이다.

한 가지가 더 있다. 미국 내에서 두 곳의 국립공원이 같이 한 곳에 붙어 있는 곳은 이곳뿐이다. 그래서 '세쿼이아-킹스캐니언'이라 사용한다. 캘리포니아에는 여덟 개의 국립공원이 있다. 한 곳은 다섯 개의 섬으로 이루어져 있는 채널아일랜드해상국립공원이고, 나머지 일곱 곳 중 1890년에 국립공원으로 등재

된 세쿼이아캐니언과 1940년에 등재된 킹
스캐니언이다. 두 공원의 총 규모는 86만
5,257에이커다. 남북의 총 길이는 66마일
(105.6킬로미터), 폭이 가장 넓은 곳은 36마
일(57.6킬로미터)로 1943년부터 공동으로 관
리하고 있다.

이곳 공원 주변은 여름이면 야생화로
뒤덮이고 계곡들 사이로 흐르는 물길, 그 주변에는 새들과 동물들이 뛰
놀고 있어 아름다움을 간직한 자연 친화적인 대공원이다. 그렇지만 이 공
원의 진가는 뭐니 뭐니 해도 세상에서 가장 키가 큰 나무가 있는 세쿼이
아(sequoia)다. 주로 캘리포니아에서 서식하는데 원래 이름은 '미국삼나무'
이다. 인디언 부족인 체로키 족 추장 이름 세쿼이아를 따서 붙여졌다고
한다. 키가 워낙 커서 물줄기가 위쪽까지 수분을 전달하지 못해 수분의
25~50퍼센트는 안개에서 얻는다고 한다.

세쿼이아나무군을 쳐다보면 서로 경쟁
하듯 하늘을 찌를 듯 당당하다. 나무 밑
동에서 머리를 하늘로 쳐다보면 꼭대기가
보이지 않는다. 두 손을 허리에 대고 배를
불룩 내밀며 나무 꼭대기를 쳐다봐야 한
다. 이렇게 세쿼이아가 크게 자랄 수 있는
것은 두껍고 단단한 껍질과 껍질에 있는
바크(bark)와 타닌(tannin) 성분 때문인데 이
것이 질병과 병충해 그리고 화재로부터
나무를 보호해준다. 그런데도 굵고 오래
된 큰 나무 밑동에는 불탄 자국, 구멍 뻥

뚫려 있는 자국, 한 칸이 쭉 찢어져 있는 자국, 상처를 치유한 자국 등이 고스란히 남아 있다. 1,000년 이상을 살아가고 있는 세월의 흔적이다. 그런대로 아무런 이상 없이 녹색 이파리들이 무성하게 뻗어 있는 것을 보면 그저 놀랄 뿐이다.

가끔 숲 속에서 피어오르는 연기에 깜짝 놀랄 수 있다. 그러나 걱정할 필요 없다. 주변 덤불과 죽은 나뭇더미를 불태우는 것이다. 이곳 공원 레인저들이 병충해가 들지 못하도록 불태우는 것이고, 또 단단하게 닫혀 있던 세쿼이아 방울을 불에 의해 열리게 하여 씨앗을 끄집어낸다. 그리하여 세쿼이아의 어린 묘목을 새롭게 탄생시킨다. 그러니 이곳의 국립공원 레인저는 바로 이 나무들이 있어서 존재하는 것이고, 또 공원 이름도 '세쿼이아'라는 명칭이 붙어 있는 것이다.

이곳에 이스라엘 젬린(Gamlin)과 토머스(Thomas) 형제가 1872년, 그랜트 그로브에 있는 160에이커의 땅을 사용하면서 정착했다. 그들은 오두막을 지어 살면서 1872년부터 1878년까지 6년 동안 가축을 방목하며 오두막에서 살았다. 킹스캐니언의 첫 번째 영구 정착자이다. 이후 이 오두막 주택은 미국 기병대, 관리소 등 다양한 용도로 사용되었다. 그러다가 1977년 역사적인 건물로 지정되면서 영구보존하고 있다.

또 있다. 나무에 대해 기네스북에 등재된 것이 이곳 캘리포니아에는 세 곳이 있다. 그게 뭔가 아는가? 다름 아닌 세상에서 제일 높은 나무는 캘리포니아 서북 해안에 자라고 있는 높이 337피트의 '레드우드(Red Wood)'이고, 세상에서 나이가 제일 많은 나무는 대략 4,600살로 추정되는 브리스틀콘 소나무(Bristlecone Pine)'이다. 그리고 세상에서 부피가 가장 큰 나무는 바로 이곳 자이언트 그로브(Giant Grove)에 있는 세쿼이아 나무인데, 이름은 '제너럴 셔먼 트리(General Sherman Tree)'이다. 자그마치 지름이 36.5피트, 높이가 275피트인데, 2,300~2,700년으로 그 나무의 나이를 추정하고 있다.

먼저 이 공원의 터줏대감 자이언트 그로브에 있는 제너럴 셔먼 트리를 찾았다. 이 나무는 세쿼이아와 킹스캐니언을 잇는 남쪽 제너럴 하이웨이 (General Highway) 길가 주차장 시설이 있는 곳에 우뚝 솟아 있어 쉽게 찾을 수 있다. 이 나무는 1879년 이곳을 찾은 울버턴(Wolverton)이라는 사람에 의해 발견되었다. 그가 종군한 남북전쟁 당시의 사령관인 셔먼 장군의 이름을 이 나무에 붙였다.

10여 년 전에 왔을 때는 만져도 보고 안아도 봤지만, 지금은 들어가지 못하게 울타리가 설치되어 있다. 그때나 지금이나 하늘을 향해 서 있는 위풍당당한 모습에는 입이 떡 벌어지고 기가 죽는다. 한국의 모 여자 가수의 노래 중 이런 가사가 있다. "그대 앞에만 서면 나는 왜 작아지는가." 아니다. 작아지는 정도가 아니라 아예 거인국에 들어온 듯한 착각이 든다.

가이드는 이 제너럴 셔먼 트리로 성냥개비를 만든다면 50억 개비 이상 만들 수 있는 크기라고 능청을 떤다. 그런가 하면 관광용 책자에는 방 다섯 개를 가진 목조 주택 40여 채를 능히 지을 수 있는 재목이라나. 어느 게 맞는지는 몰라도 이 나무가 늙어 죽어 땅에 널브러져 있어도 그대로 내버려둘 것이니, 믿든 안 믿든 아무런 관계가 없다 싶다. 어차피 재미있는 상상력이 보태어진 것만은 사실일 테니까.

주변의 산책로를 따라 걸으며 세쿼이아가 뿜어내는 방향성 물질인 피톤치드(phytoncide)를 들이마시며 삼림욕을 즐겨 본다. 계절과 시간에 관계없이 나무 사이를 걷다 보면 마음의 때가 벗겨지며 청량감을 느끼게 된다. 깨끗함이 진짜 눈에 보인다. 한여름인데도 가을과 같은 기분으로 깨끗한 공기를 마실 수 있다니 어찌 이곳이 도솔천(兜率天)이 아니겠는가 싶다.

다음은 콩그레스 트레일(Congress Trail)이다. 높다란 세쿼이아 사이를 산책할 수 있도록 만들어진 이 하이킹 코스는 주차장에 가까운 제너럴 셔

먼 트리에서 시작되어 다시 시발점으로 돌아오는 길로 약 2마일 정도의 거리며 코스가 완만하다. 걷다 보면 많은 세쿼이아 중에서 특별한 것에 하우스(House), 세네트(Senate), 프레지던트(President) 등의 푯말이 붙어 있다. 이 하이킹 코스의 이름이 말해주듯 미국의 행정부와 하원·상원 등을 상징하고 있다. 옛날이나 지금이나 이름을 남기려는 끝없는 욕망은 동서 고금을 막론하고 변하지 않는 하나의 관습 같다는 생각을 해본다.

그다음은 모로 바위(Moro Rock)다. 세쿼이아국립공원 숙소가 있는 자이 언트 포레스트 빌리지(Giant Forest Village) 입구가 나온다. 남쪽으로 좁은 길을 따라 약 1.5마일 정도 들어가면 이 거대한 바위 밑에 있는 주차장에

174

도착하게 된다. 이곳에서 바위의 굴곡을 이용하여 만든 계단의 난간을 따라 약 4분의 1마일(400미터)을 올라가면 바위의 정상에 도달한다.

하지만 계단을 타고 올라가기가 장난이 아니다. 위험은 아랑곳하지 않고 암벽을 타고 바위 정상까지 오르는 젊은 산악인들을 쉽게 볼 수 있다. 레미콘을 틀에 맞춘 같은 사이즈의 블록과 철난간(鐵欄干)을 잡고 올라가다 보면 숨이 턱 하니 막혀 온다.

몇 번이고 쉬다가 정상에 오르면 언제 그랬나 싶을 정도로 가슴이 탁 트인다. 조금 전까지 고생하며 괜스레 올라가고 있다는 생각은 까마득히 잊게 된다. 정상에 서면 하늘을 가로지른 초대형 절벽 바위가 외부 세계와의 시공을 거부하는 찬란한 색으로 병풍처럼 둘러서서 시에라네바다 산맥의 연봉을 이루고 있기 때문이다.

남쪽으로는 계곡 사이를 길게 흘러가는 카웨아 강(Kaweah River)을 볼 수 있고, 맑은 날에는 서남쪽으로 방대한 샌호아킨(San Joaquin) 평야의 일부가 보인다. 그러나 이 바위에 오르는 중간쯤이면 아찔할 정도의 절벽 단면을 깎아 만든 경사가 급한 곳이 있다. 이것 때문에 도중에 오르는 것

을 포기하고 되돌아가는 사람들이 더러 있다.

얼마 있다가 내려갈 채비를 한다. 올라왔으니 당연한 처사다. 내려갈 때는 오를 때보다 엄청 편하기는 하지만, 관절을 다칠 염려가 있으므로 조심스럽다. 어찌 쉬운 길만 있으랴. 한 발짝씩 걸으면서 자연스럽게 만들어진 길의 높고 낮음에 순응해야 한다. 그래도 평평한 길은 보폭이 자유로워 좋긴 하다. 자유롭게 징검징검 발걸음을 빨리 혹은 늦게 걸을 수가 있고, 자기 힘에 맞추어 보폭을 조절할 수 있기에 그렇다.

중국의 대시인 백낙천(白樂天)의 신악부(新樂府) 중 『태행로(太行路)』의 마지막 부분에 이런 내용이 있다.

> "가는 길이 어려운 것은 물이 있고 산이 있어서가 아니라, 오로지 변덕스러운 감정 때문이다(行路難 不在水不在山 秖在人情反復間)."

옳은 말이다. 백낙천은 인생행로를 산천의 험한 것에 비유했다. 제한된 삶에 가족이라는 울타리와 그것을 위해 감수해야만 하는 사회생활이 있어서 그럴 것이다. 인생이라는 길을 걷게 되면, 자신의 운명 앞에 물이나 산을 반드시 만나게 되고, 평길 또한 만나게 된다. 이에 순응하는 것이 인생길을 지혜롭게 걷는 사람이라 할 수 있다.

그다음은 크레센트 목장(Crescent Meadow)다. 모로 바위에서 약 1마일 정도 동쪽으로 들어가면 길은 끝나고 나무 사이에 만들어진 주차장이 나타난다. 얼마 안 떨어진 곳에 비교적 넓은 공간을 점유한 아름다운 풀밭이 있으니 그게 크레센트 목장이다. 봄과 여름철에는 여류 종류의 야생화가 풀 사이에 만발하여 거대한 나무들과는 대조적으로 온화한 분위기를 보여주는 곳이다. 하이킹 코스가 이 목장 둘레를 돌 수 있게 되어 있다. 옛날 이곳에서 최초로 정착한 타프(Tharp)가 쓰러진 세쿼이아 통나무 속을 파서 만든 소위 '타프의 통나무집(Tharp's Log)'라고 불리는 그의 집이 있다. 통나무 속에는 그가 만든 돌난로도 있고 밖을 내다볼 수 있는 창문까지 있어 흥미를 끈다.

여기서 동쪽으로 산길을 따라 1마일 정도 걸어가면 이글 뷰(Eagle View)라는 지점에 도달한다. 문자 그대로 하늘을 나는 독수리가 볼 수 있는 경관을 이 지점에서 볼 수 있다. 모로 바위에서 본 것을 더 가까운 지점에서 1만 4,000피트급의 연봉과 계곡을 볼 수 있는데, 시에라네바다 산맥에는 1만 4,000피트 이상의 봉우리가 열한 개나 있으며 1만 2,000피트급은 다섯 개나 된다고 하니 놀라지 않을 수 없다.

이제 킹스캐니언국립공원으로 들어섰다. 제일 먼저 제너럴 그랜트 그로브(General Grant Grove)에 들렀다. 이곳은 거대한 세쿼이아군의 집합소인양 빽빽하게 들어서 있다. 킹스캐니언 방문자센터를 지나면 얼마 안 떨어진 곳 왼쪽에 있는 제네럴 그랜트 트리(General Grant Tree)가 있다. 이 나무는 두 번째로 큰 나무다. 키가 268피트이지만 나무 모양도 예쁘고 측면에 적당한 공간도 있어 사진 찍기에 편리하다. 미국의 크리스마스 나무로 지정되어 있어 매년 특별한 성탄절 행사가 이곳에서 열린다.

얼마를 걷다 보니 한 나무가 널브러져 있다. 아마 1,000년은 훨씬 더 살다가 목숨을 다한 것이리라. 1,000년이라. 인간은 한껏 살아봤자 100년 넘기기도 극히 어렵다. 유아기와 노년기를 빼고 나면 인생의 황금기는 불과 40년 정도다. 이 나무의 유구한 시간에 비하면 한 점에 불과한 순간일 뿐인데 무엇을 위해 이토록 달려가고 있는지 절로 한숨이 나온다.

호랑이는 죽으면 가죽을 남긴다고 한다. 이 나무는 비록 죽어 넘어져 있지만, 통나무 속이 사람들의 통로로 이용되고 있다. 그것도 두 사람이 어깨를 나란히 하고 통과할 수 있는 통로다. 얼마나 많은 사람들이 그 속을 오갔는지 아예 안쪽이 반들반들하다. 그 속을 걷다가 구멍 난 곳을

통해 우연히 하늘을 쳐다보았다. 청잣빛 하늘에 무명으로 단장한 반달이 보였다. 낮에 나온 반달, 반달 둘이 만나면 꽉 찬 보름달이 될 것이다. 달이 차고 기우는 모양과 방향은 적도만 지나면 달라진다. 저 하늘의 반달은 지금, 절반만 우리 인간에게 보여주고 있는 진실이다.

이렇게 애초부터 자연은 이분법을 고집하지 않고 오로지 순리에만 순응한다. 생성과 소멸, 삶과 죽음, 기쁨과 슬픔 등 순환은 질서에 충실할 뿐이다. 그런데 인간의 이기적 오만과 편견이 쪼개고 부수는 법을 계산했을 것이리라. 이런 생각이 들자, 나도 모르게 슬그머니 두 손을 주머니에 넣게 된다. 나는 뭔가 안 풀릴 때나 생각이 깊어질 때면 나도 모르게 바지 주머니에 손이 들어가 있다. 무엇을 끄집어내기 위해 넣는 게 아니라 위로를 찾기 위함이다. 그렇게 해도 아쉬움이 남는다면 주머니 안에서 두 손을 폈다 오므리기를 반복한다.

우리의 손바닥은 인간의 정을 소통하기 위해 악수를 하고 담소한다. 그러다 인간끼리 의사소통이 안 될 때 손바닥을 오므리고 주먹을 쥐고 화

를 내기도 한다. 이 손바닥 속에는 황금과 저주가 들어 있고, 권력과 인정
이 담겨 있다. 그러니 이 손바닥에는 이분법이 숨겨져 있다고 할 수 있다.

또 다른 통나무 터널이 있다. 크레센트 목장으로 가는 길이다. 지금은
보호 차원에서 자동차를 통과시키지 않고 있지만, 고목 위로 자동차를
타고 올라갈 수 있는 오토 로그(Auto Log)가 있다. 한때는 그 고목 위에
관광객들이 자신의 차에 올라가 서 있는 모습을 촬영하기도 했다. 지금
도 길을 막고 쓰러져 있는 세쿼이아를 뚫어 자동차가 통과할 수 있는 터
널 로그(Tunnel Log)가 서너 곳 있다.

이제 오늘의 마지막 관광지인 시더 그로브(Ceder Grove)다. 시에라네바다
산맥의 분수령에서 시작된 킹스 강(Kings River)이 V자형 계곡을 깊숙이
파면서 서쪽으로 흘러간다. 이 시더 그로브 지역에서 옛날 빙하시대에 만
들어진 U자형의 비교적 넓은 계곡에 이르면 흐름도 완만해지고 요세미티
(Yosemite)를 연상시키는 아름다운 풍경을 보여준다. 여기에는 목장도 있
고, 폭포도 있고, 어린이들이 물장난할 수 있는 넓은 냇물의 흐름도 있어
많은 캠핑객들이 모여든다.

그런데 관광회사 가이드가 긴급 제안을 했다. 시간상 크리스털 동굴

렌즈를 통해 본 디지털 노마드

(Crystal Cave)에 들르지 않았다면서 대신 기본 여행에 포함되어 있지 않은 곳이 있는데, 가고 싶다면 전체의 동의하에 움직이자고 했다. 별도의 입장료를 지불해야 하는 것이다. "오케이. 동의한다!"는 전체적인 합창에 따라 일사천리로 움직였다. 자이언트 포레스트 빌리지(Giant Forest Village)에서 2마일 남쪽 지점부터 갈라져 들어가는 길을 따라 7마일 더 들어가서 이 종유굴의 주차장에 도착했다. 종유굴 입구에는 유속이 엄청나고 아주 맑고 깨끗한 물이 흘러가고 있었다. 종유굴 안에 들어가니 온도계가 있고, 굴 중간마다 예쁜 색등이 켜져 있었다.

본래의 출발지 LA로 돌아가기 위해 관광버스가 고속도로로 진입했다. 주변이 시끄럽다. 순간, 가슴에 불편한 동요가 일어났다. 나는 마음을 진정시키기 위해 핸드폰에 저장된 클래식 음악을 이어폰으로 들으며 눈을 감는다. 조금 시간이 지나자 이명환자(耳鳴患者)처럼 다른 소리가 귀에서 들리기 시작했다. 사람들의 소곤대는 이야기, 노랫소리, 바람 소리, 빗소리, 새소리, 귀뚜라미 소리, 천둥, 번개에 이르기까지 모두가 아름다운 삶의 노래이다.

이제는 친손자와 외손자·외손녀의 동요 가락까지 들려온다. 이 아름다움의 일부에 참여하지 못하는 아쉬움과 서러움은 말할 것도 없고, 사람 세상에 사람과 상대할 수 없는 고독을 안고 삶의 화음에서 소외된 애절함도 윙윙거리며 들려온다.

Chapter
03

도회의 미장센

렌즈를 통해 본 디지털 노마드

LA의 상징, 할리우드

시간에 쫓기며 일상이 빡빡할 때는 머리를 식힐 겸 잠시 어디론가 벗어나려 한다. 사실 우리의 삶이 얼마나 피곤한가. 그 꽉 짜인 것에서 탈출하려는 마음에 나는 가까운 이곳 그리피스공원을 자주 선택한다. 오늘따라 새벽 공기가 제법 싸하다. 웨스턴 쪽으로 차를 몰아 그리피스공원(Griffith Park) 주차장에 세워놓고 핸드폰과 1리터용 페트병을 꺼낸다. 정상을 향해 구부러진 넓은 길을 따라 걸으며 하늘을 쳐다본다. 흐렸다가 갰다 하는 게 산책하기에 딱 좋을 듯싶다.

한 걸음씩 옮길 때마다 나무에 매달린 이파리의 색과 코끝에 느껴지는 바람 내음이 도시와는 확연히 다르다. 건너편 숲에 몇 마리의 사슴이 풀을 뜯어 먹다가 인기척이 귀찮은 듯 다른 곳으로 가버린다. 사슴이 지나고 간 자리에 가서 먹던 풀을 뜯어 씹어 본다. 이게 무슨 맛일까를 생각하며 정상을 쳐다본다. 산자락마다 잘 가꾸어진 나무가 나를 향해 활짝 환영의 손을 흔들고 있다. 다시 산을 오르기 시작한다.

얼마를 올랐을까. 시커 멓게 타버린 고사목 주변이 진한 흑갈색이다. 바람에 날려 온 잎들이 흑갈색으로 널부러져 있어 쉽게 눈에 띈다. 흑갈색은 비련과 비운의 색이다. 샹송 여가수 에디트 피아프(Edith

Piaf)는 끝나버린 사랑을 흑갈색 드레스를 입고 노래했다. 그녀의 애숫빛
노래도 절망의 색채이며, 파우스트가 끌려다닌 인생 역정의 처절한 색,
모차르트가 죽음의 곡을 완성해준 색 모두가 흑갈색이다. 해서 슬플 때
이 색을 바라보면 더 깊은 슬픔의 늪으로 빠져들어 곤경에 처했을 때는
두려움의 색으로 변할 것이다.

몇 잎을 주워 만져본다. 떨어진 낙엽은 각각의 모습으로 어디론가 떠날
것이다. 인생은 유한한데 오늘까지 살아온 내 모습이 초라하게 느껴져 가
슴이 멘다. 세월이 덧없다 싶다.

4년 전 가을, 남캘리포니아 주변에서 일어난 산불은 몇 주간 밤하늘을
붉게 만들고 도심 전체를 재로 괴롭혔다. 이곳도 시커먼 연기를 내뿜으며
불길이 온 산을 휘저었다. 그때 하늘 높이 오르는 검붉은 불길을 보며 심
한 충격을 받았다. 당시의 내 마음을 담아내기에는 어떤 표현도 부족하
다는 생각이 들었다. 마치 악마의 혓바닥이 넘실대듯 불길이 바람을 타고
20여 가족들의 보금자리까지 휘감는 것을 보았다. 이 무슨 재앙인가. 그

날 온종일 TV 화면과 씨름하며 가슴 한복판이 숯덩이로 변했다.

산불이 일어난 지 반년쯤 지났을까. 화마(火魔)가 지나갔으니, 산이 고스란히 그 속살을 드러내고 있으리라 상상했다. 그런데 놀랍게도 어린나무 가지에 파릇파릇 싹이 돋아나고, 노란색 꽃들은 불탄 자리에서 새롭게 얼굴을 내밀고 있는 게 아닌가. 도리어 황량했던 빈자리를 서로 차지하려는 모습에 정신이 번쩍 들었다. 벌거벗어 속살을 다 드러내고 있는 민둥산에서 이런 기적적인 모습을 볼 수 있다니. 얼굴을 내민 노란색 꽃들이 얼마나 귀엽고 반갑던지 살포시 만져 본 기억이 있어, 사슴이 먹던 풀잎을 맛보았던 것이다.

정상에는 시멘트로 만든 몇 개의 식탁이 걸음을 가로막는다. LA 타운과 바둑판같이 쭉 뻗은 남쪽 도시가 한눈에 들어온다. 얼마가 지났을까. 이슬과 같은 는개가 소리도 없이 내리기 시작한다. 이 비는 아스라이 보이는 남쪽 바닷가를 멋진 영화 속 장면처럼 젖게 만든다. 눈 아래 보이는

그리피스천문대(Griffith Observatory) 주변 사람들의 움직임을 보면서 하산한다.

느개에 젖어드는 나뭇잎들을 보며 짐짓 속마음으로 빗소리를 만들어 낸다. 하지만 환청처럼 느낌으로 맴돌 뿐 나의 발걸음 소리만 들려올 뿐이다. 산길 양쪽에 꺾여 있는 풀대가 소리 없이 젖어든다.

할리우드(Hollywood) 표지판이 잘 보이는 서쪽 산책로 끝자락에 섰다. 잠시 서서 사방을 둘러보다가 동서쪽 길을 택한다. 4층 집채만 한 물탱크를 지나 능선을 따라 산 아래 좁고 긴 오솔길을 걷는다. 이곳에서 바라보는 천문대와 도심의 빌딩 모습이 색다르게 느껴진다. 계속해서 남쪽 브론슨케이브스(Bronson Caves)로 향하는데 경사가 심하다. 이 길은 처음이고 등산 스틱과 장갑, 필요한 장비, 심지어 지갑까지 차에 있어서 되돌아갈까를 생각한다. 하지만 동굴에 안 가본 지 5년이 넘었고, 느개가 사람의 휘어잡는 매력이 있어서 브론슨케이브스가 보이는 곳까지 가기로 마음먹는다.

주변은 온통 굵은 토사(土砂)로 덮여 있다. 등산화가 아니라서 미끄럽기 그지없다. 얼마를 계속해서 내려가자 눈앞에 동굴이 나타났다. 핸드폰을 들고 사진 몇 장을 찍고 돌아서려는데 갑자기 마음이 바뀐다. 손에는 1리터용 페트병에 물이 반뿐인데, 자꾸 크고 작은 동굴이 입을 벌리고 방긋방긋 웃으면서 내려오라고 손짓한다. 더군다나 느개는 어딜 가고 없고 구름 사이로 햇빛이 화사하게 비치고 있는 게 아닌가.

터널이 있는 평지까지 내려갔다. 크고 작은 세 개의 터널이 있는 곳을 둘러보다가 부근 잔디밭 간이 의자에서 잠시 쉰다. 북쪽 산 상단에 할리우드 표지판이 정면으로 보인다. 여기부터는 하늘을 가리는 울창한 숲은 없다. 걷다 보면 가끔 땀을 식혀주는 큰 바위나 아름드리나무의 그늘이 있을 뿐이다. 하지만 정상까지의 능선 길은 뱀처럼 구불구불 휘어져 있어 가파르지 않다. 마치 부드러운 여인의 마음처럼 순편하게 보인다. 에라, 모르겠다! 할리우드 표지판과 라디오타워(Radio Tower)까지 올라가야겠다는 배짱이 발동한다.

또한, 이곳 LA는 사막성 토질이라 개울이 거의 없다. 주변 산에 산꼭대기까지 집채만 한 물탱크를 여러 곳에 설치하여 수돗물을 위로 올려보낸다. 그리고는 필요에 따라 산 전체의 나무들에 물을 주면서 사람들이 많이 모이는 곳에는 수도꼭지가 달린 해갈의 약수터를 만들어 놓았다.

표지판이 있는 산을 향해 오르기 시작한다. 산길을 따라 올라가면서 갈증은 점점 심해진다. 가지고 있는 물병은 이미 텅 비었다. 오랜 가뭄에 논바닥처럼 혓바닥이 갈라지는 듯 힘겹게 느껴진다. 갈증을 달래느라 빈 목구멍에 침을 삼킨다. 굵고 곧은 큰 나무의 그늘에서 쉬다가 다시 오르기를 반복한다. 이런 산길을 걷는다는 것은 인간이 자신에게 주어진 시간을 자기 앞에 놓인 길을 따라 부지런히 발길을 옮기는 것과 같다.

드디어 목적지가 눈앞에 보인다. 그러나 갈증 때문에 힘이 다 빠졌다. 덩치 큰 나무에 몸을 기댄다. 이 나무는 이곳 능선을 지키는 수문장 같

아서 든든하다. 나무 그늘에 앉아 눈을 잠시 감는다. 숲을 쓰는 바람 소리와 새소리가 분주하다. 고향 동네 어린아이들이 수다스럽게 지껄이는 소리 같다. 요즘 들어 어떤 색다른 물건을 봐도 고향이 문득 떠오른다. 부쩍 심해졌다. 어제저녁도 책을 보다가 고향 마을 어귀에 다녀왔다. 이럴 때마다 할 일 없어 빈둥대는 나그네 같다는, 자신이 참 한심스럽고 나약하다는 생각이 든다.

다시 일어선다. 핸드폰에 저장된 음악을 들으며 쉬엄쉬엄 계속 올라간다. 드디어 521미터 높이의 정상이다. 두어 시간 정도 걸린 것 같다. 라디오타워의 관리사무소 직원에게 물부터 얻어 마시고 빈 페트병에 물을 채운다. 그리고는 주변을 휭하니 둘러본다. 높이 14미터, 길이 110미터의 할리우드 표지판 뒷모습이 코앞에 우뚝 서 있다.

이 표지판은 1923년에 건립되었다. 원래는 산 아래 할리우드 시의 새로운 주택 개발 대형 광고판이었다. 그동안 글자 수리 및 색깔, 개인 소유의 토지 문제와 소유권 문제, 그리고 이곳에서 자살 및 살인 사건 등으로 인한 울타리 설치와 출입 통제로 LA 시와 할리우드 시 간에 다툼이 있었다. 하지만 지금은 그리퍼스공원의 일부가 되어 이곳에 영원히 남을 것이다. 그렇다. 이 할리우드 표지판은 단순한 표지판의 의미를 넘어, 미 서부 문화를 대표하는 아이콘이자 LA의 상징이라 해도 과언이 아닐 것이다. 해서 LA를 방문하는 이들은 이 표지판을 배경으로 자신만의 추억을 만

　　　　　　　　렌즈를 통해 본 디지털 노마드

들려고 한다.

눈 아래에 할리우드 저수지가 보이고 LA 중심가 빌딩이 아스라이 한눈에 들어온다. 주변이 조용하다. 가까운 곳과 멀리 있는 자연 풍광에 넋을 놓고 심취한다. 일상생활에서 차인 분노 같은 것이 툭 끊어져 나가는 것 같다. 일종의 심리적 해방감을 느낀다. 비루하게 자신을 욕망하지 않은 자리에서, 사람과 사람과의 이기적 허세에서 벗어난 호젓한 기운, 그 외경심 같은 것이 전해진다.

어느덧 산 위에서 부는 바람은 우주의 소리가 된다. 무한대의 공간에서 불어오는 그리움의 파노라마, 고뇌와 고통을 소멸시키는 소리다. 있는 자와 있는 것을 모두 삼키고, 없는 자와 없는 것을 부풀려주는 공동의 소리다. 아픈 이에게는 위로의 소리, 사악한 이에게는 뺨을 때리는 소리다.

어떤 노부부가 라디오타워 직원의 차로 올라와서 지팡이를 짚으며 주변을 맥없이 서성인다. 할머니는 힘에 부치는지 이내 되돌아가자고 할아버지를 보챈다. 할아버지는 할머니를 달래면서 조금만 더 있다 가자며 입씨름을 한다. 그러면서 산 아래 한 곳을 묵묵히 쳐다보는 할아버지의 눈빛이 왠지 모르게 서럽기까지 하다.

문득 떠오르는 게 있었다. "움직임에는 때가 있고, 머무르는 데는 낮은 것이 좋으며, 함께할 때는 어질어야 한다(動善時 巨善地 與善仁)."는 인생살이의 비유를 설명한 노자(老子)의 한 구절이었다.

나는 서둘지 않고 터벅터벅 산길 주변을 바라보며 브론슨케이브스 부근까지 내려왔다. 지금부터 문제다. 여기서는 그리피스공원이 있는 북동쪽으로

올라갈 수밖에 없다. 처음 내려온 곳은 길 경사도도 높거니와 이 동굴을 빙 둘러서 올라가야 하기에 거리까지 멀다.

경사진 직선 능선을 선택했지만 장난이 아니다. 능선 위에 있는 물탱크까지 1킬로미터 정도는 45도 정도의 급경사, 그것도 돌덩이 하나 없는 모랫길이다. 오르다 미끄러지고 또 주저앉으면서 둔덕을 향해 오르려니 숨이 턱턱 막힌다. 여간 낭패가 아니다. 애당초 이 길을 선택하지 말았어야 옳은 것 같아 후회스럽기까지 했다. 우리네의 삶도 이렇지 않을까 싶다. 자꾸만 하늘과 올라온 길을 되돌아본다. 하늘은 먹구름으로 다시 덮여 있고, 브론슨케이브스가 손바닥만 하게 보였다. 비가 뿌리지 않아 그나마 다행이다.

그리피스공원 주차장에 도착하는데 굵은 빗줄기가 후드득 떨어진다. 이런 날은 커피가 제격이다. 천문대 옆에 있는 쇼핑센터로 향해 빗속을 추적추적 걷는다. 할리우드 표지판을 뒤로하고 빗물에 젖어 있는 제임스 딘(James Dean)의 흉상이 나를 빼꼼히 쳐다본다. 이곳에서의 한나절은 오로지 걷기만 하여 몸의 힘이 다 빠져 손도 들 수 없는 지경인데, 가닥이 되어 수없이 내리꽂는 비를 맞으면서 또다시 산길을 걷고 싶어진다. 이게 또 무슨 심사일꼬!

커피잔을 들고 천문대 안으로 들어간다. 제법 많은 사람들이 모여 웅성거리고 있다.

미국 대도시 내에 있는 도심 공원 중 제일 규모가 큰 이곳은 그리피스공원 내의 할리우드 산(Mt. Hollywood) 남쪽에 있다. 1896년에 지역 유지인 그리피스 대령이 천문대와 전시장 등을 건축할 부지를 LA시에 기부한다. 이 부지에 공원이 세워졌고, 1935년 5월에는 천문대가 공원 내에 들어섰다. 이곳 천문대는 LA 로스펠리스(Los Feliz) 구역에 있다. 건축 양식은 아르데코(Art Deco) 양식이며 건축가 존 오스틴(John Austin)과 프레더릭 애슐

리(Frederick Ashley)가 공동 설계했다. 천문박물관(天文博物館)과 플라네타륨(planetarium)이 있으며, 레이저 광선과 음악이 어우러진 멋진 레이저 쇼까지 볼 수 있다. 그리고 우주의 탄생을 묘사한 벽화 〈더 빅 픽처(The Big Picture)〉가 유명하고, 또한 이곳에서는 LA 시내를 한눈에 조망할 수 있으며, 밤에는 또 다른 야경을 감상하면서 12인치 망원경으로 우주 천체를 볼 수도 있다.

게다가 이곳은 영화와 TV 시리즈의 촬영지로 자주 이용되는데, 지금도 영화사들이 1년에 100여 편 넘게 이곳에서 촬영하고 있다. 제임스 딘의 영화 〈이유 없는 반항(Rebel without a cause)〉과 〈레밍턴 스틸(Remington Steel)〉, 〈심슨 시리즈(The Simpsons)〉 등을 이곳에서 촬영했다.

천문대 밖으로 나오면 자신의 지동설(heliocentric theory)을 강권 때문에 번복한 갈릴레오 갈릴레이(Galileo Galilei, 1564~1642)의 흉상이 있다. 지동설은 우주의 중심에는 태양이 있으며, 지구는 여러 행성 중 하나로서 태양 주위를 회전한다는 우주체계이론이다. 이탈리아 피사에서 태어난 그는 수학자이고 근대 물리학의 기초를 닦은 물리학자이며, 천문학에도 조예가 깊었다.

기원전 2세기 그리스의 철학자 아리스타르코스(Aristarchos)가 처음 지동설을 제안했다. 이를 접한 1534년 폴란드의 천문학자 코페르니쿠스

렌즈를 통해 본 디지털 노마드

(Nicolaus Copernicus, 1473~1543)가 지동설의 증거들을 수집한다. 이를 토대로 당시 진리라고 믿었던 '천동설'을 부정하고 1632년 2월, 『프톨레마이오스와 코페르니쿠스의 2대 세계체계에 관한 대화』란 긴 제목의 저서를 출간한다. 그는 재판에 시비가 될 형식을 피하면서 지동설을 주장했지만, 1633년 4월 이 일로 로마의 이단심문소(roman inquisition)의 명령으로 로마에서 재판을 받게 된다. 이 재판은 과학에 대한 가톨릭교회의 가장 높은 이론적인 권위에 대해 논쟁을 불러일으키기에 충분했다.

교회는 갈릴레이에게 성서에 반하는 그의 생각이 잘못되었다고 공개적으로 공표하고, 그의 생각을 철회하도록 압력을 가한다. 생지옥과도 같다는 고문의 위협에서 벗어날 수 없다고 판단되자, 그는 몇 가지 위법행위가 있음을 자인하고 굴복하고 만다. 추기경 앞에 무릎을 꿇고 맹세한 후 다리를 펴면서 이렇게 혼자서 중얼거린다.

"그래도 지구는 돈다(epur si muove)."

그는 죽음이 아닌 삶이라는 초콜릿을 선택한다. 삶이란 제 뜻대로 살아갈 수 없다지만, 생각을 바꾸면 상자 속 초콜릿이 더 맛있을 거라 쉽게 생각한다. 하지만 아무리 목구멍이 포도청이라 해도 감금된 맛의 초콜릿은 별것 아니었을 듯싶다. 그의 나머지 인생은 오로지 자택에서 10년 넘게 바깥세상과 담을 쌓은 구금된 상태로 살다가, 1642년 1월 18일에 죽고 말았기 때문이다.

커피 한 잔을 다시 뽑아 들고 밖으로 나온다. 비가 멈출 줄 모른다. 사방이 온통 잿빛이다. 내려갈 때는 터널을 지나 버몬트 방향으로 내려간다. 그릭 극장(Greek Theatre)에서 손님들이 비를 맞으며 밖으로 급하게 빠져나오고 있다.

자동차에 붙어 있는 윈도우 플러스가 열심히 좌우로 회전하고 있다.

샌프란시스코에
두고 온 내 마음

　오후 서너 시, 101번 하이웨이 북쪽을 타고 샌프란시스코의 상징인 금문교(金門橋), 즉 골든게이트브리지(Golden Gate Bridge)를 통과했다. 차량의 물결과 같은 속도로 달리면서 히피들의 찬가 스콧 매켄지(Scott McKenzie)의〈San Francisco(Be Sure to Wear Flowers in Your Hair)〉CD를 켰다. "샌프란시스코에 올 때는 머리에 장미를 꽂으세요", 즉 이곳에 올 때 머리에 꽃을 꽂으면 평화와 여름날의 사랑이 있을 것이라는 가사 내용이다. 다리 위를 자전거를 타고 건너는 사람과 걷는 사람들이 제법 많았다.

　다리 전체가 잘 보이는 언덕을 향해 골든게이트국립휴양지(Golden Gate National Recreation Area)에 올라갔다. 이곳 지형은 아스팔트만 벗어나면 굵은 모래로 형성된 사토(沙土) 지대이다. 12월 초순인데도 오후 햇살이 눈부셨다. 언덕에서는 크고 작은 바람에 풀잎들이 함께 움직이고 있었다. 비스듬히 펼쳐져 있는 경사진 곳을 거닐었다. 다리 건너 바다 한가운데

주전자 같은 작은 섬, 앨커트래즈 섬(Alcatraz Island) 위에 있는 감옥소로 사용했던 건물이 아슴푸레 눈에 들어온다. 주황색 다리 위를 지나는 많은 차량과 그 아래 바닷물을 헤치고 나가는 배들이 긴 꼬리를 남기고 지나간다.

나는 다리를 중심으로 여러 각도로 촬영하기 위해 이곳저곳을 분주하게 돌아다닌다. 어느덧 금빛 파도에 일렁이는 낙조의 잔물결이 넋을 잃게 한다. 삼각대를 꺼내 들고 밤바다의 다리를 촬영하기 위해 카메라 렌즈를 준비하는데, 어릴 때의 기억이 불쑥 떠올랐다. 그것은 내 마음 한구석에 자리 잡은 오두막집 같은 파리한 기억, 즉 도화지에 크레용으로 바로 이 금문교 위에서 바닷가를 떼 지어 꺼억꺼억 울며 나는 갈매기와 낚싯대를 드리우는 그림을 자주 그렸던 기억이다. 어릴 때 두 편을 동시 상영하는 삼류 극장에서 이 다리가 나오는 외화를 보고 감동했는지, 아니면 책에서 어떤 느낌을 받았는지는 모르겠다. 어쨌든 왜 이 다리만을 그토록 고집했는지, 그 이유를 딱히 알 수는 없다. 어쩌면 내 고향 부산에는 영도 대교가 유일했는데, 이 다리의 엄청난 규모와 주황색에 반해서 그랬는지도 모르겠다.

이 다리는 죠셉 스트라우스(Joseph Strauss)가 설계했다. 400여 개의 교량을 설계한 바 있는 스트라우스가 이 일에 10년 넘게 참여했다. 초기의 설계는 중앙에 현수교를 설치하고 캔틸레버(cantilever)로 연장하는 형식이었다. 건축가 어빙 모로(Irving Morrow)가 아르데코와 채색을 담당했고, 공학가 찰스 앨턴 엘리스(Charles Alton Ellis)와 교량 설계 전문가 레온 모이세프(Leon Moisseiff)가 구조 해석을 담당했다.

1928년, 금문교프리웨이사업단(Golden Gate Bridge and Highway District)이 설립되어 설계, 공사, 재정에 관한 업무를 시작했다. 이 사업단에는 다리가 놓인 샌프란시스코 시와 마린 카운티(Marin County) 외에 나파(Napa),

소노마(Sonoma), 멘도시노(Mendocino), 델 노르테 카운티(Del Norte County)
가 포함되었다. 각 카운티 대표는 이사회에서 1930년 채권 발행을 통해
자금 조달하기로 결정했다. 각 카운티의 집, 농장, 사업 소유물 등을 담
보로 발행한 채권은 3,500만 달러에 이르는 규모였다. 드디어 1931년 1월
5일 착공했으며, 1937년 4월 완공했다. 5월 27일 보행자에게 개방하는 행
사를 가졌다. 그 다음 날 5월 28일, 루스벨트 대통령이 워싱턴 D.C.에서
전신으로 개통 신호를 보냄으로써 차량 통행이 시작된 것이다. 착공 40
년, 차량의 운행 37년만인 1971년에 채권을 모두 회수했다. 원금 3,500만
달러와 이자 등으로 약 3,900만 달러가 사용되었으나 통행 요금으로 다
해결한 것이다.

특히, 이 다리를 건설할 때 해군 측의 군함이 통과할 수 있어야 한다는
요구 조건 때문에 수면 높이가 66미터가 되었다. 그 덕분에 현재까지 다
리 아래를 통과하지 못하는 배가 없다고 한다. 공사 방식은 해안에서 343
미터 떨어진 지점인 남쪽과 북쪽의 교각을 바닷속으로 30미터 깊이에 먼
저 세웠다. 그런 다음 양쪽 주탑에 메인 케이블을 빨랫줄처럼 옆으로 걸
치고 차례로 차도를 메인 케이블에 매다는 형식, 즉 현수교 방식을 선택

렌즈를 통해 본 디지털 노마드

했다.

밤이 깊어가자, 나는 유니언스퀘어(Union Square)로 자리를 옮겼다. 광장에는 조지 듀이(George Dewey) 제독 승전기념탑이 먼저 눈에 띄었다. 해마다 이곳에서는 11월 29일 6시에 점등식이 있다. 이 행사는 연말까지 세계에서 가장 높은 크리스마스트리를 메이시(Macy's)가 맡아서 점등하고, 연말연시 분위기를 연출한다. 이것을 보기 위해 많은 관광객들이 몰린다. 이 거대 옥외 응접실인 크리스마스트리 바로 옆에는 인공 빙판을 만들어 놓고 스케이트를 타며 크리스마스 시즌을 즐기게 한다. 샌프란시스코는 여름은 시원하고 한겨울은 지중해성 해류의 영향으로 따뜻하기에 야외에서 스케이트를 탈 기회가 없기 때문이다. 또한, 이곳에는 메이시를 비롯해 니만 마커스(Neiman Marcus) 등 유명 백화점과 고급 호텔, 레스토랑, 부티크, 아트갤러리, 보석상과 골동품점 등의 화려한 불빛이 크리스마스트리와 경쟁하는 듯 뽐내고 있다.

다음 날, 골든게이트파크와 캐너리 로(Cannery Row), 롬바드(Lombard) 거리와 알라모(Alamo) 주택가를 스치듯 통과했다. 태평양을 끼고 있는 대형 도시 밴쿠버와 시애틀 그리고 포틀랜드와 산타모니카 및 샌디에이고는

도시 전체가 평면 도시로 안정감을 준다. 그런데 이곳은 가파른 언덕을 잘 활용하고 있다. 특히, 전차가 언덕을 오르내리는 멋스러움은 독특한 느낌까지 들게 한다. 그런데 이곳 전차는 위에 전선이 따로 없다. 내 어릴 때 고향에는 늘 전선과 함께하는 전차였지만, 아련한 향수를 자극하고 코끝을 실룩이게 한다. 그러니 바닷가가 붙어 있는 도시는 항상 긴 여운을 남긴다.

샌프란시스코는 1776년에 스페인 선교사들이 전도기지(傳道基地)로 결정했던 곳이다. 그리고는 그들만의 특색이 있는 돌로레스 미션(Dolores Mission)을 세운다. 당시 이곳은 모피 거래의 중심지에 불과했었다. 1821년에는 스페인으로부터 독립하고 멕시코 영토의 일부가 된다. 그러나 존 D. 슬롯 준장은 멕시코와 미국 전쟁 당시인 1846년 7월 7일에 캘리포니아가 미국의 영토임을 주장한다. 이듬해인 1847년 1월 13일, 이곳의 본래 명칭인 '예르바 부에나(Yerba Buena)'는 '샌프란시스코'로 개명한다.

이후 1848년에 부근인 시에라네바다 산지에서 금광맥이 발견되었다. 이때부터 골드러시로 금을 찾아서 많은 사람들이 이곳 샌프란시스코로 몰려들었다. 도시는 비대해지고 번창해졌지만, 대신 바바리코스트 지역은 범죄, 매춘, 도박의 천국으로 악명을 떨치게 되었다. 그러나 1906년 4월 18일 오전 5시 12분, 샌프란시스코 대지진으로 도시 전체의 75퍼센트가 크게 파괴되었다. 건물은 붕괴했고, 폭발한 가스관이 인화되어 화재가 발생했고, 거리는 초토화되었다. 이때 40만 명 중 절반 넘는 사람이 피해를 보았다. 피난민들은 골든게이트파크와 해안 요새들에 설치된 임시 텐트촌에서 생활했다. 이후 도시는 빠르게 재건되면서 지금의 모습으로 바뀌었다.

샌프란시스코 시 청사 주변을 살핀다. 이 청사는 샌프란시스코의 행정 중심 구역인 시빅 센터(Civic Center) 내에 있다. 1906년에 일어난 샌프란시스코 대지진으로 도시의 많은 건물이 무너질 때, 옛 시청사도 파괴돼 지금의 새 청사가 세워졌다. 새 청사는 1913년에 건설에 들어가 2년 만에 완공되었다.

시청이 완공된 1915년은 파나마 퍼시픽 박람회가 열린 해로, 이 박람회의 개막에 맞춰 준공되었다. 청사는 아서 브라운 주니어(Arthur Brown Jr.)가 설계했으며 총면적은 4만 6,000제곱미터다. 로마의 성베드로 성당을 본뜬 94미터 높이의 돔 지붕은 세계에서 다섯 번째로 높은 것으로 알려졌다. 청사 내에는 샌프란시스코 시장 집무실(Mayor's Office)을 비롯해 시의회(Board of Supervisors), 시행정부(City Administrator) 등 샌프란시스코 시정부의 주요 기관이 입주해 있다. 1923년에 샌프란시스코에서 숨을 거둔 워런 하딩(Warren Harding) 대통령의 시신이 시청 지하에

묻혀 있다.

캘리포니아대학교 샌프란시스코캠퍼스(University of California, San Francisco)를 찾았다. 이 학교는 샌프란시스코에 있는 의학 중심 대학이다. 캘리포니아대학교 분교 중 대학원만을 운영하고 있는 게 특색이다. 대학원, 병원시설, 그리고 의학 연구로 미국 내에서 최고의 평가를 받고 있다.

이 학교의 의료센터는 『유에스뉴스앤드월드리포트(U.S. News & World Report)』에서 매년 선정하는 미국 내 병원 순위에서 항상 톱10에 오를 정도로 높은 평가를 받고 있다. AIDS 전문의료기관으로는 미국에서 1위를 차지한다. 교수진 중 다섯 명이 노벨상 수상자이며, 그들의 연구는 암, 퇴행성 뇌 질환, 노화, 줄기세포 등 다양한 분야에 이바지했다.

다시 사립 명문 대학인 스탠퍼드대학교(Stanford University)를 찾았다. 1891년에 릴런드 스탠퍼드(Leland Stanford)에 의해 설립된 이 학교는 스탠퍼드 시에 있는 연구 중심 사립 대학이다. 스탠퍼드대학교는 최상위권 우수 대학의 전통적인 진지함에다 캘리포니아 특유의 자유분방함과 이국적인 정취가 혼합된 대학이다. 미국의 대부분 주요 대학에 비하면 설립 역사가 짧으나 '금세기의 가장 성공한 대학'으로 평가되고 있을 만큼 급속한 발전을 이룩한 학교다.

여러 분야가 다 우수하나 물리학, 경세학, 공학, 철학, 영문학, 심리학, 정치학, 역사학 등의 분야에서는 최상위권에 속한다. 전문대학원들도 미국 최정상급에 속한다. 전문대학원 중에서는 경영대학원, 법학대학원, 의과대학원과 공과대학원이 최상위권에 있다. 학생들은 이곳을 선망의 대상이 되는 명문학교라 자부심이 대단하다.

1876년 캘리포니아 주지사 릴런드 스탠퍼드는 란초 샌프란시스코(Rancho San Francisco) 지역 650에이커의 토지를 사들여, 이곳에 팔로알토 말 목장(Palo Alto Stock Farm)을 설립했다. 곧이어 인근에 있는 8,000에이커의 토지

를 더 사들여 캘리포니아에서
는 가장 거대한 말 목장을 운
영한다. 훗날 이 거대한 말 목
장이 오늘날의 스탠퍼드대학교
의 캠퍼스가 되었다. 릴런드 스
탠퍼드의 외아들인 릴런드 스
탠퍼드 주니어는 1884년 16세
가 되기 전에 장티푸스로 사망
했고, 릴런드 스탠퍼드는 그의
부인에게 "캘리포니아의 젊은
이들을 모두 우리의 자녀로 삼
읍시다."라고 말했다.

  6년간의 준비 작업과 토목
공사를 거쳐, 1891년 10월 1일
에 스탠퍼드대학교가 개교된
다. 개교일 이른 아침부터 마
무리를 짓지 못한 공사 인부들

은 개막식장 연단 건축 작업에 분주했다. 그 뒤 이 대학이 그를 추모하기
위해서 설립되는 것을 나타내기 위해서 릴런드 스탠퍼드 주니어의 실물동
상을 세웠다.

  스탠퍼드대학교는 일곱 개의 학교로 구성되어 있는데 문리대학
(Humanities and Sciences), 공학대학(Engineering), 지구과학대학(Earth
Sciences)은 학부와 대학원이 있으며, 교육대학원(Education), 경영대학원
(Business), 법학대학원(Law)과 의학대학원(Medicine)은 학부는 없으며 대학
원만 있다.

스탠퍼드대학교는 미국에서 학부 입학 경쟁이 치열한 대학교 중 하나이다. 2018년 졸업 예정으로 2014년 가을에 입학하는 학부 신입생은 4만 2,167명의 지원자 중 2,138명, 즉 5.07퍼센트가 합격했다. 이는 미국 종합대학 중 가장 낮은 합격률이었으며, 또한 스탠퍼드대학교 역사상 가장 낮은 합격률이기도 했다. 합격한 학생들의 등록률은 78.9퍼센트로 미국 종합대학 중 두 번째로 높았다.

학부는 2013년 『유에스뉴스앤드월드리포트』 미국 종합대학 학부 순위에서 5위, 공학부 순위에서 2위를 기록했다. 경영대학원은 하버드대학교, 펜실베이니아대학교와 공동 1위, 법학대학원은 3위, 의과대학은 2위, 공학대학원은 2위, 교육대학원은 4위에 등재되었다.

경영대학원은 『파이낸셜타임스(Financial Times)』의 2014년 세계경영대학원 순위에서 세계 2위를 차지했다.

이른 아침부터 점심시간을 줄인 채 쇠고기 육포를 먹으면서 스치듯 여러 곳을 구경했는데도 벌써 오후 2시가 넘었다. 급히 발길을 돌린다. 미국 캘리포니아 주 샌프란시스코만 가운데에 있는 작은 섬, 앨커트래즈 섬에 가기로 했다. 이 섬은 1933년부터 1963년까지 미국에서 연방법을 위반한 중죄수를 수용했던 감옥이다. 지금은 관광 명소가 되었고, 직접 감방에 갇혀 보는 체험도 할 수 있다. 이곳도 골든게이트국립휴양지에 속한다.

선착장이 있는 피셔맨스워프(Fisherman's Wharf)에 바다사자들이 늘어지게 잠자는 것을 잠시 구경하다가, 배를 타고 10여 분을 달려 '펠리컨'이라는 뜻의 섬에 도착했다. 창살이 있는 내부와 높은 담의 외부를 둘러보았다. 이곳은 조류가 빠르고 수온이 낮아 탈옥은 절대 불가능하다는 안내원의 이야기가 가슴에 와 닿지 않았다. 온 사방이 탁 트여 좋았기 때문이다. 장엄한 낙조의 금빛 파도는 나의 넋을 잃게 했고, 도리어 이곳에서 몇 달간 머물다가 집에 돌아갔으면 싶었다. 지금도 번잡한 일상을 싫어해서 카메라를 핑계 삼아 자연으로 빠져나가기를 좋아해서 그럴 것이다.

스페인 탐험가인 후안 마누엘 데 아얄라(Juan Manuel de Ayala)가 1775년에 이 자그마한 돌섬을 보고, '라 이슬라 데 로스 알카트라세스(La Isla de los Alcatraces)', 즉 '펠리컨의 섬'이라는 이름을 붙였다. 1846년, 처음으로 등대가 세워지고, 남북전쟁 당시에는 연방정부의 요새로 사용했다. 높이 41미터의 절벽으로 이루어져 있다. 그러다가 1907년 미국 군대가 이곳에 최초로 군대 감옥을 만들었다. 곧 이 섬은 군사 요새가 되었으며, 나중에는 포로들을 수용하는 데 사용되었다. 1912년 독방으로 분리된 커다란 건물이 들어섰고, 1920년대가 되자 이 음침한 3층 건물이 꽉 차게 되었다. 1933년 10월 12일, 미국 법무부가 군대로부터 이 섬을 인수한다. 1933년

연방감옥으로 바뀌어 알 카포네 등이 갇힘으로써 유명세를 치르게 된다. 1963년까지 주로 흉악범을 가두는 감옥으로 사용하다가 폐쇄했다. 현재 는 무인도지만 골든게이트 국립휴양지에 속하는 관광 명소로 주목받고 있다.

배를 타고 시내로 빠져나왔다. 지금부터 내가 사는 LA로 향해 5번 프 리웨이를 타고 내려갈 것이다. 올 때와는 달리 돌아가는 차 안에서 브렌 다 리(Brenda Lee)가 부른 서정적인 내용의 〈샌프란시스코에 두고 온 마음 (I Left My Heart In San Francisco)〉을 듣는다. 간간이 마음에 드는 가사는 같이 따라 부른다. 이런 유행가는 인생의 멋과 낭만이 있어 좋다. 가사는 이렇다.

I left my heart in San Francisco
High on a hill, it calls to me

내 마음을 두고 온 곳 샌프란시스코
그 언덕 위에서 나를 부르는 소리

To be where little cable cars climb halfway to the stars
The morning fog may chill the air, I don't care

작은 케이블카가 별을 향해 오르는 그곳
아침 안개는 차갑겠지만, 그래도 좋아

My love waits there in San Francisco
Above the blue and windy sea
When I come home to you, San Francisco
Your golden sun will shine for me

내 사랑이 기다리고 있는 곳
바람 일렁이는 푸른 바다가 있는 샌프란시스코
샌프란시스코여 네가 그리워 돌아갈 때,
너의 금빛 찬란한 태양은 날 위해 비춰 주겠지

유행가 가사와 함께하는 찻길에는 많은 헤드라이트가 물결처럼 흐른다. 흐르는 것은 차량 헤드라이트뿐만 아니다. 보석 같았던 유년시절의 고향 바닷가 언덕이 나를 부르고 유성처럼 흐르며 지나간다. 가버린 세월의 인생은 뒤돌아오지 않지만, 인생은 뒤돌아보기를 좋아하는 것 같다. 구약 성경에 나오는 롯의 미련과 아쉬움이 이런 것이 아닐까 싶다. 돌아서면 소금기둥이 된다는 것을 알면서도 세월의 찌꺼기를 버리지 못했으니 말이다.

법정 스님도 수필집 『버리고 떠나기』에서 "버리고 비우는 일은 결코 소극적인 삶이 아니다. 그것은 지혜로운 삶의 선택이다. 버리고 비우지 않고서는 새것이 들어설 수 없다."고 했다. 그런데 왜 나는 비우지 못하고 있는가. 비우는 것이 곧 얽매임에서 벗어나는 출발이지 싶다. 그 탓에 나는 바닷가를 자주 찾는다. 그곳에는 갈매기가 날고, 파도 속에는 지나온 세월을 고스란히 다 들추어낼 수 있고, 위로받을 수 있어 그럴 것이다.

오늘은 집에 도착할 때까지 사해에 누워 둥실둥실 떠 있는 내 모습 그대로를 그려본다. 아마 열두 번 넘게 고향집 나들이를 할 것 같다.

렌즈를 통해 본 디지털 노마드

환락의 도시,
라스베이거스

　예술가의 도시, 전기파장인 기가 넘치는 애리조나 주에 있는 세도나에
서 하루를 머물렀다가 40번 프리웨이를 탔다. 킹맨(Kingman)에서 93번 국
도를 이용해 도박과 환락의 도시인 라스베이거스(Las Vegas)로 향했다.

　네바다 주 남쪽 꼬리에 있는 라스베이거스는 캘리포니아 주와 애리조나
주 120여 마일 사이에 있다. 그리고 바로 옆, 엎어지면 코가 닿을 애리조
나 주에는 시간 변경대가 있다. 라스베이거스는 퍼시픽 타임(Pacific Time)
을 쓰고 애리조나는 마운틴 타임(Mountain Time)을 사용하고 있다. 서머타
임에는 한 시간의 차이가 있어 재미있는 일이 쏠쏠하게 벌어진다.

　주마다 세금 규정이 다르다 보니 집값, 기름값, 담뱃값 등 생활용품의
값이 모두 제각각이다. 그러니 같은 관공서와 은행이라 할지라도 서머타
임에는 일하는 시간이 다를 수밖에 없다. 또한, 라스베이거스에 일하는
종업원의 대부분은 공공요금이 싼 애리조나 주에 집을 얻어놓고 출퇴근
한다. 특히, 2000년을 전후하여 미국의 남서부 지역은 주택 경기가 활황

을 보이다가, 2008년 금융 위기로 집값이 폭락했다. 이른바 직격탄을 맞은 곳이 바로 이곳이다. 이렇다 보니 이곳에 삶의 터전이 있는 사람들은 경제적인 면에서 다른 주 사람들보다 머리 회전이 빠른 편이 다. 왜냐하면 담뱃값이 1달러, 기름값이 1갤런당 90센트 차이가 나기 때문이다. 아무리 둔감한 사람이라 할지라도 그렇게 변하지 않을 수 없을 것이다.

오후 1시, 라스베이거스가 눈앞에 나타났다. 그리곤 이내 이 도시의 상징물, 350미터의 스트래토스피어타워(Stratosphere Tower)가 보였다. 이곳도 LA와 마찬가지로 스모그가 심하다. 스모그 현상 탓에 공기의 질이 좋지 않은 듯했다. 그런데 낮에 보는 이 도시는 여느 도시와 다름없이 보이는데, 밤이 되면 오색찬란한 불야성으로 변한다.

라스베이거스는 1년에 서너 차례 찾아가는 도시다. 갈 때마다 호텔의 신축 붐은 끝이 없는 듯 지금도 이곳저곳에 호화롭게 신축되고 있는 건물들이 보인다. 이것을 대변이라도 하듯 미국 내 스무 개 대형 호텔 중 열여덟 개가 이곳에 있다. 컨벤션, 전시회, 관광, 공연, 쇼핑, 레포츠 등 각종 위락 시설을 갖춘 종합 엔터테인먼트 도시라 언제나 관광객들이 붐빈다. 특히, 이곳은 온도가 높아 겨울에 찾기에는 안성맞춤이다.

프랭클린 루스벨트 32대 대통령이 '우리 손으로 일궈낸 21세기의 불가사의'라 칭한 라스베이거스는 네바다 주의 최대 도시이고 재원(財源)이다. 18세기 후반까지 이 도시를 포함한 미국 중서부는 스페인의 영토였다. 하지만 스페인이 쇠퇴하면서 멕시코령으로 바뀌었다가, 1848년 미국령으로 편입되었다. 그리고 이곳은 19세기 말까지 광업과 축산업을 하는 작은 마을이었다. 경제 대공황이 닥치자 후버 대통령이 경제 부흥을 위해 후버댐을 만들기 시작했다. 그로 인해 이곳에 노동자들이 몰려들면서 모텔, 식당, 클럽 그리고 도박장이 들어서면서 도시다운 면모를 갖추게 되었다. 이렇게 되자 1931년 네바다 주 의회가 미국 최초로 카지노를 합법화했고, 1935년 댐이 완성되면서 사막에 물과 전기를 공급할 수 있게 되자 세계적인 도시로 성장하기 시작했다. 특히, 1946년 전설적인 마피아 '벤자민 벅시 시걸(Benjamin Bugsy Siegel)'이 최초의 현대식 호텔 플라밍고(Flamingo)를 지은 이후 마피아와 기업자본이 흘러들면서 현대적인 도시로 탈바꿈했다. 플라밍고의 네온사인은 진짜 플라밍고의 색깔처럼 참 곱다는 생각이 든다.

그러다가 라스베이거스는 20세기 후반 세 명의 거물이 출현하면서 오늘날의 종합 엔터테인먼트 도시의 모습을 갖추게 된다. 다름 아닌 3,900개의 객실을 소유한 시저스 팰리스(Caesars Palace) 호텔을 건축했다. 이 호텔은 로마제국을 모티브로 당시의 조형물을 형상해 놓고 가족 단위 관광객을 불러들이게 한 도박사 출신 '제이 사노(Jay Sarno)', 도시를 증·개축한 MGM그룹 회장 '커크 커코리언(Kirk Kerkorian), 유럽 정통마을을 재현해 놓은 벨라지오(Bellagio) 호텔 등을 건축한 현대 라스베이거스의 아버지 '스티브 윈(Steve Wynn)'이다. 이들은 지속적인 콘셉트 개발을 통해 테마형 호텔을 개업하고 각종 즐길 거리를 만들어 관광객 유치에 앞장선 선두주자들이다.

이렇게 라스베이거스는 도시 생성과 발전의 역사는 짧지만 재미난 이야

기가 넘쳐나는 곳이다. 스티브 윈은 카지노 사업을 활성화하고 돈 버는 방법은 딱 한 가지 "새로운 개념의 대형 카지노 호텔을 짓는 일이다."라는 말을 했다. 이런 이유에 의해 만들어진 것인지, 카지노 호텔이 모여 있는 라스베이거스 스트립(The strip)을 처음 방문한 사람이면 누구나 그 웅장함과 호화로움에 놀라게 된다.

흥미로운 것은 각 호텔이 세계적인 관광 명소를 테마로 지어졌다는 사실이다. 이탈리아의 베네치아, 파리의 에펠탑, 뉴욕의 자유의 여신상, 이집트의 피라미드 등을 묘사해 만들었다. 이 자체는 어느 나라의 관광객이 이곳을 방문해도 쉽게 친숙해지고 흥미를 끌 만하게 건설된 것이다. 또한, 호텔 안에서는 아트 서커스로 블루오션을 개척한 '태양의 서커스' 공연, 세계적 유명가수의 공연, 블루맨 쇼 등 라스베이거스에서만 관람할 수 있는 광대한 규모의 초대형 공연을 만날 수 있고, 호텔 밖에서는 무료로 펼쳐지는 화산 쇼, 분수 쇼 등을 즐길 수 있다.

또 있다. 이곳에서는 가장 쉽고 빠르게 결혼식을 치를 수 있다. 어디를 가나 아담하게 단장한 웨딩 채플이 쉽게 눈에 띈다. 차에 탄 채로 식을 올리는 초고속 결혼식은 마치 자동차 세차장에서 세차하는 시간이면

딱 맞는다고 한다. 이렇듯 호화판 야외 결혼식에 이르기까지 주머니에 있는 돈만큼 결혼식을 할 수 있다. 그래서인지 매일 평균 150쌍, 일 년에 12만 명이 넘는 신혼부부가 탄생한다. 그것뿐만 아니다. 이혼도 결혼식 때처럼 속전속결이다. 햄버거 하나 주문하는 시간이면 충분하다는 우스갯소리를 한다. 그것뿐만이 아니다. 이곳에서 매춘은 불법이라고 하지만, 네바다 주 보건위원회는 '직업남성'을 대상으로 감염성 질환 검사 방법을 승인했다. 이게 무슨 말인가. 성병 검사는 자궁경부를 중심으로 실시하게 되어 있는 것을, 남성의 요도 검사가 추가되었다는 소리다. 다시 말해, 남성 매춘을 합법화하는 길이 열렸다는 것이다.

하지만 뭐니 뭐니 해도 이곳의 상징은 '도박'이다. 어디를 가든 공간이 있는 곳에는 슬롯머신(slot machine)이 있다. 공항은 물론이고 식사하고, 혹은 각종 전시회와 공연을 위해 오갈 때도 많은 슬롯머신 사이를 통과하게 한다. 심지어 주차장에도 돈을 계산하려고 사무실에 들어가면 그곳에도 몇 대의 슬롯머신이 놓여 있다.

LA한인타운에는 초저녁이면 열 대가 넘는 무료 대형 관광버스가 길거

리에 서 있다. 무슨 밤에 출발하는 대형 관광버스일까? 가까운 곳에도 가지만, 손 큰 사람들은 라스베이거스에서 밤새워 노름할 사람들을 기다리는 대형 관광버스다. 21세 이상이면 누구나 도박할 수 있기에 이 차를 이용할 수 있다. 차를 기다리는 사람들을 보면 멕시코인들도 있지만, 한인들은 거의 은퇴한 노인들이다. 이들은 매달 초, 꼬박꼬박 나오는 기초연금 900달러를 들고 이곳을 찾아오는 것이다. 왕복 차비는 무료이고 지정된 도박장에 도착하면 20~30달러의 칩까지 공짜로 나누어준다. 이 모든 것은 각 호텔 카지노 영업부에서 하는 일이다. 각 호텔은 수십 대의 관광버스에 기사까지 두고 LA 등 여러 지역에 도박 인원을 모셔오는 영업 전략을 쓰고 있다. 하지만 대부분의 사람들은 이곳에서 돈을 따기보다는 잃는 경우가 다반사다. 그런데도 밤새워 노름하고는 충혈된 눈으로 다음 날 아침 다시 LA로 돌아온다. 그리고는 다음 달 연금이 나오면 은행에서 현금으로 바꾼 후, 다시 일확천금의 기회를 노리고 이곳으로 향한다.

이곳 도박장에서는 간단한 술과 커피 등 기본적인 것이 모두 공짜다.

렌즈를 통해 본 디지털 노마드

물론 금연 구역도 없다. 노름꾼들이 편하게 도박할 수 있도록 한 호텔업자들의 입김 탓이다. 이곳에서 금연이라는 단어는 아예 통하지 않는다. 오로지 도박에만 열중하게 만든다. 이 탓에 도박장에 들어서면 담배 냄새가 코끝을 찌른다. 또 하나 놀라운 사실이 있다. 아시아의 도박꾼, 요즘에는 중국 본토와 홍콩에서 건너오는 사람들과 미국 내 중국계 이민자들이 이곳에 진을 치고 있다는 사실이다. 중국의 경제가 비약적인 성장을 거듭하면서 중국의 졸부들이 이곳으로 앞다퉈 몰려오고 있다.

이곳 도박장에는 바카라(Baccarat)라는 게임이 있다. 한 방에 끝내는 통 큰 노름이다. 한 번에 5만 달러 이상을 거는 큰손을 '고래'라고 부른다. 고래의 80퍼센트가 중국 출신이라는 분석까지 나오고 있다. 카드 두 장에 5만 달러를 건다? 이게 미국 본토에 사는 우리에게 가당키나 한 일인가. 자연히 이곳의 호텔들은 실내장식을 중국풍으로 바꾸고, 이곳저곳에서 중국어로 된 홍보 전단까지 뿌리는 등 중국인들을 상대로 한 판촉 활동에 열을 올리고 있다. 라스베이거스의 끝없는 팽창을 떠받치는 근본적인 토대는 바로 이런 인간의 '욕망'이다. 이런 인간의 욕망이 존재하는 한 이곳에 브레이크는 없을 것이다. 성수기인 주말의 호텔 객실 사용률은 90퍼센트가 넘는다고 한다. 한마디로 욕망이 차고 넘치는 곳이 바로 이 라스베이거스의 도박장이다.

라스베이거스 도시가 훤히 바라다보이는 비교적 값이 싼 호텔을 구해 놓고, 차는 호텔 전용 주차장에 주차해 놓았다. 그리고는 함께 밤거리를 헤맬 출사(出寫)팀, 세 사람은 카메라와 렌즈 및 촬영 기구를 간단히 준비했다. 그리고는 밤마실을 위해 편안한 복장을 했다. 나는 가벼운 간이식 삼각대 한 개, 200밀리 망원렌즈, 16밀리 광각렌즈를 챙겼다. 플래시는 다른 사람이 준비하는데 사용할 곳은 거의 없을 것이다.

먼저 오색찬란하고 화려한 야경을 자랑하는 스트립 거리로 나갔다. 사

하라 에비뉴(Sahara Avenue)에서 남쪽 트로피카나 에비뉴(Tropicana Avenue)
까지 고급 호텔 및 카지노가 대거 밀집해 있는 거리이다. 다운타운은 라
스베이거스 블러바드(Las Vegas Boulevard)를 남북으로 가르는 프리몬트 거
리(Fremont Street)를 따라 이어지는 환락가다. 스트립 거리에 비하면 규모
는 작지만, 카지노의 중심지가 되었던 곳으로 또 다른 분위기를 느끼게
한다.

먼저 양쪽에 있는 대로, 즉 라스베이거스 블러바드에 1마일 넘게 줄지
어 서 있는 호텔의 초호화 실내장식을 둘러본 후 시간이 나면 올드 타운

렌즈를 통해 본 디지털 노마드

(Old Town)의 프리몬트 거리를 촬영하기로 했다.

도시 한가운데 밤거리를 수많은 관광객들과 함께 활보했다. 각 호텔에는 개인이 디자인한 독특한 모양의 전기 불빛과 LED 화면이 불야성을 이루고 있었다. 화려하다 못해 아름답기까지 했다. 화려하고 아름답다는 것은 주관적인 것이다. 사실 아름답다는 것은 자신의 기준과 판단이 중요하리라. 그 기준도 천차만별이다. 그래서 '제 눈에 안경'이라는 말이 있는 것이다.

벨라지오 호텔에 들어갔다. 천장에 길게 걸려 있는 많은 유리 장식물의 색이 화려하고 곱다. 그래서였을까, 우리 출사팀 중 유일한 여성회원이 사진은 안 찍고 강하고 화려한 천장 유리 불빛에 "예쁘다!"를 연발하며 멍하니 서 있었다.

호텔 밖으로 빠져나왔다. 이번에는 대형 물 분수 쇼를 촬영하기 좋은 곳에 자리를 잡았다. 시간이 되자, 하얀 분수가 음악에 맞춰 커졌다가 작아졌다 하면서 여러 가지 형태의 율동을 했는데 마치 차이콥스키의 〈작품 제71번 호두까기의 인형〉에 등장하는 날렵한 발레리나를 보는 듯 정

신을 쏙 빼놓는다. 이번에도 우리 출사팀의 여성회원은 음악의 율동처럼 솟구치는 분수를 쳐다보면서 "예쁘다!"라는 탄성을 연일 쏟아내고 있었다. 이것을 보면서 여성들은 예쁜 것에 강하게 끌린다는 새삼 느꼈다. 그래서 여성들이 "예쁘다"는 말 한마디에 마음의 문을 여는 것이리라. 어쨌든 이 도시의 불빛을 보면서 "화려하고, 아름답다"는 말에 그리스 신화속 미의 여신 세 명이 싸움을 벌였던 까닭을 이해했다. 또한 피리 경영에선 진 아폴론 신이 심사를 맡았던 미다스(Midas) 왕의 귀를 잡아당겨 당나귀 귀로 만들어 버렸던 일도 이해할 수 있을 것이다.

나는 분수의 율동보다는 사람들의 표정을 카메라에 담기로 했다. 삼각대에 카메라를 올려놓고 분수 쇼에 빠져 있는 사람들의 얼굴을 200밀리 망원렌즈로 담기 시작했다. 얼마나 흘렀을까, 내 뒤에서 들리는 분수에서 터져 나오는 물줄기 소리가 누군가를 찾는 다급한 발걸음 소리로 바뀌어 멀어졌다 가까워졌다 반복하는 것 같았다. 나에게 찾아올 사람도 없는데, 게다가 이 낯선 골목길을 다급하게 걷는 자는 누구일까. 내 어린시절, 이름도 모르는 우체국 풍보 누나가 내게 우표 한 장을 주는 야릇한 꿈을 꾸었을 때처럼, 그 누나가 호박 같은 함박웃음을 머금은 채 쿵

쿵거리며 찾아올 것 같은 소리다. 아니다. 내가 사랑했던 사람들을 하나 둘 차례로 황천으로 보낸 그날, 철벅이는 비바람 소리 같기도 하다. 아니다. 머잖아 하얀 서릿발로 변할 내 머리카락을 가위로 뭉텅뭉텅 깎는 소리이리라. 이처럼 삶과 죽음이 교합되는 소리는 먼 산 끝자락에서 황톳빛으로 사그라져가는 원초의 대지에 융해하는 소리일 것이다.

코스모폴리탄(The Cosmopolitan) 호텔에 갔다. 이 호텔 4층에는 순백의 아이스링크가 있었다. 유리창 밖은 여름철이 흥청대고 야외풀장에서는 수영복을 입고 물놀이를 즐기고 있는데 말이다. 스케이트 렌탈 부스가 있었지만, 푹신한 소파에 앉아 멀뚱멀뚱 얼음 위를 질주하는 젊은 낭만을 부러운 듯 구경하는 것으로 마무리했다.

이번엔 베네치안(Venetian) 호텔에 갔다. 다리 중앙 야외무대에서 이탈리아 전통 복장을 한 악사가 바이올린 연주를 했고, 〈오페라의 유령〉에 등장했던 가면 캐릭터의 팬터마임이 공연되고 있었다. 2층에 설치된 인공수로 카날(Cannal)을 따라 끝까지 들어가니 워터폴 가든(Waterfall Garden)의 시원한 폭포가 떨어지고 있었다.

다시 라스베이거스에서 가장 높은 곳에 놀이기구가 있는 익스트림 라이더스(Extreme Rides), 350미터 높이의 스트래토스피어타워에 도착했다. 이곳은 라스베이거스의 전경을 볼 수 있는 곳으로, 공포가 무엇인지 확실하게 보여주며 전율까지 느끼게 한다. 이 타워는 아래는 호텔과 쇼핑몰로 사용되고 있고, 위는 전망대로 사용하면서 네 가지 타입(X-scream, Big Shot, Insanity, Sky Jump)의 놀이기구가 설치되어 있다.

같이 간 친구 두 사람은 한사코 싫다고 했지만, 나는 타기로 마음먹었다. 놀이기구를 타기 위해 입장료 20달러와 기구당 5달러를 추가한다기에 25달러를 지불했다. 놀이기구 빅 숏(Big Shot)을 타기 전에 소지품을 친구들에게 맡기고 몸만 탑승했다. 서울 롯데월드(Lotte World)에 있는 자이로

드롭과 비슷하다고 주위에 있는 사람이 말했다. 네 사람이 한 조가 되어 하늘로 올라갔다. 온몸이 붕붕 하늘로 떠올랐다. 도시가 옹기종기 모여 색다른 풍경을 만들어내고 있었다. 온 세상이 아름다운 총천연색 모래를 뿌린 듯 반짝이고 있었다.

이곳 라스베이거스의 겨울이지만 하늘로 몸이 솟구쳐 오르니 으슥한 기운에 바람까지 불어댔다. 기구가 꼭대기에 오르자 잠시 멈추는가 싶더니 이내 아래로 곤두박질치기 시작했다. 마치 초겨울 외가 앞마당에 있는 단감 나뭇잎 하나가 떨어지는 것 같았다. 내가 그 나뭇잎이 되어 떨어졌다. 답답하게 살아온 긴 여름이 지루했던 것일까. 강한 바람 소리가 귓가에 들렸다. 차라리 눈을 감고 말았다. 땅바닥의 지열에 전 내 목덜미를 끈끈하게 만든 그런 바람이 아니었다. 칼바람이 배어 있는 듯한 날카로운 바람이었다. 그 바람은 하늘 까마득히 밀어 올리고, 고향 산허리를 더듬어 이렇듯 단풍이 되어 떨어지는 이상의 「날개」가 이랬을까?

찰나의 순간이었지만 바람은 눈물이 되어 있다. 그리고 칼바람은 숨을 쉬지 못하게 잔인했다. 거침없이 훑어간 뒷자리에는 출사팀 회원들은 배를 잡고 웃고 있고, 어벙했던 내 마음은 깊은 곳까지 소금기에 절여져 있었다.

다시 다운타운 쪽으로 걸어가기 시작했다. 화려한 불빛이 가득 찬 거리

를 걸으며 사진을 촬영하다 보니 피곤이 몰려 왔다. 라스베이거스 컨벤션센터 주위를 둘러보고 숙소로 돌아가기로 했다. 벌써 새벽 3시가 넘었다. 도시의 불빛은 이내 피곤하게 만드는 속성이 있다. 그렇기는 하지만 사진촬영에 몰두하다보니 동료를 잃어버리고 찾는데 많은 시간을 소비한 탓도 있을 것이다.

몇 시간 눈을 붙인 후, LA로 돌아가는 길 95번 국도를 택했다.

라스베이거스를 벗어나자 도로 주변은 아스라하게 툭 트인 벌판에 안개 낀 하늘과 지평선, 빠르게 떠오르는 아침해, 파리한 하늘이 회환의 날개를 타고 달린다. 또 다른 평온한 아름다움을 만끽한다.

라스베이거스는 인간의 창조적 상상력이 사막 위에 화려하고 신기루 같은 아름다움을 만들어 놓은 것이다. 하지만 이런 화려한 도시를 벗어나 51번 국도를 달리다 보면 야트막한 산과 벌판, 소와 말, 나무 한 그루, 풀한 포기에 이르기까지 자연이 만든 천연의 아름다움이 나타난다. 이렇게 아름다움은 제각각이지만, 같은 것이라도 보여주는 아름다운 모습과 느

렌즈를 통해 본 디지털 노마드

낌 또한 가지가지다. 나뭇가지에 앉아 두리번거리는 새가 예쁘다지만, 나는 지저귀고 쪼아대는 모습이 더 귀엽다. 그러다 종종거리고 날아가는 모습은 또 다른 아름다움을 보여준다.

사람들은 아름다운 것에 병적으로 집착하면서 추구한다. 새로운 아름다움을 추구하고, 그 아름다움을 가까이에 두려고 하며, 때로는 그것을 가지려고 애를 쓴다. 아름다움은 젊음과 잘 어울린다. 또한, 자신이 아름답기를 바라고 있다. 가장 아름답게 보이는 자신의 각도를 찾아내는 안목이 있어야 하는데 무작정 유행을 쫓으려는 모습들이 안타깝고 서글플 따름이다.

그렇다. 자신이 아름다워지고자 하는 일은 당연하다. 문제는 아름다운 것이 곳곳에 지천으로 널려 있어도 그것을 발견하지 못한다는 것이다. 아름다운 것을 보고도 아름다운 줄 모르는 것이 문제다. 도리어 자신의 이기심을 위해 아름다움을 파괴하는 것조차 서슴지 않는다.

잠시 콜로라도 강가에 차를 멈추었다. 들녘이 온통 흙빛으로 검게 물들어 있었다. 그 위에 희뿌연 물안개가 엷게 깔렸고, 한 무리 새들이 그 속을 헤집고 있었다. 차 주변에는 낙엽들이 휘날리고 있다. 이제 모두 어디론가 떠나려는가 보다.

아직은 푸른 잎들이 바람결에 따라 곱게 나부끼고 있지만 심상치 않은 겨울 냄새가 감돌고 있다. 지난날은 다시 돌아오지 않고, 오늘은 곧 지나간다. 그래서 나는 자랑스럽고 아름다운 추억을 남기기 위해 오늘도 카메라를 들고 먼 길 마다치 않고 떠나는 것이리라.

예술의 도시 산타모니카, 그리고 게티센터

10여 년을 새해 첫날은 가까운 LA 그리피스공원 정상에 올라 떠오르는 해를 바라보며 새로운 마음을 다짐했다. 하지만 2015년 을미년 '청양의 해' 첫날의 해돋이를 집 침대에서 TV를 보며 뒹굴다가 11시경 산타모니카(Santa Monica) 해안가로 갔다. 해변, 푸른 바다, 하늘, 큰 키의 야자수 그리고 넓고 끝이 안 보이는 긴 모래밭이 펼쳐져 있어서 좋다.

윌셔와 66번이 끝나는 오션 에비뉴(Ocean Avenue) 쪽, 피어가 바라다보이는 절벽에는 여느 때처럼 일광욕을 즐기는 무리가 있고, 대형 야자수 아래 푸른 잔디에는 노숙자들이 따뜻한 햇볕을 받으며 낮잠을 즐기고 있다. 나도 잔디 위에 앉아 지나가는 관광객들과 노숙자를 쳐다본다. 이곳에 오면 다른 곳과 달리 낯익은 거리와 건물이지만, 사람과 공기는 낯설어 생각지 못하는 것들을 발견하곤 한다. 일상의 나로서는 생각지 못하는 것들을 발견하곤 한다.

오늘따라 개와 함께 걷는 사람이 많이 눈에 띈다. 그런데 작은 강아지 한 마리가 길을 걷는 한 여성분의 핸드백에서 앙증맞게 얼굴만 내민 채 바깥 구경을 하고 있다. 그리고 큰 개는 주인 옆에서 개 목줄에 묶인 채 함께 걷고 있다. 15여 년 전에 잃어버렸던 다솜이와 똑같은 품종인 요크셔테리어에 생김새까지 똑같았다. 나는 순간 벌떡 일어나, 주인에게 그 개를 한번 안아보자고 했다. 하지만 껴안지도 않았는데, 이놈이 허연 이빨을 드러내며 으르릉거렸다.

이곳은 태평양을 끼고 있는 멕시코와 인접한 남쪽 끝에서 캐나다 국경

북쪽까지 서해안의 길이
는 약 2,335제곱킬로미터
(약 1,4507.7제곱마일)이고,
이 중 캘리포니아 주에
속하는 해안선의 길이만
무려 1,408제곱킬로미터
(8백757.7제곱마일)나 되는
넓은 땅으로 이루어졌다.
대략 2,500년 전, 추마시
인디언들이 터전을 잡은
산타모니카는 캘리포니아
주 서부 중심에 자리 잡
고 있다.

산타모니카의 면적은
41.2제곱킬로미터(15.9제
곱마일)인데, 그중 21.4제
곱킬로미터(8.3제곱마일)가
육지다. 도시의 경계선
은 바다로 5.6킬로미터(3
해리) 더 뻗어 나간다. 산
타모니카의 면적 중 19.8
제곱킬로미터(7.7제곱마

일)가 바다다. 전체 면적 중 대략 49퍼센트가 태평양 바다인 이곳은 10
만 명이 살고 있는 미국 내에서 부유한 도시 중 하나다. 산타모니카라는
지명은 가톨릭교회의 4대 교회학자 중 한 사람인 히포 아우구스티누스

(Augustine of Hippo)의 어머니 이름 모니카(Monica)와 옛 가톨릭 성인들의 이름 앞에 붙이는 성(聖)이란 뜻을 가진 스페인어 산타(Santa)를 합쳐서 만들어진 것이다.

특히, 이곳은 연중 날씨가 화창하기에 해변에서의 놀이가 다양하다. 그러나 5월부터 7월 사이에는 아침에 자주 안개가 낀다. 바닷물의 온도 변화 때문에 그렇다. 이 안개를 '메이 그레이(May Gray)' 혹은 '준 글룸(June Gloom)'이라 부른다. 하지만 정오 무렵이면 언제 그랬나 싶을 정도로 강렬한 햇살로 변한다.

또한, 이곳 산타모니카는 서핑, 윈드서핑, 롤러스케이팅, 유람선, 바다낚시 등 피어 근처의 쇼핑가 및 놀이기구, 미술관과 문화시설들을 구경하다 보면 시간이 정신없이 흘러가는 도시다. 구름 한 점 없는 깨끗한 하늘과 1년 내내 쾌적한 기후 그리고 푸른 바다와 야자수, 끝없이 펼쳐진 금빛 모래 해변과 절벽이 이루어진 이곳은 각 지역에서 찾아온 많은 사진가들을 쉽게 만날 수 있다.

북쪽으로는 말리부, 남쪽으로는 베니스, 동쪽으로는 베벌리힐스(Beverly Hills)가 붙어 있다. 베니스비치를 지나게 되면 코리아타운과 할리우드가

있는 LA가 나온다. 베니 스비치에는 많은 상점이 늘어선 해변과 해마다 서핑대회가 열리고, 유명한 영화배우들과 화가와 문학 작가들이 사는 말리부, 세계적인 멋과 유행을 자랑하는 베벌리힐스, 미국에서 제일 큰 무역항과 수족관이 있는 롱비치, 된장국과 김치맛이 배어 있는 LA의 코리아타운 등 제각기 다른 개성을 자랑하고 있는 시들이 이곳에 있다.

이곳 산타모니카에는 도심과 해변에 놀이공원이 다양한데, 산타모니카 피어(Santa Monica Pier), 서드 스트리트 프로머네이드(3rd Street Promenade), 유니버설 스튜디오 사무실(Universal Studio Office), 산타모니카시립대학 그리고 가까이에 게티센터(Getty Center)가 있다.

먼저, 서드 스트리트 프로머네이드에 들렀다. 해변에서 5분 정도 떨어진 '서드 스트리트 프로머네이드'는 차량 통행이 금지된 도보 전용 도로다.

이곳은 최고의 쇼핑을 위한 상업지구로 많은 인기가 있다. 19세기 후반부터 산타모니카 지역의 중심지 역할을 했다. 이곳이 쇼핑 지역으로 자리를 잡은 것은 1960년대 길거리에 상점들이 늘어서기 시작하면서부터다. 1970년대 들어서면서부터 잠시 침체를 겪기도 했지만, 1980년대에 이 지역을 고급화시키면서 현재와 같은 명성을 얻게 되었다.

특이한 것은 이곳 산타모니카 시에는 대형 백화점이 들어설 수 없다는 것이다. 소상인들을 위해 시에서 대형 백화점은 법령으로 들어설 수 없게 묶어 놓았기 때문이다. 이 거리는 3가에서 1가까지 쇼핑, 레스토랑, 서너 곳의 영화관, 최신 전화기 상점, 대형 서적, 최신 유명 캐주얼 브랜드 상점 등이 들어서 있다. 주변에는 갤러리, 바, 클럽도 쉽게 눈에 띈다. 그러나 뭐니 뭐니 해도 다양한 거리 공연이 으뜸이라 싶다.

해가 지면 '서드 스트리트 프로머네이드'는 공연자와 관람자들로 더욱 활기차게 변한다. 그리고 할리우드의 유명 스타들이 식당이나 커피점에서 쉽게 눈에 띈다. 특히, 바이올린과 기타, 드럼, 싱어송라이터 등의 음악 공연과 비보이 댄스, 각종 묘기, 팬터마임 등 예비 스타들의 다양한 연주를 쉽게 즐길 수 있어서 더욱 좋다. 대부분 자신의 CD를 판매하고 있는데, 예비 스타들과 사진을 촬영하기 위해 1달러의 팁을 앞에 놓은 통에 넣으면 연주가들은 사진사들을 위해 다양한 표정을 지어주기도 한다.

다음으로, 산타모니카 피어를 찾았다. LA 도심에서 가장 가까운 해변으로 캘리포니아의 수많은 해변 중 가장 유명한 곳이다. 아름다운 해변과 푸른 바다, 길고 넓은 백사장, 사계절 청명한 하늘과 온난한 기후가 어우러진 최고의 조건을 가진, 도시에서 가까운 휴양지이다.

영화의 배경으로 여러 번 등장했고, 이곳 피어에는 낮과 밤을 가리지 않고 항상 사람이 북적인다. 이곳에서는 놀이기구를 비롯한 갖가지의 위락시설을 이용할 수 있다. 심지어 관광객을 위해 점쟁이들과 즉석 화가

가 있어서 볼거리를
제공하고 있고, 낚시
와 수영도 즐길 수
있다. 그리고 피어를
관통하는 66번 도로
가 오션 에비뉴와 만
나면서 이곳에서 끝
난다. 이 도로는 '미
국의 실크로드'라 불
리는 역사적인 도로
이다. 노벨문학상을
수상한 존 스타인벡
이 이 길을 '어머니의
길'이라고 했을 만큼,
미국 문학과 예술에

도 상당한 영향을 끼친 도로다. 66번 도로는 시카고에서 여덟 개 주를 거
쳐 캘리포니아 산타모니카 바닷가에 이르는 1,150여 마일의 남북으로 향
하는 미대륙 횡단도로이다. '마더 로드(Mother Rode)' 또는 '메인 스트리트
(Main Street)'라고 부르고 있으며, '길' 자체의 대명사라는 의미로 '더 루트
(The Route)'라 불리고 있는 만큼 미국인에게 사랑받는 도로다.

　미국에서는 어느 피어라도 낚시할 수 있게 해놓았으면, 반드시 일반
수돗물 시설이 비치되어 있다. 낚은 고기를 일반 수돗물로 처리하라는
배려일 것이다. 그리고 생선 찌꺼기를 얻어먹기 위해 그 주변을 갈매기가
포진해 있는 것을 볼 수 있다. 그리고 피어는 낚시허가증이 필요치 않은
유일한 곳이다. 하지만 수영할 때 주의할 점이 하나 있다. 미국 해변에는

별도의 탈의실이 존재하지 않는다는 것이다. 모래사장 위에 있는 샤워기로 샤워를 한 후 화장실이나 자동차 안에서 옷을 갈아입어야 한다. 또한, 이곳 미국 서부 해안의 바닷물은 수온이 매우 낮다는 점도 기억해야 한다.

나무계단 아래로 내려갔다. 금빛 모래 위에서 하얀 거품을 만들어내며 파도에 실려 왔다 흩어지는 파도를 바라본다. 잠시 발을 담가 본다. 바닷물이 얼음물처럼 차갑다. 정신이 번쩍 들었다. 한여름의 섭씨 35도를 오르내리는 태양 아래서도 물에 들어가면 마치 얼음물 같은 느낌을 받는다. 미 태평양 연안에는 쿠릴 한류가 남쪽으로 이동하기 때문이다. 백사장에는 젊은 남녀들과 함께 많은 인파가 선탠을 즐기고 있는 모습이 한가롭다.

피어 끝자락에는 낚시꾼들이 모여 낚싯대를 바다에 던져 놓고 나름의 낚시 노하우를 서로 이야기하며 수다를 떨고 있었다. 낚시꾼 주위에는 제법 큰 수십 마리의 고기가 널브러져 있었다. 다른 쪽에 서 있는 낚시꾼은 한 마리도 못 잡은 것 같았다. 칭얼대는 아들에게 "조금만 더 기다려!"라고 달래는 사이, 강하게 입질하게는 게 보였다. 드디어 큰놈이 걸렸다. 그런데 그놈이 강하게 발버둥을 치는 바람에 그만 눈앞에서 놓쳐버리고 말았다. 낚시꾼은 아들을 한 번 바라보다가 입을 하늘로 벌리며 "카~아" 하는 아까워하는 탄성을 질렀다. 마치 쓴 소주를 들이켜고 자신도 모르게 뱉는 소리 같았다. 아버지와 아들의 표정을 보니, 허한 웃음과 허탈한 마음이 일어났다.

순간 불가에서 말하는 지(地)·수(水)·화(火)·풍(風)·공(空)이라는 5대가

떠올랐다. 이는 모든 만물이 지·수·화·풍·공에 의해 태어나고 죽는다는 뜻이다. 하물며 살아가면서 순간적으로 느끼는 감정은 오죽하랴 싶다. 잃어버린 고기의 대한 아쉬움을 털어버리고 새로운 것은 수대(水代)에 마음을 몰아내어야 한다. '수대(水代)'는 맑은 흐름을 연상하여 칙칙한 마음과 몸의 탁기와 마음의 번뇌를 씻어 정화된 느낌을 받는다는 뜻이다.

죽으면 땅에서 난 것은 땅으로 돌아가고, 물에서 난 깃은 물로 돌아가고, 불에서 난 것은 불로 돌아가며, 바람에서 난 것은 바람으로 돌아간다고 한다. 몸은 영혼을 감싸는 의상에 지나지 않는다. 모든 생명이 죽으면 다 이 옷을 벗는다는 뜻일 것이다.

이게 맞는다면, 잠시 이 세상으로 건너와 세상의 옷을 잠시 입었다가 저세상으로 건너가면서 모든 옷을 고스란히 벗는다는 뜻 아니겠는가. 불가에서 말하는 지·수·화·풍·공이란 결국 이 세상에 존재하는, 언제가 이 세상의 먼지로 다시 되돌아갈 우리 육신의 허망을 말하는 것일 게다. 하여 몸에 대한 집착은 도리어 삶을 무겁게 만들 뿐이지만, 어찌 그게 마음대로 되는가. 손바닥 뒤집듯 할 수 있는, 가볍고 얕은 인간의 마음을 어찌겠는가 말이다. 산타모니카시립대학을 찾아갔다. 산타모니카시립대학은 1929년에 설립된 2년제 지역대학으로 캘리포니아 주의 지원을 받고 있으며, 학교 및 단과대학 서부협회(Western Association of school and Colleges)의 인증을 받았다. 등록 학생은 대략 115개국 출신 3,000여 명의 외국인

학생을 포함하여 76개의 전공, 3만 1,000여 명으로 웬만한 4년제 대학보다 규모가 큰 편이다. 또한, 미국에서 4년제 대학에 편입생을 가장 많이 배출하는 대학으로도 유명하다.

35에이커의 넓은 이 학교의 캠퍼스에서는 학업 및 사회적 성취감을 높일 수 있는 모든 시설을 제공하고 있으며, 최근에는 현대과학과 Media 실습들이 새롭게 단정한 도서관에 보완되었다. 그리고 컴퓨터 실습실과 단말기 사용이 가능하고, 학생회관, 카페테리아, 스낵바에서 학생들이 쉽게 교류할 수 있다는 장점이 있다. 이 밖에도 실내 체육 시설이 잘 갖춰져 있고, 야외 경기장과 올림픽 수영장 같은 시설이 마련되어 있다. 특히, 2010년부터 2년간 야간에 이 학교의 사진학과를 다니면서 암실에서 흑백 필름부터 다시 배우기 시작했던 기억이 새롭다.

이 학교의 졸업생으로는 더스틴 호프만과 캘리포니아 주지사를 지냈던 슈워제네거(Schwarzenegger)가 있는데 슈워제네거는 이곳을 졸업하고 위스

렌즈를 통해 본 디지털 노마드

콘신대학에 편입했다. 그리고 불멸의 영화배우 제임스 딘도 이곳을 거쳐 UCLA에 편입했다.

산타모니카시립대학과 가까운 곳에 있는 클로버파크(Clover Park)를 찾아 갔다. 이곳 클로버파크는 산타모니카공항(Santa Monica Municipal Airport)과 맞물려 있다. 필자가 근무하던 곳이 오션 공원과 링컨 블러바드 사이에 있었기에 이 공원을 지나며 수시로 들렀다.

공원 입구에 들어서자, 10여 년 전에 일어났던 사건 하나가 생각났다. 애리조나 주 피닉스에 다녀오면서 한 식당에서 먹었던 야채 샐러드가 잘 못되었던 탓에 배탈이 났다. 이 내용을 『미주문학』 2009년 여름호(통권 47 호)에 게재했었는데, 그것을 대폭 줄여 이곳에 옮겨본다.

아침 산책 중 오갈 수 없을 정도로 배가 아팠다. 공원 중앙에 있는 화 장실로 달려갔는데 고장(Out of Order!)이라는 문구가 붙어 있었다. 큰일 났다. 사무실과 주차장에 있는 내 차까지 걷기는 불가능했다.

걸음을 재촉하여 공항 철조망을 끼고 있는 산책로를 지날 때였다. 4미 터 앞 잔디 위에 개가 실례하고 있었다. 그놈은 나의 심기를 아는 표정 같았다. 난생처음으로 사람의 눈치를 보지 않는 개의 행동이 부러웠다. 그러는 사이에 나의 뱃속에서 소리가 크게 새어 나오고, 아랫배를 압박 해 오는 고통은 견딜 수 없는 지경이 되었다. (중략)

뛸 수만 있다면 좋으련만, 총총걸음을 했다. 만약을 대비해서 몸을 가 려줄 만한 덩치 큰 나무를 찾았으나 철조망 아래 툭 터진 꽃밭뿐이다. 걸 으면서 주머니를 뒤적거려도 휴짓조각은커녕 손수건도 없었다. 다시 아랫 배가 돌덩이처럼 굳어지면서 참을 수 없을 정도로 요동치기 시작한다. 입 술을 꽉 깨물고 몸은 점점 꼬여 오고, 얼굴은 저절로 일그러진 채 땀범벅 이 되었다.

엉덩이를 뒤로 뽑고 어기적거리
며 겨우 공원 쪽에 다다랐다. 아
직도 갈 길은 멀고 입안이 바싹
바싹 타들어 갔다. 버티려고 안
간힘을 써도 한계가 코앞까지 왔
음을 직감했다. 나무 뒤편에 자
리를 잡았다. (중략) 그런데 바로
30여 미터 앞, 소방서의 열린 문
이 철망 사이로 보였다. 꿈인가 생시인가. 혹시 내가 헛것을 본 것일까 싶
어 손바닥으로 눈을 비비며 철망 사이를 다시 쳐다보았다. 6년 가까이 이
곳을 즐겨 찾았지만, 아침나절에 소방서의 문이 열려 있는 것은 한 번도
본 적 없었는데 어찌 된 일인가. 나는 구원자를 만난 듯 괄약근을 최대
한 조였다. 죽기 아니면 살겠지 하는 오기가 튀어나왔다. 바지춤을 잡은
채로 오리처럼 엉덩이를 뒤뚱거리며 희망봉(?)을 향해 걸어갔다.

소방차들 사이로 키가 큰 백인 소방관이 나타났다. 화장실을 찾는다고
말했다. 그는 안절부절못하고 있는 나를 빤히 쳐다보면서, "넘버 1? 넘버
2?" 이렇게 말했다.

'대소변에 무슨 놈의 넘버 1이 있고, 넘버 2가 있나? 화장실이 있는 곳
만 알려 주면 그만이지.'라고 마음속으로 종알거리며, 얼른 "넘버 1."이라
고 대답했다. 아무래도 큰 것이 우선순위 1번이라는 생각이 들어서였다.

화장실 입구를 안내하고 돌아서는 그의 엉덩이에다 꾸벅 절하며 화장
실 문을 당겼다. 그런데 이게 뭔가. 앞뒤로 수십 개의 소변기만 길게 서
있는 것이 아닌가! 나의 뱃속에서는 화산이 폭발하기 직전, 밖으로 분출
하겠다며 아우성인데……. 아, 사람 잡네. 무엇 때문에 대소변실을 구분
해 놓았나.

뒤돌아가고 있는 그를 향해 화급하게 말했다.

"I'm sorry, No 2. Please."

"Oh! No. 2? Okay."

2~3미터 떨어진 다른 곳의 화장실을 안내해 주었다.

이곳에서 조금 떨어진 게티센터로 차를 타고 발길을 옮겼다. 이곳을 별도로 소개할 수 없다는 생각이 들어서 이번 산타모니카 원고에 넣기로 했다. 왜냐하면 산타모니카는 독립된 시이지만, 행정구역상으로는 LA카운티에 속한다. 따라서 게티센터의 주소는 LA에 속하지만, 산타모니카 바로옆 산 정상에 자리 잡고 있기에 그렇게 했다.

게티센터는 무려 12억 달러를 들여 13년의 공사 끝에 1997년 완공한 로스앤젤레스 지역 최고의 미술관 중 하나다. 405번 고속도로 선상의 벨에어(Bal-Air)가 보이는 산등성이에 있으며, 부지 300에이커에 건평이 110에이커인 거대한 미술관이다. 열네 개의 전시실을 가진 미술관에는 르네상스와 중세의 그림, 각종 공예품 조각품 등을 위주로 그리스·로마 시대의 예술장식품과 중국과 인도 등 아시아의 희귀 문화재도 볼 수 있으며 고흐, 렘브란트 등 유명 미술가들의 작품도 접할 수 있다.

게티센터는 웨스트우드 북쪽, 산타모니카 산 정상에 자리 잡고 있는데, 장 폴 게티 미술관(J. Paul Getty Museum)을 중심으로 예술과 문화유산을 중점적으로 관리하는 게티 리서치와 보존·교육연구소가 있는 대규모 예술종합센터다. 석유 사업으로 재벌이 된 장 폴 게티는 열렬한 예술품 수집가로 르네상스에서 후기 인상파 작품까지 유럽 소장품이 특히 많은데, 자신의 소장품이 일반인에게 무료로 전시되기를 바랐던 마음마저 부자였던 사람이다.

리처드 마이어에 의해 설계되어 완성까지 13년이나 걸렸으며 입구에서

전용 모노레일을 타고 오르면 전시관이 나오는데, 고대 그리스 조각에서 현대 회화, 가구에 이르기까지 다양한 분야에 걸쳐 뛰어난 작품들이 전시되어 있다. 다섯 개의 전시관을 다 보고 나서 500여 종의 식물이 서식하고 있는 센트럴 가든(Central Garden) 역시 가볼 만한 곳이다. 중앙의 꽃 미로는 게티의 또 다른 예술품으로 인정받는 곳이다. 또한, 야외 정원이 산 정상에 자리 잡고 있기 때문에 LA 시내를 한눈에 내려다볼 수 있다. 말리부에는 게티의 또 다른 소장품이 보관된 게티 빌라가 있다. 그리스와 로마 골동품은 말리부에 있는 게티 빌라에 전시되어 있다. 이곳 돌덩이로 만든 입구부터 로마 시대의 대로가 연상되기 시작한다.

해넘이를 보기 위해 다시 산타모니카 피어 끝자락 난간에 기댄다. 캘리포니아 주 남부에서 가장 노을이 아름다운 곳 중 하나가 산타모니카 피어와 말리부 해변이다. 모래사장에 나뒹구는 파도를 보다가, 저 멀리는

렌즈를 통해 본 디지털 노마드

바다 위를 나는 펠리컨의 긴 줄을 바라본다. 드넓은 태평양 전체가 서서히 붉게 물들기 시작한다. 태양이 주변을 한 폭의 그림 같은 풍경을 연출하다가 바닷속으로 가라앉는다. 매일 반복되는 이 풍경을 바라보다가 불쑥 세월이 덧없이 흘러가고 있다는 생각이 들었다. 한 폭의 아름다운 풍경은 이내 꺼지고, 밤바람이 불고, 파도가 일렁이고, 곧 하늘에는 별들이 총총히 펼쳐질 것이다. 이처럼 모든 것은 각각 맡은 소임을 다하고 조용히 물러가는 것이다. 우리의 인생도 이러할 것이다.

귀에 이어폰을 끼고 음악을 듣는다. 한영애의 〈마음 깊은 곳에 그대로를〉 이란 곡이다. 이 노래에 관심을 두게 된 것은 얼마 전 한국을 다녀오면서 기내 좌석에 있는 스크린을 조작하다가 무심코 한영애의 몇 곡을 듣게 되었을 때부터다. 몇 번이나 되돌려 들었다. 미성이 아닌 칼칼한 모래가루를 뱉는 듯한 음성이지만, 압도적인 아우라가 있어서 좋았다. 샤먼(Shaman)처럼 영적 여행과 교류가 있어 노래 안에 혼을 담고, 가슴을 뒤흔드는 그녀의 음성은 피해 갈 수 없을 만큼 강력한 힘이 있다. 잠이 오지 않아 눈을 감고 다시 들었다. 그녀는 노래를 멋지게 부르는 것이 아니라 눈앞에 삶을 토해내고 있었다. 바로 우리네 인생의 주문이요 고백이라 싶었다. 이는 이곳 바다 위 하늘을 날고 있는 이 자리에서 외쳐대는 여백(余白)이리라. 여백은 우주다. 햇살과 나무, 해와 달, 바다와 하늘 그리고 구름 사이의 텅 빈 곳을 여백이라 한다. 온 기쁨과 슬픔 그리고 진한 아쉬움이 그녀의 노래로 피고 진다. 서러워서 좋고, 무심해서 좋고, 애달파서 좋았다. 어느덧 내 가슴속에는 작은 개울 하나가 한가하게 놓여 있었다.

한국 사람들은 유전적으로 심성이 여리고 곱다. 그래서인지 음악도 참 아름답고 고운 게 많다. 통기타를 둘러메고 노래를 부르던 7080의 노래라면, 〈왓 어 원더풀 월드(What a wonderful World)〉를 노래한 루이 암스트롱의 음악이 떠오른다. 그녀의 음악은 대체로 떠들고 고함지르는 록(rock)이 주종을 이룬다. 그런데 서정과 서사를 가진, 상상하기 힘든, 바로 이 곡을 듣게 되었으니 참으로 별일이라 싶기도 했다.

아침에 보던 그 맑은 햇살과/당신의 고웁던 참사랑이/푸른 나뭇가지 사이사이로/스며들던 날이 언제일까/별들에게 물어요 나의 참사랑을/뜰에 피던 봉선화와 같은 사랑을/아무도 모른다네 우리의 추억을//마음 깊은 곳에 간직해 놓고/말은 한마디도 못한 것은/당신의 그 모습이 깨어질까 봐/슬픈 눈동자로 바라만 보았소. (중략) 낙엽이 지고 또 눈이 쌓이면/아름답던 사랑 돌아오리라/언제 보아도 변함없는 나의 고운 사랑 그대로를

"아무도 모른다네 우리의 추억을"이라는 문구 중 '우리'라는 단어와 "당신의 고웁던 참사랑"이라는 구절을 짐짓 속마음으로 그려본다. 애써 봉선화 같은 풋풋한 사랑의 감각을 가슴으로 담아내기에는 내 마음이 이미 굳어져 있다는 것을 느낀다.

하지만 오래전부터 속마음으로 꿈꾸어 온 '우리'라는 말은, 깊은 산길을 걷다가 지쳐 있을 때 옹달샘 물 한 모금의 꿀맛과 다름없을 것이리라. 이처럼 '우리'라는 낱말이 풍기는 의미는 가장 따뜻한 그리움일 수 있다. 인생의 다리와 같은 삶의 의미가 함축되어 있음을 느끼게 한다.

생긴 게 이 모양인데, 무슨 헛생각을 하는지 모르겠다.

코카콜라의 본거지,
애틀랜타

LA 근교 대학에서 근무하던 아들이 조지아(Georgia) 주의 주도, 애틀랜타(Atlanta)에 있는 서던 폴리테크닉 주립 대학교(Southern Polytechnic State University, SPSU)로 옮긴다고 했다. 아들은 자동차에 필요한 물건을 싣고 교대로 운전해서 가자고 부탁했다. LA에서 애틀랜타까지 편도로 대략 2,200마일이라 두말하지 않고 그러자고 했다.

출발하기로 한 날, LA 윌셔(Wilshire)에 있는 모 식당에서 같이 아침 식사를 했다. 아들의 자동차에는 뒤가 잘 안 보일 정도로 짐이 많았다. 차 안의 짐은 애틀랜타에 도착해서 학교 부근에 아파트를 구해 생활할 최소한의 것이며, 그 아파트 주소를 며느리에게 알리면 별도로 전체 짐을 이삿짐 차에 부치기로 했다. 그리고는 곧바로 며느리와 손자가 뒤따라 비행기로 출발할 계획이었다.

아들의 차로 10번 프리웨이(고속도로)로 출발했다. 오후 3시경이다. 애리조나 투산(Tusan)과 윌콕스(Willcox)를 지났는데, 왼쪽 뒷바퀴에서 투투투 ~ 하는 소리가 났다. 급하게 갓길에 차를 세우고 바퀴를 살펴보았다. 무게를 이기지 못하고 타이어가 찢어져 있었다.

타이어 교체는 별스런 일이 아니라 싶어서 보조 타이어를 꺼내 놓고, 타이어를 교체할 수 있게 하는 보드를 빼려고 했다. 그런데 일반적인 보드가 아니라 타이어를 쉽게 빼갈 수 없게 된 벚꽃같이 생긴 특수한 보드였다. 평소처럼 보드에 챙을 꽂고 발에 힘을 주었다. 그런데 보드가 회전하지 않고 그대로 망가져 버렸다. 또 다른 것도 마찬가지로 쉽게 망가졌다. 부러진 한 개는 어렵게 뽑아냈지만, 처음 뭉개진 한 개는 어떻게 할 방법이 없었다. 일본 H사 자동차인데 무슨 놈의 보드가 이리도 약하나 싶었다.

급하게 보험회사에 전화했다. 그런데 거리를 돌아다니며 문제를 긴급하게 해결해주는 보험회사 이동 자동차의 기구로는 해결 불가능했다. 보험회사 직원은 타이어 전문 가게로 차를 이동시키자며 몇 군데에 전화하기 시작했다. 벌써 4시가 지나고 있었다. 나는 기다리는 동안 자동차들의 소음과 뜨거운 햇볕을 피해 아래쪽으로 내려갔다. 얼마를 걷자, 자갈 위에 꽃을 피우고 있는 선인장과 동물의 출입을 막는 철조망이 눈에 들어왔다.

가까운 샌 사이먼(San Simon)의 한 타이어 가게에 도착했다. 주변을 둘러봐도 식당이 없는 몇 가구가 안 되는 시골의 한적한 곳이었다. 그런데 공교롭게도 자식의 결혼식 피로연이 있어서 저녁 9시경에 도착한다고 가게 문에 메모가 붙어 있었다. 이때 벌써 5시를 넘고 있었다. 이미 다른 가게는 모두 문을 닫았기에 할 수 없이 이곳에서 기다릴 수밖에 없었다. 주변을 둘러보았다. 타이어 가게와 붙어 있는 자택에는 거위 떼와 두 마리의 강아지가 우리를 보고 고함을 질러댔다. 넓은 집 마당에는 연못이 있고 오리와 닭들이 꽃밭에서 노니는 그야말로 전원주택인 듯싶었다.

다행히 타이어 수리 전문가이자 그 주택의 주인이 8시경 도착했다. 작업복으로 갈아입고 가게 문을 열고는 찢어진 타이어를 보면서 우리에게 많은 요금을 요구했다. 그러자 아들은 거절하고 다시 보험회사에 전화했다. 그러나 시간이 너무 늦어서 내일 아침에나 도착한다고 했다. 부근에는 모텔이 없어서 자동차 안에서 꼬박 밤을 지새울 수밖에 없었다. 한참을 걸어서 식당에 들러 저녁을 때우고는 다시 자동차로 돌아왔다.

밤늦게부터는 비가 내리기 시작해서 밖으로 나가 산책하기도 불가능했다. 자동차의 다른 부분도 아니고, 겨우 타이어를 지탱하는 한 개의 보드 때문에 차를 움직일 수 없다는 사실이 기가 막혔다. 몇 번이나 계속 시도했지만 어떻게 빼낼 도리가 없었다. 뒤 칸의 짐 때문에 자동차 의자를 뒤

로 젖힐 수도 없어서 잠들기도 불편했다. 엎치락뒤치락하다가 어렵사리 아침을 맞았다. 앉아 있던 자리에서 일어나려는데 핑 하고 어지럼증이 찾아왔다.

아침 8시가 되자, 보험회사의 트레일러가 왔다. 보험회사 트레일러 위에 아들의 차를 올려놓고 바로 옆 뉴멕시코 주 10번 프리웨이 로즈버그(Lordsburg)에 있는 타이어 가게에 도착했다. 아직 직원이 출근 전이었다. 그런데 타이어 가게 앞마당에는 복숭아나무 한 그루에 잘 익은 복숭아가 주렁주렁 열려 있었다. 옆에 있는 수돗물로 복숭아 두 개를 씻어서 아들과 함께 서로 마주 보며 먹었다. 한 입 먹으니 풍성하게 흐르는 과즙이 달콤하여 잘 넘어갔다.

가게 주인이 도착하자, 아무런 일도 없는 듯 그곳에 있는 중고 타이어로 교체해 주었다. 혹시나 싶어 타이어에 박혀 있는 보드를 모두 교체했다. 가게 주인은 타이어에 들어 있는 공기가 팽창해 터졌다면서 공기압을 다시 맞추어 주었다. 우리는 복숭아 몇 개를 얻어 잘 씻어 차에 넣었다.

계속해서 10번 도로를 이용해 애틀랜타로 향해 출발했다. 이때부터 아들은 수시로 휴게소에서 자동차 보닛과 차 문을 모두 열고 휴식하기 시작했다. 휴스턴(Houston)에 있는 한 모텔에서 잠을 자고 부근 코스코에서 임시로 교체한 중고 타이어를 새것으로 교체했다. 앨라배마(Alabama) 주에 들어서자 프리웨이 휴게소에 들렀다. 다른 휴게소와 달리 이곳에는 전시관이 있었다. 안과 밖이 아름답게 꾸며져 있어 한참을 구경했다. 다시 모텔을 찾아 휴식을 취했다.

LA를 출발한 지 사흘 만에 오후 늦게 애틀랜타에 도착했다. 이곳 애틀랜타는 조지아 중북부에 있는 주도이다. 그냥 주도가 아니다. 애틀랜타는 미국의 주 내에서 큰 도시와 행정 중심지가 일치하는 몇 안 되는 주도이다. 원래 이곳은 크리크(Creek) 원주민과 체로키(Cherokee) 원주민의 땅이었으나, 1823년부터 백인들이 임의대로 주민들에게 개방시켰다. 그것뿐만 아니다. 몇 명의 체로키 원주민 지도자들이 대다수 원주민의 동의도 없이 '뉴에코타조약(Treaty of New Echota)'에 서명함으로써 삶의 터전을 미국에 넘겨주고 말았다.

'애틀랜타'라는 이름이 붙게 된 사연은 이랬다. 1842년, 철도화물의 종점으로 선정된 곳에 여섯 개의 빌딩을 짓고, 서른 명의 거주민이 입주했다. 거주민들은 이곳 조지아 주지사였던 윌슨 럼킨의 이름을 따서 럼킨으로 정하자고 건의했다. 그러나 럼킨은 자신의 딸 마사스빌(Marthasville)의 이름을 따서 짓자고 했다. 결국, 마사스빌로 이름을 정하게 된다. 하지만 3년 후, 조지아 철도의 수석 엔지니어였던 J. 에드가 톰슨(J. Edgar Thomson)은 이곳의 이름을 짧게 '애틀랜타' 혹은 '애틀랜티카-패시피카(Atlantica-Pacifica)'로 개명하자고 건의했다. 이후 1847년에 지금의 이름인 '애틀랜타'가 탄생하게 되었던 것이다.

1854~1855년경, 애틀랜타와 채터누가(Chattanooga)를 연결하는 또 다른 철도가 완공되었다. 이를 계기로 은행, 신문, 벽돌 공장, 극장, 의과대학 등이 들어서면서 대형 도시로 성장하기 시작하여, 1860년대에 조지아 주의 네 번째 도시로 발전했다. 1861년, 남북전쟁 발발 후 남군의 중요한 보급기지 역할을 했다. 하지만 1864년 북군에 의해 점령되고, 윌리엄 셔먼(William Sherman) 장군의 명령에 따라 모든 주민들은 도시 밖으로 강제 이주해야 했다. 이때 교회와 병원을 제외한 모든 건물이 초토화되었다. 남북전쟁이 끝난 후 1867년부터 새로운 도시계획에 의해 본격적인 복구가 되었고, 1868년에는 조지아 주의 주도가 되었다.

이후 제2차 세계대전 기간 중 인근 메리에타 시(City of Marietta)에 대규모 전투기 조립 공장이 들어서면서 인구가 급격하게 증가했다. 대전 직후

질병통제예방센터(Centers for Disease Control and Prevention)가 들어서게 되었고, 1996년 하계올림픽대회가 이곳에서 열리면서 다시 한 번 급격하게 발전했다. 2000년대 들어서면서 미국 내 10대 도시가 되었다.

또 있다. 애틀랜타는 다습한 온도로 한국 날씨와 비슷한데, '복숭아(Peach)'라는 지명이 많다. 본래 이곳에 복숭아를 많이 재배했었던 듯싶었다. 자동차 번호판도 복숭아의 그림이 인쇄되어 있다. 원래 크리크 원주민과 체로키 원주민의 중간에 있던 원주민의 회합 장소이자, 피치트리 골짜기의 물이 채터후치 강(Chattahoochee River)으로 흘러들어 가는 곳이었다. 이들 원주민은 '피치트리 스탠딩(Peachtree Standing)'이라는 소나무의 이름을 따서 붙인 것인데, 이 나무에서 흐르던 송진(pitch)이라는 단어를 복숭아로 오해하며 붙인 이름이 널리 퍼져 그렇게 되었다고 한다.

나는 아들과 함께 서던 폴리테크닉 주립 대학교(SPSU) 캠퍼스와 아들의 이름이 붙어 있는 교수실을 둘러보았다. 그리고는 학교와 가까운 주

렌즈를 통해 본 디지털 노마드

변의 괜찮은 아파트 몇 곳의 방을 둘러본 후 바로 계약하고 입주했다. 이
곳은 LA와는 달리 빈방이 많아서 신용만 좋으면 수월하게 입주할 수 있
었다. 무엇보다도 방값이 저렴해서 좋았다.

　이날 저녁, 애틀랜타의 열 명이 넘는 문인들과 1년 만에 한 식당에서 다
시 모였다. 어디를 가나 문인들과의 대화는 마음이 통해서 참 좋았다. 그
동안 자동차로 인해 겪었던 어려움을 이야기하며 서로 깔깔대고 웃어댔
다. 문인들은 이곳 애틀랜타에는 『바람과 함께 사라지다』의 무대였던 스
칼렛 오하라의 타라농장이 있고, 흑인운동가 마틴 루터 킹(Martin Luther
King Jr.) 목사의 고향이며, CNN방송국이 있으므로 한국문인협회 애틀랜
타 지부를 세우자고 합의했다. 이렇게 서로의 안부와 문학에 관한 내용
으로 시간 가는 줄 모르고 즐겁게 담소하다가 헤어졌다.

　다음 날 아들의 아파트로 찾아온 문우와 함께 시내 구경을 하기로 했다.

　먼저, 코카콜라 본사의 전시장에 들렀다. 나는 코카콜라에 설탕 덩어
리가 많이 들어 있다는 고정관념 때문에 안 마신다. 그러나 코카콜라는

코카의 잎과 콜라의 열매 추출물 외 각종 향료가 주원료인 부동의 세계 1위의 청량음료다. 여러 가지 모형으로 콜라병을 크고 작게 만든 전시장과 영상자료실을 둘러본 후, 중국에서 판매되는 코카콜라의 이름이 '가구가락(可口可樂)'이라 쓰여진 콜라 한 병을 샀다. 말로만 들었던 코카콜라 병을 만지작거리면서 기막힌 이름이라 나도 모르게 고개를 끄떡였다.

도시 한복판에 있는 수족관 조지아 아쿠아리움(Georgia Aquarium)에 갔다. 이곳의 재미는 뭐니 뭐니 해도 가장 넓고 큰 전시장 오션 보이저(Ocean Voyager)다. 이 해수 탱크는 길이 87미터, 넓이 38미터, 깊이 9미터로 고래상어, 쥐가오리, 식용 물고기, 상어와 가오리를 수족관 유리창을 통해 구경하게 된다. 이곳에는 총 여섯 개의 전시관이 있는데, 물 온도에 따라 구분하고 있었다. 냉수 전시관에서는 흰돌고래와 해마 등을, 다른 전시관에는 산호와 아열대 고기 등을, 오픈 탱크에서는 조그마한 가오리, 게와 불가사리 등을 직접 만져볼 수 있었다. 무엇보다 머리 위로 해양생물이 자유롭게 떠다니는 듯한 아름다운 어류를 볼 수 있어서 좋았다.

내 고향 부산에는 이러한 대형 수족관은 없다. 어릴 때 여름이면 이송도(二松島) 바닷속에 들어가 돌덩이에 붙어 있는 고동과 성게를 따기도 했다. 이때 해초 주변을 배회하는 고기들의 자태를 보며 태평양 한가운데의 풍광은 어떨까 궁금했었다.

그다음 날은 아들과 함께 스톤마운틴파크(Stone Mountain Park)에 들렀

렌즈를 통해 본 디지털 노마드

다. 다운타운에서 동쪽으로 약 30킬로미터 떨어진 평원 위에 바가지를 엎
어놓은 것처럼 생긴 거대한 화강암 산이다. 스톤마운틴은 바위의 높이
가 200미터, 둘레가 약 8킬로미터인 단일 화강암으로는 세계 최대의 크
기를 자랑한다. 차를 세워놓고 입구에 들어서니, 바위 정면에 제퍼슨 데
이비슨(Jefferson Davison) 남부연맹 대통령, 로버트 리(Robert Lee) 남부군 총
사령관, 잭슨(Jackson) 장군의 초대형 인물조각상들이 보였다. 특히, 로버
트 리 장군의 귀 길이만 해도 2미터에 달하고, 전체 부조(浮彫)의 넓이는
축구장 크기로 세계에서 가장 큰 조각품이다. 이 작품은 1923년 거츤 보
글럼(Gutzon Borglum)에 의해 시작되어, 1970년 월터 커트랜드 핸콕(Walter
Kirtland Hancock)과 로이 폴큰(Roy Faulkne)이 완성했다. 바가지 모양의 화
강암을 중심으로 일주하는 열차, 시닉 레일로드(Scenic Railroad)와 스카이
리프트(Skylift)를 즐길 수 있다. 그날 레이저 쇼는 보지 않았지만, 매년 4

월부터 10월까지 여름 동안 밤이 되면 스톤마운틴의 흰 바위벽을 스크린 삼아 형형색색의 레이저 쇼가 펼쳐진단다.

아들과 함께 올라갈 때는 리프트를 이용하고 내려올 때는 뒷길로 걸어서 내려왔다. 그런데 한 개로 된 화강암이라지만, 화강암 상단에 패인 자리에는 소나무가 우뚝 솟아 있었다. 그 소나무 아래 그늘에 앉아서 먼 풍광을 보고 있는 한 가족을 보면서 주변을 촬영하기 시작했다.

나는 이렇게 다른 곳을 탐방하게 되면 가능한 한 카메라를 들고 간다. 카메라가 없으면 핸드폰이라도 사진을 찍는다. 또 다른 눈을 가지고 가는 셈이다. 내가 못 본 것도 카메라는 정확하게 잡아내 글쓰기에 요긴하기 때문이다. 그래서 잊고 있었던 주변을 다시 사진으로 보면서, 그 당시에 느끼지 못했던 내용을 새롭게 찾아내기도 한다. 요사이는 컴퓨터가 발달하여 형상 조작이 가능하지만, 나는 괜찮다는 생각이 드는 사진을 얼룩(spot)이나 크기만 조정하지, 다른 것에는 손을 대지 않는다. 준순(逡巡)이나 주저(躊躇)가 있을 수 없게 흠이 있다거나 주제가 약한 사진은 이내 파기해버린다. 가공된 사진을 원치 않기 때문이다.

하지만 글은 그렇지 않다. 무슨 주제를 가지고 쓴 내용이 영 마음에 들지 않아도 과감히 버리지 못하고, '미결'이라고 쓴 파일에 묵혀둔다. 그러면서 가끔 끄집어내 추고하며 윤문(潤文)이니 교열(校閱)이니 하면서 만지작거린다. 사실 아니다 싶으면, 바로 없애고 다시 써야 한다. 그런데도 무슨 핑계를 대서라도 늘 그렇게 하지 못하고 있다. 이런 글은 결국 완성해도 창피할 정도의 글이 되고 만다. 어쩌면 사진과 글에 대해 이렇게 다르게 행동할까 싶다.

다음 날 아침, 아들은 학교에 나가고, 나는 혼자 아파트 주위를 살피면서 걸었다. 흐린 하늘에 잔잔한 빗방울이 떨어지더니 이내 굵은 비로 변

렌즈를 통해 본 디지털 노마드

했다. 참으로 오랜만에 보는 장대비였다. 이내 아파트로 돌아와 창밖을 바라다보았다. 마치 고향에서 듣던 그런 빗소리 같아서 눈을 감고 빗소리를 들었다. 귀틀집 외양간에서 어미를 찾는 송아지 소리, 해 저물 무렵 수양버들 둥지에서 울어대는 매미 소리, 으스름달밤에 함지골에서 들려오던 부엉이 소리, 외할머님 밭에서 개구리 우는 소리. 아니다. 촉촉한 다듬잇감을 두드리는 어머니의 다듬이질 소리다. 그랬다. 빗소리는 가슴속으로 파고드는 피안(彼岸)에서 들리는 소리였다.

나는 뉴멕시코 주의 한 타이어 가게 주인에게 얻은 복숭아 한 개를 부엌 전기 버너 위에 올려놓고 애틀랜타공항으로 갔다. 비행기가 하늘로 오르기 전까지 계속해서 비가 내렸다. 이윽고 LA로 향히는 비행기가 하늘 높이 오르니 언제 그랬냐는 듯 온 하늘이 청포도빛이다. 천지가 온통 맑다. 하늘에서 내려다보이는 건물과 집들이 조그만 장난감 같다.

LA에서 애틀랜타까지 자동차로 출발하면서 촬영한 사진들을 하늘에서 카메라 뷰파인더로 보기 시작했다. 첫날 타이어가 터지고, 하룻밤을 자동차 안에서 꼬박 지새운 것도 삶의 한 부분으로 카메라에 저장되어 있었다. 땅바닥에 앉아 타이어를 교체하고 있는 나의 모습이 왜 그리 불쌍해 보이는지. 이 모든 것이 사진 예술이라는 이름으로 기록되어 있었다.

결국, 사진으로 보는 불만에 찬 내 표정은 어쩌면 나를 이끌어가는 확고한 표지(標識)이리라 싶었다. '고전(古典)'이 고통으로 완성된 스승이라면, '사진'은 우직한 친구다. 우리의 삶도 이럴 것이다. 어쩌면 일상적인 글에 타락죽(駝酪粥)을 끓이며 소금을 적당히 넣어 맛을 내고, 수돗물 맛을 감로수(甘露水) 인양 호들갑 떠는 이치, 그게 나에겐 사랑의 글이요, 밀로의 비너스이리라.

신비한 미소, 나는 사진을 쳐다보는 이 순간만큼은 행복했다.

어느덧 나는 LA 상공 위를 날고 있었다.

미국 제3의 도시, 시카고

2015년 6월 하순, 시카고(Chicago) 방문은 특별했다. 도착하는 6월 19일 금요일 저녁 7시부터 시카고한인문화회관에서 '미주 한인 수필 문단의 현황과 나아갈 길'이라는 주제의 연사였기 때문이다. 보통은 자동차를 이용하지만 이번 여행은 장거리라 오전 7시 55분 로스앤젤레스공항을 출발, 오후 2시 01분에 도착하는 아메리칸항공(American Airline)을 이용했다. 시카고오헤어국제공항(O'Hare International Airport)에서부터 문인들의 도움으로 행사장이 있는 시카고한인문화회관 가까운 호텔 호손(Hawthorn)에 여장을 풀었다.

미국 시애틀에 정착한 후, 제일 먼저 가본 곳이 바로 이곳 시카고였다. 그리고 우리 가족은 미국 영주권을 받기 전 캐나다 영주권을 먼저 받았

다. 이때 어디에 정착할까를 궁리하면서 집사람과 밴쿠버, 퀘벡을 둘러보다가 토론토에서 뉴욕행 비행기를 탔다. 이때 이 부근 호수 위를 지나며 태평양 바다를 건너는 듯한 착각이 들었었다.

문학행사 다음 날, 몇 분의 시카고 문인들과 함께 아침을 먹고 이틀간의 시카고 여행이 시작되었다. 전날 밤늦게 비가 내렸기 때문에 아침부터 비가 내리면 헤밍웨이 생가를 방문하기로 하고, 만일 날씨가 괜찮으면 시내 관광을 하기로 일정을 정했었다. 아침 하늘은 흐렸으나 한때 세계 최고 높이의 빌딩이었던 윌리스타워(Willis Tower)에 갔다. 그 빌딩 스카이 데크(sky deck)에 올라가면 시카고의 빌딩들과 시내를 한눈에 내려다볼 수 있

고, 또 중요한 곳의 위치도 알 수 있기에 그렇게 했다. 토요일이라 그런지 많은 관광객이 줄 서서 순번을 기다리고 있었다. 월리스타워는 1973년에 완공된 마천루(摩天樓)

로, 높이가 442미터나 된다.

이 빌딩은 기둥이 없는 75피트 너비로 된 아홉 개의 튜브로 이루어진 묶음 튜브 구조로 이루어졌다. 두 개의 튜브는 50층 높이, 또 다른 두 개의 튜브는 66층 높이, 세 개의 튜브는 90층 높이, 나머지 두 개의 튜브는 108층 높이다. 종종 윌리스타워가 110층이라고 알려졌는데, 이것은 엘리베이터 박스와 지붕을 합한 층수이며, 정확한 층수는 108층이다. 시어스로벅앤드컴퍼니(Sears, Roebuck and Company)가 사무실용으로 처음 지었던 건물로 당시 이름은 '시어스타워(Sears Tower)'였다. 뉴욕의 세계무역센터(World Trade Center)를 누르고 말레이시아 수도의 쿠알라룸푸르(Kuala Lumpur)에 있는 페트로나스트윈타워(Petronas Twin Towers)가 준공된 1998년까지 세계에서 가장 높은 건물이었다. 그러나 1993년 시어스로벅앤드컴퍼니가 본사를 옮기면서 이 건물을 매각했지만, 2009년까지 '시어스타워'로 불렸다. 그러나 2009년 '윌리스 그룹'이 이 건물에 입주하면서 그해 7월 '윌리스타워'로 이름을 바꾸었다.

103층 스카이 데크에 도착하니, 전체가 조금씩 원형으로 돌고 있는 게 독특했다. 기념품 파는 곳과 식당 그리고 동전을 넣고 시내를 바라보는 망원경이 있었고, 유리 정면에 빌딩의 이름이 새겨진 게시판이 붙어 있었다. 도시 전체가 잘 정돈되어 있었고, 곳곳에 넓고 깨끗한 공원이 눈에 띄었다. 세계적인 건축가들이 이곳 시카고에 모여 만든 건축물들이라 그런지 건축마다 특색이 있었고, 각기 다 다르게 건축한 독특한 형태가 눈에 들어왔다. 나는 투명한 강화유리로 만든 돌출형 전망대 레지(Ledge)로 갔다. 그것은 사각형 박스로 건물 외벽 밖으로 1.3미터 정도 돌출되었는데, 지면에서 412미터 높이에 설치되어 있었다. 이곳에서 사진사가 차례차례 손님들을 컴퓨터로 보면서 사진 촬영을 해준 후 엘리베이터를 타고 내려가면서 현상된 자기 사진을 보면서 스스로 구입할 수 있게 된 구조였다. 문우와 함께 레지에 들어가려는데 갑자기 덜컥 겁이 났다. 발아래 도심 풍경이 아득하게 펼쳐져 있어서 아찔한 생각이 들었던 것이다. 나는 눈을 꽉 감고 조심스럽게 들어갔다.

나는 미시간 호수가 바라다보이는 곳에 섰다. 미시간(Michigan)이라는 단어는 '아들'을 생각나게 하는 마력이 있다. 내 아들은 대학 1학년 때 미국에 건너와서, 워싱턴에서 학사, 캘리포니아에서 석·박사를 취득하고, 넓은 호수를 양쪽에 끼고 있는 미시간주립대학교(Michigan State University)에서 강의를 시작했기 때문이다.

이곳 시카고의 매력은 도시를 거닐면서 유명한 건축가의 특색 있는 건물 구조와 화가들의 대형 조각 작품을 감상할 수 있다는 것이다. 먼저 지하철 블루 라인 워싱턴 역, 데일리 광장에 있는 현대 미술의 거장 파블로 피카소(Pablo Picasso, 1881~1973)의 작품을 찾아갔다. 빌딩 사이 분수가 있는 광장에 설치되어 있었다. 〈피카소(The Picasso)〉라는 이 작품은 1961년 제작 당시 공공 조각물을 두꺼운 철을 자르고 붙이는 것 때문에 많은 논란을 불러일으켰었다. 그 당시에는 공공 조각 작품에 철을 이용한다는 것 자체가 낯설기도 했지만, 작품의 높이가 15.2미터나 되었기 때문에 더욱 관심을 끌었다. 지금은 도시를 상징하는 조각 작품으로 많은 사람들의 사랑을 받고 있다.

다음은 시청 앞 광장 맞은편 빌딩 사이에 있는 조그마한 쉼터에 스페

인의 화가 호안 미로(Joan Miro, 1893~1983)의 조각 작품이 있었다. 이 작품 역시 미로 특유의 원색으로 표현된 모티브인 별, 여인, 새, 하늘 등이 등장했다. 미로는 시(詩)의 언어를 그림으로 표현하는 듯한 초현실주의 작가다. 〈미로의 시카고(Miró's Chicago)〉라는 이 조각 작품은 지구와 태양을 치마 속에 감싸 안은 듯한 여신상이다. 이 여신은 달을 상징하는 구슬을 목에 걸고, 코는 갈고리 모양, 머리에는 별과 빛을 상징하는 포크 모양의 왕관을 쓰고 있었다.

미로의 작품을 지나 남쪽으로 한 블록 더 내려가니, 마르크 샤갈(Marc Chagall, 1887~1985)의 〈사계절(The Four Seasons)〉이란 작품을 만날 수 있었다. 250가지가 넘는 다양한 색깔의 2센티미터 정도의 스테인드글라스로 만들어진 모자이크 작품이었다. '색의 마술사'답게 그가 즐겨 사용하는 파랑과 빨강 그리고 녹색과 노랑이 눈에 들어왔다. 모서리에는 그의 사인까지 들어 있는데 새, 물고기, 태양, 꽃 그리고 하늘을 나는 연인들

렌즈를 통해 본 디지털 노마드

이 묘사되어 있었다. 그는
신체적, 정신적으로 다양
하게 성숙해 가는 인간의
삶을 표현했다고 자신의
작품에 대해 설명하고 있
었다.

샤갈의 작품으로부
터 남서쪽으로 내려가니 시카고 연방정부 건물들로 둘러싸인 큰 공터
가 나타났다. 이곳에는 움직이는 조각, 모빌(mobile)의 창시자 알렉산더
칼더(Alexander Calder, 1898~1976)의 〈홍학(Flamingo)〉이라는 작품이 있었
다. 칼더의 불그스름한 주황색과 불꽃 같은 구조물은 주위 바우하우스
(Bauhaus) 스타일의 건축물들과 좋은 대조를 이루고 있었다. 이외에도 톰
슨센터(Thompson Center) 앞에는 프랑스의 화가 장 뒤뷔페(Jean Dubuffet,
1901~1985)의 조각이 있었다. 그는 어린이나 정신병이 있는 사회적 약자를
통해 사회 내부에 있는 허상을 벗겨내고 그 사실을 폭로하는 작가로 유
명하다. 또 있다. 아모코 빌딩(Amoco Building) 밖으로 약간 내려앉아 있는
옥외광장에 설치된 해리 베르토이아(Harry Bertoia, 1915~1978)의 조각 작품
이 있었다. 작은 바람에도 5미터의 긴 구리 막대들이 서로 부딪치면서 소
리를 내고 있었다. 바람의 세기와 방향에 따라 다양한 화음을 만들어 내
는 이 작품은 끝없는 갈대밭을 떠올리게 했다.

다른 도시에서는 구경할 수 없는 이러한 대작품들을 시카고에서만 볼
수 있다는 것은 대단한 일이 아닐 수 없다. 여기에는 아주 특별한 이유가
있다. 1871년 10월 초, 이곳 시카고에 대형 화재가 일어났던 것이다. 이 불
길은 건조한 날씨와 거센 바람 탓에 무려 스물일곱 시간 동안이나 대부
분 목조 건물인 이곳에서 걷잡을 수 없이 번졌다. 이때 목조 건축물들은

거의 파괴되었지만, 철을 사용한 다리와 철길 등은 남았다. 이 사건을 '시카고 대화재(Great Chicago Fire)'라고 부르는데, 이로 인해 다운타운과 북쪽의 전 지역이 불에 다 타버리다시피 했다. 당시 이 화재로 시카고 인구의 3분의 1인 10만 명이 집을 잃게 되었다.

'창조적 파괴'라 했던가. 창조적 파괴는 경제학자 조셉 슘페터(J. Schumpeter)가 경제발전을 설명하기 위해 제시한 개념이다. 이 대형 화재와는 꼭 들어맞는 말은 아니지만, 어쨌든 불에 탄 것을 모두 허물고 신공법에 의해 새로운 변혁을 일으킨 것에는 맞아떨어진다. 화재 이후 주정부와 시카고 시의 특별조치, 장기저리(長期低利)라는 재정적 보증에 힘입어 건

렌즈를 통해 본 디지털 노마드

물주가 될 사람들은 빌딩 설계 공모전을 개최
하기 시작했다. 그 결과, 세계적인 유명한 건축
사, 설계사들이 도시를 다시 세우기 위해 시카
고로 몰려들었다. 그리고 화재 참사의 재발을
막기 위해서 돌과 철을 사용한 건축물의 경연장이 되었다. 유럽식의 다층
건물에서 막 벗어나기 시작한 장식적인 고층 건물에서부터 현대적인 스타
일까지 미국 마천루 건축 역사의 흐름을 한눈에 볼 수 있을 정도로 다양
한 형태의 건물들이 빠르게 밀집해져 갔다. 시가지는 도시 구획과 도로
망이 바둑판 모양으로 500개가 넘는 크고 작은 공원, 야외 공연장, 공공
박물관 등 세계에서 보기 드문 매력적인 계획도시로 탈바꿈하게 되었다.
이때 도시 사이사이에 당대 최고의 유명 예술작품이 시내 곳곳에 놓이게
되었던 것이다. 이렇게 신기술들을 이용해 재건에 온 정성을 쏟은 결과,
시카고의 명물인 다운타운의 유명한 건축물들이 세워져 한층 더 발전한

모습, 도시 전체가 살아 있는 현대 건축의 교과서, 시카고가 재탄생하게 된 것이다.

하지만 겨울에는 혹한의 추위로 도로가 파괴되기 일쑤이고, 봄의 하늘은 거의 잿빛이다. 이렇게 햇빛을 쉽게 볼 수 없어서 대부분의 연장자들은 캘리포니아를 동경한다. 이를 말해주듯 남쪽 도시에는 없는 염화칼슘을 모아 놓은 대형 원통형 창고가 고속도로 곳곳에 서 있다. 눈이 오면 대형 트럭은 이 둥근 건물 안으로 들어가서 염화칼슘을 싣고 도로에 뿌리기 위해서다. 봄이 되면, 시카고 도시 곳곳에 팬 도로를 다시 뜯고 고치는 게 일상이다. 그렇지만 여름과 가을에는 '바람의 도시(Windy City)'답게 때때로 강한 바람이 불고 비도 자주 내린다. 하지만 미시간 호수에서 불어오는 시원한 바람과 공원의 푸른 나무숲 등 도시 전체가 깨끗하다는 것이 시카고의 또 다른 매력이라고 할 수 있다.

'시카고'라는 지명은 아메리카 원주민의 단어인 '시카아과(shikaakwa)'에서 유래되었다. '야생 양파', '야생 마늘'이라는 뜻의 이 단어가 프랑스어로 번역되면서 유래되었던 것이다. 즉, 1679년 프랑스 탐험가 로베르 드 라 살(Robert de La Salle)이 자신의 회고록에 이 일대를 '시카코(Shikako)'로 기록하면서부터 알려졌다. 그리고 1780년대 아프리카계 유럽인 장 밥티스트 포인트 듀 세이블이 외래 이주자로 최초로 이곳에 정착했다.

미국은 어디를 가나 원주민의 한(限)의 역사가 따라다닌다. 이곳도 역시 1795년 북서 인디언 전쟁의 결과에 따라 미국 원주민들은 그린빌조약(Treaty of Greenville)으로 시카고 지역을 미국에 할양하고 만다. 이후 1803년 미국 육군은 1812년 전쟁으로 파괴되었던 디어본 요새(Fort Dearborn)를 재건한다. 계속해서 미국은 1816년 세인트루이스조약으로 오타와(Ottawa)족, 오지브와(Ojibwa) 족, 포타와토미(Potawatomi) 부족으로부터 추가적으로 영토를 양도받게 된다. 이곳의 원주민이었던 포타와토미 족은 1833년 시카고조약에 따라 다른 지역으로 강제 이주 당하게 된다.

시카고 밀레니엄 공원(Millennium Park Chicago)에 갔다. 이곳은 1880년대에 시카고 중심부를 돌던 고가철도에서 비롯된 루프(The Loop) 지역이자 시카고 다운타운의 최대 중심가였다. 지금도 그때의 명성을 등에 업고 시카고 밀레니엄 공원 주변은 관공서, 무역, 금융 등 세계 경제를 주도하는 국내외 기업 및 기관을 비롯하여 상가, 오피스텔 등이 대거 밀집하여 고층 빌딩 숲을 이루고 있다. 또한, 바로

이곳에서부터 시카고의 상징과도 같은 높다란 마천루 및 시카고의 역사를 간직한 건물들을 바라보면서 건축물 순례를 할 수 있다. 한마디로 건축, 기념 조각품이 주변 풍경에 잘 어울리게 디자인된 공원으로 시카고 시민들의 휴식처로 사랑을 받는 곳이다. 그 밖에도 공원 안에는 '시카고

플랜 100주년'을 기념해 건설된 '번햄 파빌리온(Burnham Pavilion)', 시카고 교향악단을 비롯한 클래식 음악 공연이 열리는 '제이 프리츠커 파빌리온(Jay Prizker Pavilions)' 등 개성이 넘치는 조형물들이 많이 있다.

올해로 11주년을 맞이하는 이곳은 24시간 연중 개방된다. 먼저 '콩(The Bean)'이란 애칭으로 불리는 스테인리스 조형물, 클라우드 게이트(Cloud Gate)가 10톤이라는 어마어마한 무게를 자랑하며 세계에서 가장 무거운 조형물로서 거울처럼 매끈한 표면을 햇살에 빤짝이고 있었다. 높이 10미터, 길이 20미터, 폭 13미터인지라, 이곳에서는 여러 가지 형태로 변하는 클라우드 게이트에 비친 마천루들을 촬영할 수 있다. 그다음은 제이 프리츠커 파빌리온, 시원하게 물을 뿜어내는 스페인계 아티스트인 하우메 플렌사(Jaume Plensa)의 작품인 〈크라운 분수(Crown Fountain)〉를 보았다. 벽체 사방에 방수 LED를 두르고 두 개의 15미터 기둥이 서로 마주 바라보고 서 있다. 길게 늘어진 사각형의 분수에는 어린애들이 수영복 차림으로 바닥에서 솟아오르는 물에 몸을 맡기고 뛰어놀고 있었다. 길게 늘어진 사각형의 분수가 별다른 물 칸막이나 둔덕이 없다는 것이 이곳만의 특색이다. 대신 바닥에서 솟아올라 흐르는 물이 인도로 넘치지 않게 아주 좁은 배수구가 사각 전체로 빠지게 설계되어 있었다. 그래서 이곳에서 뛰어노는 아이들이나 인도를 걸어가는 사람들 모두 위험하지도 않고 아무런 불편이 없었다. 또한, 대형 컬러 스크린에는 시카고에 거주하는 1,000여 명의 시민들의 얼굴이 다양한 표정으로 13분마다 바뀌고 있었다. 마치 모자이크한 대형 컬러 액자처럼 보였다.

클라우드 게이트와 크라운 분수 사이의 건물에 갔다. 계단 입구 좌우에 있는 청동 사자가 머리에 큰 플라스틱 헬멧을 쓰고 있는 게 보였다. 이 건물은 1879년에 개관한 미국 일리노이 주 시카고미술관(The Art Institute of Chicago)이다. 뉴욕의 메트로폴리탄미술관(Metropolitan Museum

of Art), 보스턴의 보스턴미술
관(Boston Museum of Fine Arts)
과 함께 미국의 3대 미술관 중
한 곳이다. 한국에서는 '시카고
현대미술관' 또는 '시카고미술
연구소'라고 부른다. 시간이 없
어서 입장하지는 않고 건물 주
변만 둘러보기로 했다. 도로변
에는 시에서 운영하는 연푸른
색의 자전거 진열대가 길게 놓
여 있었는데, 누구나 동전을 넣고 빼면 된다. 아름다운 도시 건축물 사이
사이로 연푸른색의 자전거를 타고 구경하는 것도 좋을 것이라는 생각이
들었다. 그런데 오늘은 졸업식이 있는 날이어서인지 졸업 가운을 입고 사
진 찍는 가족들이 많았다. 어느 학교의 졸업식이냐고 물었더니, 바로 이
곳 시카고미술관 부설 대학교(School of the Art Institute of Chicago)의 졸업식
날이라고 했다. 그래서 특별하게 청동 사자의 머리에 학사모 대신 헬멧을
씌웠다고 대답해주었다.

다음은 1869년에 급수탑으로 세워진 워터타워(Water Tower)를 찾았
다. 이 타워는 미시간 호의 물을 끌어올리는 역할을 했다. 이 워터타워
는 열에 강한 화강암으로 건설되었기 때문에 1871년 시카고 대화재 때 유
일하게 타지 않고 남은 역사적인 건물이다. 그래서 과거 미시간 애비뉴
(Michigan Avenue) 확장 공사를 위해서 이 건물을 철거하려 했을 때 시민
들의 거센 반발 때문에 무산되었다. 이 건물 1층 안에는 관광객들을 위
한 방문자센터가 마련되어 있다.

이번에는 루프 동쪽으로 미시간 호를 메워 만든 시카고 그랜트 공원

(Chicago Grant Park)에 갔다. 이곳은 시카고 시민들이 조깅, 사이클링, 테니스 등 운동을 즐기기 위해 모이는데, 바로 이 공원 중앙에 우리가 보려고 했던 버킹엄 분수(Buckingham Fountain)가 있다. 미국에서 가장 아름다운 분수로 알려졌는데, 베르사유 분수를 모델로 한 이 분수는 최고 40미터까지 물길이 치솟고, 밤 9시부터는 여러 색의 조명까지 더해진다. 이 분수에 사용되는 물이 무려 5,700리터나 된다고 한다.

우리는 호텔로 돌아왔다가 저녁에 야밤의 도시를 촬영하기 위해 다시 찾았다. 많은 관광객들이 모여 있었다. 나는 분수대에서 마천루를 중심으로 촬영했다. 되돌아오는 길에 한바탕 소나기가 쏟아졌다. 문우와 함께 밤늦게 한국 식당에서 저녁 식사를 하면서 시카고 한국 문인들의 문제점과 애로점을 듣고는 다시 호텔로 돌아왔다.

요즈음 종교 문제로 세계적인 전쟁이 일어나고, 또 타 종교에 대해 무자비하게 행동하는 세상으로 변했다. 갈수록 더 심해지고 있다. 그런데 모든 종교를 다 아우르며 함께 손잡고 가자며 흰색 대리석으로 건축한 바하이 성전(The Bahai House of Warship)이 이곳에 있다. 이 종교는 19세기 초, 페르시아(이란)에서 나타난 아브라함 계통의 유일신 종교인데, 공식 명

렌즈를 통해 본 디지털 노마드

칭은 '바하이(Bahai)'이다.

자료를 찾아보았다. 자신들이 말하는 신은 유대교, 그리스도교, 이슬람교의 신이라고 말한다. 인지도가 워낙 낮아 바하이교의 교리나 신도수는커녕 종교 존재 자체를 모르는 사람들이 많다. 성도는 전 세계적으로 600~700만 명 정도가 된다고 한다.

바하이교는 1844년에 바브(Báb, 1819~1850)이 자신을 '하나님의 문'이라 선언한 데서 비롯되었다. 당시 기존 이슬람교도들은 이단적인 사상을 전파한 바브와 그를 따르는 바비교 신자들을 잡아 페르시아에서 이단죄로 처형시킨다. 그러나 1863년, 아랍어로 '하느님의 영광'이란 뜻을 가진 바하올라(Bahá'u'lláh, 1817~1892)가 자신을 바브의 후계자라고 스스로 선언하고 교주(敎主)로서 계속 전파시켜 나간다. 과거의 모세나 예수, 석가모니, 무함마드(Muhammad) 등 종교직 인물들을 모두 신의 예언자로 보면서 종교는 본래 한 뿌리였음을 강조한다. 모든 인류의 융합과 평등을 내세우는 교리가 특이하다.

이들이 믿는 신은 유대교, 그리스도교, 이슬람교와 같은 유일신 '야훼(알라)'인데, 여기에 조로아스터교, 이슬람교, 불교, 기독교, 힌두교, 시크교(Sikhism) 등 모든 종교를 혼합시킨 것이라고 보면 틀림없다. 하지만 바하이교는 나른 아브라함 계통의 종교들이 갖는 타 종교에 대한 배타성은 전혀 없고, 모든 종교를 포용하는 것이 특색이다. 세계의 모든 종교는 한 뿌리인 유일신한테서 왔으나 시대와 환경에 따라 하느님, 야훼, 부처님, 알라, 브라흐마(Brāhma) 등으로 달리 불렀을 뿐이라고 말한다. 이들의 3대 목표는 '세계 통일', '언어 통일', '정부 통일'이다. 참으로 근사하면서도 황당한 논리라는 생각이 들었다. 인도에는 연꽃 모양의 바하이교 사원, 이스라엘에는 유대교에서 사용하는 형태의 사원 등 나라마다 각기 그 나라에 맞게 사원이 세워져 있다.

미국에서 최초로 '동성애인권단체협의회'가 설립된 곳이 어딘지 아는가? 바로 시카고다. 지금은 법으로 미국의 어느 주 할 것 없이 동성애와 그들의 합법적인 결혼까지 인정해준다. 하지만 1924년 당시만 해도 경찰과 정치적 압박으로 인해 이내 해산되었다. 그 원뿌리의 단체가 이곳이라는 게 바하이교와 잘 맞아떨어진다 싶었다. 그래서일까, 이곳 시카고 사람들의 표정이 밝아 보인다. 그 이유는 뭘까? 바로 행동하는 진정한 자유의 표출이 아닐까 싶다.

다시 피사의 사탑(Torre di Pisa)을 찾아갔다. 피사대성당(Duomo di Pisa)의 종탑(鐘塔)이며 7대 불가사의 건물로 이탈리아 토스카나에 있는데 이게 무슨 소리인가? 이곳 시카고에도 똑같은 피사의 사탑 건물이 있다. 기울어진 각도도 5.5도로 똑같다. 다만, 다른 게 있다면 그 크기다. 이탈리아에 있는 사탑은 대리석에 55미터 높이지만, 이곳의 탑은 철근 콘크리트로 되어 있으며 이탈리아 것의 절반 높이다. 오리지널은 1155년에 지어졌지만, 이곳의 복제 건물은 1933년에 한 개인이 세 개의 수영장에 물을 공급하기 위한 물탱크를 피사의 사탑처럼 만든 것이다.

다음 날 아침, 아침을 먹으러 문우와 함께 유명하다는 그리스 식당에 갔다. 많은 남성들이 대기하고 있어서 아침인데도 시간이 한참 걸렸다. 이유를 알아보니, 오늘이 '아버지날'이라서 그렇단다. 아버지날이 있다는 사실은 알고 있었지만, 이날이 마음에 와 닿은 적은 한 번도 없었기에 머리를 끄덕이며 피식 웃고 말았다.

제2차 세계대전 당시 해군기지였던 네이비 피어(Navy Pier)에 갔다. 이

렌즈를 통해 본 디지털 노마드

곳에서 선상 관광을 위해 쇼어라인 시카고(Shoreline Chicago) 소속 관광 보트 보야저(Voyageur)호에 승선했다. 보트 앞 갑판에는 긴 나무의자가 칸칸이 놓여 있었다. 관광객은 대략 100여 명 정도였으며 선장과 안내원이 관광객 앞에서 인사하고 배를 움직이기 시작했다. 뱃길을 따라 이동하면서 아랫배가 유난히 튀어나온 여성 안내자의 상세한 설명과 함께 약 90분간 진행되었다. 뭐니 뭐니 해도 독특한 생김새의 옥수수 모양의 쌍둥이 빌딩이 눈에 들어왔다. 안 그래도 옥수수 빌딩에 관해 문우에게 많은 이야기를 들었는데, 이곳에서 세세히 보고 들을 수 있어서 좋았다.

쌍둥이 옥수수 빌딩, 마리나시티(Marina City)는 버트랜드 골드버그(Bertrand Goldberg)가 1963년에 완공한 원통형의 건물이다. 멀리서 보면 꼭 옥수수 속대를 나란히 세워 놓은 것처럼 보인다. 사실 시카고가 속한 일리노이 주는 미국 내 옥수수 최대 산지 중 한 곳이다. 높이 168미터의 60층 주상복합건물인데, 1층에서 20층까지는 오픈 주차장이다. 차가 전부 후진 주차해 있는 게 특이했다. 지하에는 쇼핑센터와 프랜차이즈 식당, 영화관, 은행 등 웬만한 상점은 다 들어 있었다. 지상 1층 서브웨이 옆에는 태극기까지 걸려 있었다. 그것뿐만 아니다. 강을 이어주는 워터택시(water taxi)가 이곳에 있고, 보트까지 빌려주는 업소도 있다. 한 시의 기능이 이 아파트 내에 있다 하여 '도시(City)'라는 이름이 붙어 있는 게 아닌가 싶었다.

선박을 이용하여 윌리스타워, 일리노이 주청사, 트리뷴타워(Tribune

Tower), 30도까지 기울어지는 돌출형 전망대(tilt)가 있는 존행콕센터 빌딩 등을 볼 수 있다. 제일 특색 있었던 것은 강철로 만든 모든 철교가 도개교(跳開橋)라서 그 위로 지나가는 자동차들의 소리가 유난히 요란스럽다는 것이었다. 도개교는 말 그대로 다리를 들어 올렸다 내렸다 할 수 있는 다리를 지칭한다. 그런데 다리의 중간 접점(接點) 아래 철근에는 붉은 등(燈)이 양쪽에 켜져 있었다. 신호등의 적색은 정지 사인(stop sign)이므로 처음에는 이상했지만, 배가 지나갈 때 철근 사이에서 떨어지는 잡물(雜物)을 조심하라는 의미라는 것을 이내 알아차리게 되었다.

신혼부부로 보이는 두 사람과 그 친구들이 철교 위에서 배를 타고 지나가는 관광객들에게 인사하면서 손짓하고 있었다. 새로움을 추구하는 젊은이들의 이벤트 같았다. 도심에서 먼 곳 물가에는 군데군데 텐트를 쳐 놓은 캠핑족들이 보였다. 이들에게서 낚싯대를 드리우고 월척을 기다리는 여유로움과 낭만이 물씬 풍겼다. 이곳의 고기를 누가 식용으로 사용하겠는가. 다만, 낚시하는 즐거움을 느낄 뿐이리라.

　나는 캘리포니아로 가기 위해 짐을 꾸리고 방 열쇠를 카운터에 넘겼다. 그리고는 5분 거리의 시카고한인문화회관 옆에 있는 부산정(釜山亭)이란 정자에 들렀다. 2012년 11월, 부산시와 시카고의 자매결연 5주년 기념 상징물이다. 자재와 목수까지 모두 부산에서 직접 와서 제작했기 때문에 총공사비가 15만 달러나 들었다고 한다. 나는 문우에게 "이왕이면 조용필의 〈돌아와요 부산항〉이라는 노랫말 기념비까지 이곳에 설치해 놓지요." 라고 농담을 했다.

　영도다리(影島大橋)가 도개교이고, 고향의 이름까지 걸려 있어 이곳에 오니 고향에 대한 그리움이 더욱 간절해졌다. 몇 장을 촬영하고 공항으로 향했다. 사흘 동안 수고해준 문우와 악수하고 헤어졌다. 다시 한 번 이곳에 오게 된다면 헤밍웨이의 생가를 찾아보고, 쿠바 아바나 동쪽에 있는 작은 어촌 코히마르(Cojimar)를 찾을 생각이다. 소설 『노인과 바다(The Old Man and The Sea)』의 배경이 된 해변과 1939년부터 아바나 근처 샌프란시스코데파울라(San Francisco de Paula)의 울창한 열대 숲에 자리 잡은 소박한 시골집, 핀카 비히아(Finca Vigía)를 보려고 마음먹는다.

　비행기가 이륙하자 이틀 동안 촬영한 사진들을 보면서 시카고에 두고 온 마음을 사진으로 대신한다.

가랑비의 도시 시애틀,
주변을 찾아가다

보름 전부터 한 원로 사진사가 워싱턴 주에 있는 시애틀(Seattle)에 꼭 가야 할 일이 있다면서 같이 가자고 제안했다. 자동차로는 한 번도 안 가봤다며 새로 구입한 카메라와 자신의 신형 SUV로 가자고 했다. LA에서 시애틀까지 5번 고속도로는 편도 1,869(1,160마일)여 킬로미터다. 특히, 12월이라 오리건 주와 워싱턴 주의 날씨는 민감한 편이고 낮이 짧아 편안하게 움직이려면 대략 이틀을 5번 고속도로 주변 호텔에서 잠자야 한다.

거리를 계산한 결과 캘리포니아 주 래딩(Redding), 오리건 주 세일럼(Salem)에서 하루씩 투숙하기로 했다. 둘째 날 아침에 롱뷰(Longview) 남쪽에 있는 세인트헬렌스 산 국립 화산 기념물(Mt. St. Helens National Volcanic Monument)에 갔다가 워싱턴의 목적지 시애틀에 가기로 했다. 그리고는 겨울철 레이니어산국립공원(Mt. Rainier National Park)을 꼭 찾아가 보리라 생각했다.

아침 일찍 사진사와 함께 LA 북쪽 방향 5번 도로를 탔다. 겨울이라 그런지 북쪽으로 올라갈수록 비와 안개가 곳곳에 자욱했다. 그래도 LA에서는 흔히 볼 수 없는 풍광이라 멋있기까지 했다.

둘째 날이다. 오리건 주도 포틀랜드(Portland) 중심부의 높은 고속도로를 지나고 컬럼비아 강 철교를 건넜다. 이곳부터 워싱턴 주가 시작된다. 캘소(Kelso)를 지나면서 세인트헬렌스 산 국립 화산 기념물(높이 2,549미터)에 가기 위해 5번 고속도로에서 49번 국도로 빠져나왔다. 그리고는 504번 국도를 갈아타고 호수 앞에 있는 방문자센터에서 지도를 한 장 받아 들고 산

렌즈를 통해 본 디지털 노마드

으로 향했다.

산으로 향하는 길은 삼나무
와 소나무 군락이 엄청나게 많
았다. 2000년 처음 이곳을 방문
했을 때 놀랍게도 화산이 터진 그대로 두고 있었고, 새로운 나무는
해마다 지역을 따로 정해 식목하고 또 다른 자리로 옮겨 식목하고 있었
다. 그러니 해마다 커가는 나무의 키를 비교할 수 있게 하여 신선한 느낌
이 들게 했다. 그 이후 해마다 찾은 곳이었지만 겨울철 방문은 처음이라
별로 변한 게 없어 보였다. 삼나무와 소나무 숲을 한참이나 지나면서 공
원 입구가 나왔다. 올라갈수록 점점 눈으로 덮여 있었다.

산을 내려오는 데 비가 오기 시작했다. 706번을 탔다. 다시 7번으로 바
꿔자마자 엘베(Elbe)라는 조그마한 촌락이 나온다. 도로 건너편 간이철로
위에 기차 객실을 올려놓고 식당을 운영하는 곳이 보였다. 이곳에 들어갔
다. 비가 내리고 또 겨울철이라 그런지 손님은 한 가족만 보였다. 편안하
게 자리를 잡고 앉아 이 동네의 역사와 식당에 관한 이야기를 종업원과

주고받았다. 1922년 포틀랜드에서 만든 이 객실을 1987년 식당으로 예쁘게 꾸며 놓았다. 90년이 넘은 곳이라, 여름이면 많은 관광객이 이곳에서 커피나 점심을 먹는다고 한다. 도로 건너 조그마한 예배당이 보였다. 화장실에 다녀오면서 기차 칸 내에 있는 선물센터에서 레이니어산국립공원 사진엽서 몇 장을 샀다. 봄철의 사진이라 예뻤다. 정상은 만년설을 뒤덮은 육중한 모습에 야생화가 만발해 있어 생명력이 느껴졌다.

렌즈를 통해 본 디지털 노마드

사진엽서를 카메라 가방에 넣고 다시 길 건너편에는 조그마한 예배당을 바라다보았다. 비를 맞고 있는 예배당은 어린 시절의 집 앞 교회를 생각나게 했다. 온종일 비가 내리는데도 교회 앞마당에서 비를 맞으며 뛰놀던 꼬마 친구들의 얼굴은 기억에 없지만, 추억만큼은 아름다운 그리움으로 맞이한다. 김윤복 시인의 「추억(追憶)」이라는 시가 빗속에서 철퍼덕거린다.

알록달록/기쁨과 슬픔의/ 집을 지으며 살아왔네/산새알 물새알 같은/아롱다롱 추억들이 쌓여/세월의 강을 건너는/돛단배 되네/눈물짓던 시절도/세월이 흘러 뒤돌아보면/그리움으로 남는 것/사랑하던 사람은/가고 없어도/가슴속 깊은 곳/연분홍 사랑의 추억은 남아/고단한 한세월/그럭저럭 견딜 만하지/오!/추억의 힘이여

세인트헬렌스산(山) 국립화산 기념물은 워싱턴 주 스카마니아(Skamania) 군에 있는 활화산이다. 시애틀로부터 남쪽으로 154킬로미터 지점, 포틀랜드로부터 북동쪽으로 80킬로미터 지점에 있다. 화산(火山)의 이름은, 영국의 외교관 세인트헬렌스 경(卿)으로부터 왔다. 1980년 5월 18일에 일어난 화산 폭발로 57명이 목숨을 잃었으며, 미국 역사상 가장 재산 피해를

크게 끼쳤던 화산 폭발이다. 그 결과 산의 높이가 2,950미터에서 2,550미터로 400미터나 낮아졌다. 지금은 산의 북면(北面)이 폭발로 없어지고, 커다란 분화구가 남아 있다. 아홉 시간 동안 계속된 화산 폭발로 250채 이상의 가옥과 47개의 교량이 파괴되었으며 주변 철도와 고속도로가 끊어지는 등 미국 북서부 지역은 극심한 피해를 입었다. 이때 아이다호와 몬태나 주까지 화산재로 뒤덮였다. 반경 6마일(9,656미터)의 아름드리 숲은 완전히 황폐화했고, 15마일 상공까지 화산재가 올라갔으며 곳에 따라 최고 600피트(188.8미터) 두께로 화산재가 쌓였다. 이 때문에 강물 온도는 화씨 90도(섭씨 32도)까지 상승해 물고기와 야생 동물이 떼죽음 당한 곳이다. 화산 폭발의 위력은 제2차 세계대전 당시 히로시마에 투하된 원자탄의 1,700배나 되었다.

저녁 늦게 시애틀 부근의 한 주택가에 동행한 사진사를 목적지에 내려놓았다. 이틀 뒤에 다시 만나기로 했다. 나는 이 차를 계속 사용하기로 하고 바로 터코마(Tacoma)로 향했다. 이제부터 내가 움직여야 할 곳이 별도로 있는 것이다.

이곳 시애틀 주변 도시는 나와 인연이 깊은 곳이다. 20년 전 나의 미국 이민 역사가 시애틀 남쪽 터코마 5번 고속도로에 붙어 있는 조그마한 모텔 비즈니스로 시작했고, 한국에서 대학교 1학년생인 아들을 불러내어 이곳 워싱턴 주에서 대학을 졸업한 곳이다. 그리고 자택은 푸젓사운드 바다가 보이는 터코마 북쪽에 거주지를 정했다.

이곳의 국제공항 이름은 시택공항(SeaTac International Airport)이다. 이 '시택'이란 단어는 공항을 중심으로의 두 도시, 시애틀과 터코마의 이름을 합친 단어이다. 그동안 워싱턴 주의 제1, 2도시였으나 지금은 밸뷰(Bellevue)가 크게 확장되면서 터코마는 뒤로 처지고 있다.

시애틀을 중심으로 서쪽으로는 올림픽산맥, 동쪽으로는 캐스케이드산

맥으로 둘러싸여 있다. 그
리고 푸젓사운드 바다가 도
심 깊숙이 들어와 있어 가
까운 거리에서도 쉽게 바다
를 접할 수 있고 또 페리가
오가는 아름다운 바다 풍
경을 볼 수 있다. 또한, 이
곳에는 '물의 도시' '숲의 도
시'라는 별명처럼 곳곳에
맑은 호수와 강과 산이 있
다. 세인트헬렌스 산, 레이
니어 산, 올림픽, 노스캐스
테이드 등의 네 개의 국립
공원이 있어 대자연을 마
음껏 즐길 수 있다.

　다음 날 아침 날씨는 찌
뿌드드했다. 산에는 틀림없
이 눈이 내릴 것이리라. 그래도 마음먹고 있었던 레이니어 산을 향해 출
발했다. 터코마에서 5번 고속도로에서 512번을 갈아타고 다시 7번 국도를
타고 706번으로 이어지는 길을 선택했다. 관광객들은 편한 이 길을 많이
선택한다. 아니나 다를까, 비가 내리기 시작했다. 이곳에 내리는 비는 굵
은 비가 아니다. 가랑비다. 그러니 겨울철에는 우산은 필요가 없고 방수
점퍼와 모자를 쓰고 다니면 그만이다. 남들은 겨울철의 비 탓에 우울증
이 걸린다는 사람이 있지만, 나는 아니다. 커피를 마시며 비 오는 날을 즐
기며 낭만을 찾으려는 스타일이다. 우연인지는 모르겠지만, 이곳에 스타

벅스(Starbucks Coffee)의 1호점, 시애틀 베스트 커피(Seattle Best Coffee), 툴리스 커피(Tully's Coffee)가 있는 것은 우연이 아닐 것이라 싶다. 여하튼 산에 오르면 이 비는 눈으로 바뀔 것이다. 하지만 아무리 눈이 내려도 파라다이스인(Paradise Inn)까지 가기로 마음먹었다.

레이니어 산 입구가 나오기 전, 작은 호수가 계속 나오는데 한군데에는 굵은 원목을 자른 자리가 눈에 띄었다. 또 얼마를 달렸다. 눈앞에 통나무로 만들어져 있는 입구가 나왔다. 그 길을 잠시 따라가다 보면 입장료를 내는 곳이 나온다. 그런데 자동차 바퀴에 체인을 붙이라는 주황색 경고가 붙어 있는 게 눈에 들어왔다. 레인저는 파라다이스인까지는 어려울 것이라 했다. 그래도 갈 수 있는 곳까지 갈 것이라 다짐하고 올라가기 시작했다. 눈은 점점 더 내렸다.

21년 전이다. 우리 가족은 이곳 파라다이스인에 놀러 왔다. 하늘을 청잣빛인데 주변이 온통 눈 세상이었다. 그때 딸은 고등학교 1학년, 아들은 중학교 3학년생이었다. 쌓인 눈은 사람의 키보다 높았다. 눈 세상, 아무도 없는 눈 세상에 우리 가족만 눈을 밟으며 뛰어놀았다. 눈 속에 묻힌 파라다이스인은 영화 속의 한 장면 같이 아름다웠다. 즐거움과 기쁨은 말로 표현하기가 힘들 정도였다. 1917년 목조 건물로 세워진 이 호텔 주위는 완전히 눈에 파묻혀 있어 신비롭기까지 했다. 1968년 소설가 가와바타 야스나리(川端康成)가 쓴 『설국(雪國)』이 있다. 일본 최초 노벨문학상을 받은 작품이다. 그 책을 고등학교 때 읽어 보면서 어느 정도의 눈이 내렸으면 그런 이름을 붙이는가를 궁금해했다. 아마 이 정도의 아름다움과 눈 높이가 배경이 되었을 것이라 싶었다.

파라다이스인까지는 얼마 안 남았는데 바퀴는 계속해서 헛돌고 마끌거렸다. 아름다웠던 추억을 그리는 간절한 그리움을 불쏘시개로 만들 기회가 불안했다. 마음은 점점 더 불안해져 갔다. 결국, 포기할 수밖에 없었다. 되돌아가기로 마음
먹었지만 정말 섭섭했
다. 파라다이스인에 들
어가 옛날을 기억하며
몇 장을 촬영하려 했
던 계획은 무너졌고,
또 어떻게 변해 있나
를 보고 싶었는데 무
산되었기 때문이다.

솟아 있는 레이니어 산은 명실공히 캐스케이드 산맥(Cascade Range)의
제왕이라고 할 수 있다. 14,410피트(4,392미터)의 높은 봉우리는 주위에 비
교할 만한 산이 없다. 독보적이다. 이 산은 터코마와 시애틀을 비롯한 여
러 곳에서 그 위용을 바라볼 수 있다. 워싱턴 주의 자동차 번호판의 그
림은 하늘색과 이 산의 그림이 그려져 있다. 1792년 태평양 연안을 항해
하던 영국 해군의 조지 밴쿠버 함장이 높이 솟은 이 산을 바라보고, 친
구인 레이니어 제독의 이름을 따서 산 이름을 명명한 것이 현재의 이름이
되었다. 맑고 찬 공기가 모든 것을 깨끗이 씻어주는 레이니어 산은 1899
년 3월, 매킨리(W. McKinley) 대통령에 의해 미국의 다섯 번째 국립공원으
로 지정되었다.

이곳은 1년 내내 산꼭대기에 눈으로 덮여 있다. 주변에 쌓인 눈더미는
새로 내린 눈이 아니라 오랫동안 쌓인 만년설이다. 가슴을 열고 깊은 찬
공기를 마시면 산의 정기를 온몸으로 느낄 수 있다. 산 중턱을 지나면 비
지터 센터가 있고, 곧바로 오래된 호텔이 나온다. 여름에만 문을 여는
이 호텔은 같은 목조 건물인 옐로스톤국립공원의 올드 페이스풀 인(Old
Faithful Inn)을 연상케 한다. 요즘의 기준으로 볼 때 호텔 시설은 초라하기

짝이 없을 정도로 방과 침대가 협소하다. 객실 중에는 욕실과 화장실이 없는 방도 있다. 하지만 문을 열고 입구에 들어서면 넓고 높은 곳 모두가 원목이다. 나무 바닥 위에는 카펫이 깔렸고 벽난로에서 장작 타는 냄새를 맡으며 소파에 앉으면 안온한 느낌이 들게 하는 마력이 이곳에 있다.

7월 하순에도 길 양쪽 음지에는 간혹 눈이 남아 있는 것을 볼 수 있다. 주변에 피어 있는 수백 가지 야생화군(群)에서 피어 있는 단순하면서도 아름다운 꽃들은 마음을 쏙 빼놓게 한다. 그리고 주변의 높은 언덕들은 모두 백설로 덮여 있어 동화 속에 찾아온 착각을 느끼게 한다.

다시 터코마로 돌아왔다가 16번 고속도로 부근, 옛날 살았던 집에 갔다. 집 앞에는 바다가 보인다. 이곳에 터코마 네로우 브리지(Tacoma Narrows Bridge)가 있다. 이 다리는 1940년 7월 개통했는데 바람의 진동에 의해 4개월 만에 무너져 내렸다가 1950년 다시 이어지게 한 다리다. 이 다리를 지나 계속해서 16번 고속도로를 타고 가면 해군기지가 있는 긱하버가 나온다. 처음 이곳에 왔을 때 이 다리 아래 바닷속에는 세계에서 제일 큰 문어가 있다는 것을 TV 채널 디스커버리를 통해 알게 되었다. 지금은 문어의 손자가 손자를 낳아 대를 잇고 있는지 모르겠지만, 낚싯대를 드리우면 광어와 넙치가 엄청나게 잡힌다. 고기 낚는 기술이 필요 없고, 바늘에 오징어를 손가락만 하게 썰어 적당한 길이에 추를 달고 던지면 된다. 이놈은 입질이 강하고 힘이 세다. 릴을 감을 때 쾌감까지 느낄 수 있게 한다. 그런데 잡고 보면 대부분 광어의 피부에 하얀 실지렁이가 꿈틀거리는 것을 볼 수 있어서 잡은 광어는 다 버린다. 하지만 넙치는 몸이 매끈하여 아이스박스에 넣어 가지고 왔다.

처음 이곳에 왔을 때 넙치를 잡으러 가자고 하기에 1년 치 낚시 면허증과 낚시 기구를 샀다. 그다음 해 봄이었다. 동생네와 함께 낚시하러 갔

다. 한참 낚시질을 하는데 낚시 검사관이 한 사람씩 면허증과 아이스박스를 검사하기 시작했다. 동생의 낚싯대까지 내가 들고 작년 가을에 구입한 면허증을 여유 있게 보여주었다. 그런데 벌금 고지서를 발부하는 게 아닌가. 얼굴을 붉히며 왜 그러냐고 따졌더니, 그해의 것은 그 해로 끝이 난다고 했다. 한국식 개념이 이곳과는 다르다는 것을 알았지만, 낚시면허증 뒷장에 적혀 있는 것을 모르고 있었던 것이다. 지금은 아무것도 아니지만, 피어에서 고기를 낚아 손질하기 위해 물을 틀면 꼭지에서 바닷물이 아니라 수돗물이 나왔다. 그 당시 참으로 여유 있는 나라라는 생각이 들게 했던 것이 바로 이곳이다.

터코마 북쪽 끝에는 포인트 디파이언스 파크(Point Defiance Park)가 있다. 공원 안에는 경관이 좋은 5마일(five mile drive)과 동물원 그리고 수족관 등이 있다. 해변 걷기 혹은 자동차로 한 바퀴 편안하게 돌 수 있는데, 해변에는 떠밀려 온 통나무가 그대로 있고, 포트 니스퀄리 리빙 역사박물관(Fort Nisqually Living History)도 있다. 이곳은 모피 무역 등을 위해 1833년

허드슨 베이 회사(HBC)가 건축한 푸젓사운드에서 가장 오래된 건물이다.
나무로 만든 담장과 보초실 등 대장간과 노무자의 주택이 그대로 간직되
어 있다. 서북미 개척자의 과거가 이 나무로 만든 담장 안에 고스란히 있
는 것이다. 또 있다. 공원 입구 바다 위에는 식당이 있다. 이곳에서 선편
을 이용하여 긱하버와 시애틀로 갈 수 있다. 차를 배에 싣고 바다를 건
너다 보면 아름다운 해변과 집들, 간혹 배 안에는 음악대학생이 대중 앞
에서 담을 키우기 위해 연습한 바이올린을 켜는 모습을 볼 수 있다. 이때
바이올린 곽에 1달러짜리 지폐 한 장을 넣고 감상하는 게 기본 예의다.

차를 타고 시애틀 다운타운이 보이는 바닷가로 이동했다. 낮보다는 밤
이 좋다. 또 다른 볼거리가 있다. 바로 밤이 되면 시애틀의 아름다운 마천
루 숲을 볼 수 있다. 바닷물은 호수같이 맑고 고요하여 형형색색의 긴 그
림자가 비친다. 바닷가 주변에는 인적이 없다. 바람도 없다. 바다 물결은
언제나 조용하다. 언젠가부터 혼자 불러보는 색소폰을 들고 바닷가에 섰
다. 아직은 신통치 않지만 〈왓 어 원더풀 월드(What a Wonderful World)〉이

라는 곡을 습관처럼 불러본다.

　다음 날 함께 온 사진시와 LA로 출발했다. 시애틀 다운타운에 늘렀다
가기로 했다. 이곳에는 명품 시장이 있다. 1907년 문을 연 파이크 플레이
스 마켓(Pike Place Market)이다. 파이크 스트리트(Pike Street)와 퍼스트 에비
뉴가 만나는 지점에 있다. 이곳에는 시애틀 앞바다에서 갓 잡아온 싱싱
한 생선과 고기, 각종 채소와 과일은 물론이고 공예품과 향신료까지 팔
고 있다. 1층 생선가게 앞을 지나다 보면 고기의 이름을 크게 부르는 동
시에 고기 한 마리를 가게 안쪽으로 던지는 장면을 보게 된다. 이 생선은
손님과 가격 흥정이 끝난 것으로, 생선을 손질해주기 위한 것이다. 큼지
막한 생선이 하늘을 나는 장면은 손님과 관광객들의 박수와 웃음소리가
이곳저곳에서 나게 한다. 2층에는 식당과 커피숍과 선물가게가 주를 이루
고 있다. 지하실에는 오밀조밀한 공예품과 각국에서 온 차와 허브 등을
파는 가게가 들어차 있다. 스타벅스 1호점에서 산 커피 종이컵을 들고 다
시 차에 올랐다.

　5번을 타고 남쪽으로 향했다. 시애틀을 지나면 항공기 제작사 보잉사

(The Boeing Company)가 보인다. 이곳에는 비행기박물관이 있다. 갑자기 씁쓸레한 기억이 떠오른다. 17년 전의 일이다. 막내 처제가 여름방학 때 두 아들을 데리고 왔다. 시애틀 다운타운과 마이크로소프트사 등 몇 군데를 구경하고 터코마로 돌아가면서 비행기박물관에 들렀다. 관람하던 중 처제의 두 아들 중 막내가 들어가지 말아야 할 곳에 들어가서 빨간 버튼(비상벨)까지 누르는 대형 사고를 친 것이다. 박물관 전체가 발칵 뒤집어졌다. 비상벨이 울리기 시작했고 구경하던 모든 관람객이 밖으로 빠져나오는 일이 발생했다. 한국에서 온 가족이 모이면 이 사고를 아직도 한 번씩 회자하고 있는데, 이 녀석은 지금 한국에 있는 대학원에 다니고 있다. 세월은 이렇게 바람처럼 빠르게 지나간다.

올림피아(Olympia)를 지나자 온통 눈 세상으로 변해 있다. 중간에 차를 세워 놓고 사진 촬영하기가 바쁘다. 살아가면서 쉽게 잊히는 일상의 기억, 되살아나는 기억은 긴 추억을 남기게 된다. 새로운 추억거리를 만들기로 하고 카메라를 꺼냈다.

국경의 도시, 샌디에이고

아침 일찍 샌디에이고(San Diego)에 있는 친구에게서 전화가 왔다. 지금 비가 내리고 있으니 시간이 나면 빗소리를 같이 듣자고 했다. 이를 증명이라도 해주려는 듯 휴대폰에서 투덕투덕 떨어지는 꽤 굵은 빗방울 소리

렌즈를 통해 본 디지털 노마드

가 들렸다. 그냥 비가 아니라 소나기였다. 이곳에서 두 시간 정도의 거리인데 LA 주변은 멀쩡했다.

왜 빗소리를 듣기 위해 그곳에 오라고 하는지 궁금할 것이다. 먼저, 그 친구네 텃밭에 있는 지붕부터 설명해야 한다. 1년 내내 햇빛의 도시, 샌디에이고에서 찾을 수 없는 서너 평짜리 양철 지붕이다. 한낮의 창고 안은 푹푹 찐다. 연장이라야 잔디 깎는 기계와 탁자, 의자 몇 개가 있을 뿐이다. 거의 사용할 일이 없다. 중요한 사실은 이곳 남가주는 1년에 서너 차례 겨울에 비가 내릴 뿐이다. 그 며칠을 위해 설치한 것이다. 그러니 비가 오는 날이면 창고 문을 열어놓고 그 안에서 쏟아지는 비를 보며 빗소리를 들을 수 있다. 온전히 빗소리를 위한 정서의 공간인 셈이다. 바쁜 도심 생활이 녹록치 않아 그게 어디 마음먹은 대로 되겠는가. 가끔은 한밤중 수도꼭지의 긴 호스에 분수기를 달아놓고 양철 지붕 위로 뿌리면서 기분을 낸다고 한다.

친구 집으로 출발했다. 고속도로는 자동차들이 길게 늘어서 있다. 이곳 남가주는 비가 오면 자동차들은 속력을 3분의 2 정도 줄여 운전한다. 그만큼 캘리포니아 주의 시민들은 비에 대해 약하다는 뜻이다. 보통 두 시간이면 충분할 거리인데 세 시간 정도 걸렸다. 그사이 오락가락하던 빗방울이 도착하니 그쳤다.

친구와 함께 바닷가 퍼시픽비치(Pacific Beach)로 갔다. 바람이 차다. 하늘에 회색빛 구름과 바람이 이는 바닷가에는 갈매기가 간간이 날고 있다. 주변은 적막한 고독을 느끼게 할 정도로 인적이 없다.

피어에 갔다. 얼마 안 되는 사람들이 있고, 파도타기 하는 사람도 몇 명 보였다. 나도 모르게 고독의 외출복을 입고 주변을 서성인다. 나무계단을 밟고 모래사장에 내려갔다. 파도는 주변 모랫바닥을 훑고 있다. 흐린 날 바닷가의 스산한 분위기, 가슴 안에 내재한 쓸쓸함이 파도와 함께

출렁인다. 특히, 비 내리는 바닷가에서 바다 한가운데 있는 배를 보면 내가 무슨 마도로스인 양 이 바다 저 바다로 항해하고 있는 자신을 보게된다.

도심을 같이 구경하기로 했다. 그 친구도 요즈음 사진 촬영에 흥이 붙었다며 새로 구입한 카메라와 액세서리를 보여주었다. 이곳 샌디에이고는 캘리포니아 문화의 발상지로 미국 서해안 최남단에 있는 태평양을 끼고 있는 항만 도시이다. 따뜻한 기후와 다양하게 해안선이 엮어내는 아름다운 경관은 수많은 관광객의 발길을 끌고 있다.

1542년 탐험가 후안 카브리요(Juan Cabrillo)가 로마 곶(串)에 상륙한 이래, 1796년에 캘리포니아 최대의 미션이 세워졌다. 그 후로 스페인과 멕시코의 지배를 받으면서 그들의 영향하에 문화가 발전하게 되었다. 올드 타운 샌디에이고에서는 유적지, 극장, 미술관, 쇼핑, 최고의 멕시코 음식 등 풍부한 문화유산을 접할 수 있다. 근대에 들어서는 아메리카 태평양 함대의 주기지(主基地)로 발전했다.

이곳에서 빼놓을 수 없는 것은 항공모함이 기항할 수 있는 큰 군항을 비롯하여 해군, 해안경비대 및 해병대를 위한 열여섯 개의 군사시설이 이곳

렌즈를 통해 본 디지털 노마드

에 있다. 미 해군 특수부대 네이비 씰의 훈련소도 여기에 자리 잡고 있다. 그래서 군 관련 경제가 큰 축을 이룬다. 퀄컴 본사가 있는 곳으로, CDMA 기술을 바탕으로 크게 성장하면서 지역 경제에 크게 기여하고 있다.

4년제 대학교로 UC샌디에이고(UCSD), 샌디에이고 주립대학교(SDSU), 샌디에이고대학(University of San Diego)이 있으며, 한국에 있는 전주시와 자매결연 도시이기도 하다.

또 있다. 이곳은 캘리포니아 주에서는 두 번째, 미국에서는 여덟 번째로 큰 도시이다. 연중 쾌적한 지중해성 기후로 여름 말과 가을 초까지가 가장 너운 시기시만 습노가 높지 않아 생활하는 데 불편함이 없다. 한겨울에도 한국 늦가을 정도의 날씨라 생각하면 틀림없다. 안정된 치안과 비싼 물가로 부유한 백인들의 은퇴 도시라 불리기도 한다. 남쪽으로는 멕시코 국경에 접해 있으며, 도심에서 멕시코 국경까지 약 30여 분이 소요될 정도로 가깝게 자리 잡고 있다. 이런 지리적인 특징으로 캘리포니아에서는 스페인어를 쉽게 듣게 된다. 그것을 증명이라도 하듯 이곳 샌디에이고에의 출퇴근 시간에의 도로는 멕시코에서 출퇴근하는 유동 인구로 해당 방향의 도로가 심하게 정체될 정도이다.

　이곳 시내 관광 명소는 유명한 샌디에이고 동물원(San Diego Zoo)이 있는
발보아파크(Balboa Park), 시월드(Sea World)가 있는 미션베이파크, 샌디에이
고만 등 대부분이 다운타운에서 버스로 20~30분 이내의 거리에 있다.

　먼저 예술과 문화 애호가를 위한 다운타운 근처의 발보아파크는 미국
에서 가장 큰 도시공원이다. 서부의 스미소니안(Smithsonian)으로 알려진
이 공원은 열다섯 개의 주요 박물관, 유명한 공연 예술 장소, 아름다운
정원과 샌디에이고 동물원이 이곳에 있다. 1964년 3월 21일 개장한 시월드
는 22에이커의 해양동물공원과 수족관을 갖추고 있으며 캘리포니아에서

도 유명한 테마공원으로 관광객으로 항상 붐빈다. 이곳에 설치된 높이 98 미터의 스카이 타워에 오르면 샌디에이고 만을 한 눈에 조망할 수 있다.

샌디에이고 동물원에는 거대한 팬더를 포함하여 4,000마리가 넘는 동물을 보유하고 있다. 이 샌디에이고 동물원의 사파리 공원은 자연 서식지에서 동물이 무리를 이루어 활동할 수 있도록 만들어진 1,800에이커에 걸친 구역이다.

다운타운의 중심지인 베이프론트는 USS 미드웨이 박물관, 항구 마을과 샌디에이고 파드리스의 새로운 야구장, PETCO 공원이 있다. 다운타운의 가스램프 쿼터는 옥상 바, 나이트클럽, 라이브 음악과 레스토랑을 갖춘 국제적인 놀이 공간으로 밤의 문화를 즐길 수 있다. 샌디에이고 베이의 맞은편에 있는 코로나도의 섬에는 고풍스러운 느낌의 델코로나도 (Del Coronado) 호텔이 있다. 1888년에 지어진 이 문화 명승지와 코로나도의 인근 마을은 빼놓을 수 없는 여행지이다.

또 다른 샌디에이고의 매력은 다운타운 주변뿐만 아니라 교외에서 더욱 많이 찾아볼 수 있다. 그중에서 다운타운 북쪽으로 18킬로미터, 버스로 약 한 시간 거리인 라호야는 아름다운 해안선이 있으며, 멋진 부티크와 갤러리가 즐비하게 늘어선 마을이다.

그리고 샌디에이고국제공항에서 불과 10분 거리에 위치한 다운타운은 활기가 넘치고 북적인다. 현대적인 고층 빌딩이 최신의 건축 흐름을 반영한 세련된 부티크, 카페, 갤러리, 박물관, 역사적인 빅토리아 시대의 건물과 나란히 공존하고 있다. 또한, 도시의 좌석 샌디에이고 카운티의 경제 활동 중심 지역뿐만 아니라 샌디에이고-티후아나 메트로폴리탄 이런 탓에 샌디에이고의 주요 경제력이 군 및 방위산업 관련 활동, 관광지, 국제무역 및 제조업이다. 캘리포니아대학교 샌디에이고(UCSD) 제휴 UCSD 메디컬 센터는 많은 도움을 주고 있는 지역 연구 생명공학 센터이다.

친구가 "플라스틱 시민권 카드를 지금 소지하고 있어?"라고 묻고는, "날씨도 그렇고 오랜만에 이곳에 왔으니 차 몰고 멕시코에 다녀오자."

라고 했다. 이것은 남가주에 거주하며 맛볼 수 있는 재미 중 하나다. 5번 고속도로를 타고 샌디에이고를 지나 국경을 통과했다. 5번 도로를 따라가면 1번 도로 안내판이 나온다. 그 길로 들어서면 이내 티후아나(Tijuana)가 나온다. 티후아나에서 가장 번화한 레볼루션 스트리트에 있다. 이곳에는 은 제품, 가죽 제품, 나무 조각품 등 멕시코 특산품을 파는 풍물시장이 있다. 그러나 마음에 드는 물건은 잘 보이지 않는다. 계속해서 해안가 1번 하이웨이를 따라 쪽 내려가면 요즘 미국 젊은이들에게 인기 있는 로사리토(Rosarito), 랍스터 요리로 유명한 푸에르토 누에보, 크루즈가 정박하는 항구 도시 엔세나다(Ensenada)를 만나게 된다.

티후아나광장에서는 종종 공연도 하고 레스토랑에 들어가면 노래를 불러주는 악사가 쉽게 눈에 띈다. "아! 여기가 멕시코구나!"라는 탄성과 다른 분위기가 확연히 느껴진다. 친구에게 자동차 속력에 대해 조심하라고 했다. 잘못하면 시빗거리에 휘말리게 되고 미국인 관광객을 대상으로 한 납치 및 폭행 범죄에 노출될 수 있기 때문이다. 현재 이 지역은 미국인 관광객들에게 주의 경보가 내려진 상태다.

1D선(線) 해변을 따라 엔세나다 쪽으로 얼마를 더 내려갔다. 야생 해바라기가 피어 있고 언덕 쪽에는 갈대밭이 다소 길게 늘어서 있고 하늘에는 두 개의 잿빛 구름과 그 사이로 까마귀가 날고 있다. 문득 빈센트 반 고흐(Vincent van Gogh)의 작품 〈해바라기〉와 〈까마귀가 나는 밀밭〉이 머릿속에 겹쳐왔다. 이곳에 밀밭이 있을 리 없다. 갈대가 엉성하게 피어 있

렌즈를 통해 본 디지털 노마드

지만, 잔잔한 바람에도 일렁이는 갈대의 분위기가 마치 고흐의 그림처럼 꼭 하늘로 회전하며 굽이치는 것 같은 느낌을 받았다. 더군다나 그가 그림을 그린 곳은 프랑스 파리 근교 오베르 쉬르 와즈(Auvers Sur Oise)인데 이곳과는 전혀 다른 풍광이다. 그런데 갑자기 왜 그런 생각이 들었는지 모르겠다.

〈까마귀가 나는 밀밭〉이 그의 마지막 유작이 되고 말았다. 무슨 이유인지는 모르겠지만, 그림을 그린 후 얼마 지나지 않아 자살을 시도했다. 그게 1890년 7월 27일이다. 그림이 있는 밀밭 언덕에서 권총으로 자살을 시도하고 집에 돌아와서 파이프 담배를 피우다 이틀 뒤 생을 마감했다. 마지막 7개월 동안 그곳에서 80여 편의 그림을 그리고 37세의 나이로 요절한 셈이다. 놀라운 것은 사랑했던 동생 테오의 묘(墓)도 형의 묘지 옆에 나란히 있다는 셋이다. 그것도 형 고흐가 죽은 지 6개월 만에 동생 테오도 사망하고, 형이 묻힌 동네 공동묘지에 같이 묻힌 것이다. 어쩌면 청산이 아닌 공동묘지 안에서 시대를 앞서 가는 천재 화가 고흐는 동생 테오와 조곤조곤 이야기하며 세상 번뇌와 시름을 잊고 그림을 그릴 것이리라. 세상의 모든 이에게 자신의 삶을 이해해주고 사랑해달라고 외치며, 오늘도 붓을 들고 있을 것이라는 생각이 들었다.

해변을 따라 몇 군데를 돌면서 구경을 하다가 오후 5시경이 되었다. 차를 편하게 주차할 수 있는 티후아나 도심 한 곳의 레스토랑에 들렀다. 레스토랑에서 맥주 두 병을 시켜 놓고 잠시 쉬기로 했다. 이곳은 멕시코지만 굳이 멕시코 화폐가 필요 없어 편하다. 미화 동전까지 거슬러 준다. 조그마한 구멍가게에도 오늘의 달러 시세와 멕시코 화폐의 가격이 붙어 있어 전혀 불편하지 않았다.

두 미국인 부부를 향해 서너 명의 멕시코인 거리악사들이 녹색 유니폼을 입고 여러 악기와 함께 노래를 부르고 퇴장했다. 그리고는 두 대의 기

타와 피리로 구성된 팀이 나왔다. 내가 잘 아는 노래 〈제비〉가 흘러나왔다. 같이 따라 부르며 두 미국인 부부를 축하해 주었다. 또 다른 노래는 멕시코의 대중노래라 무슨 내용인지 모르겠지만 왠지 모르게 구슬프고 아픔이 느껴졌다. 이국적인 향취를 느낄 수 있었고 가슴에 묘한 느낌까지 들었다.

인근 상가에 들러 멕시코의 전통술 테킬라 한 병을 사 들고 미국 국경 보드에 들어섰다. 세관 검사를 통과해야 한다. 한참이나 줄을 서서 기다리는데 다시 비가 쏟아지기 시작했다. 미국에서 멕시코로 통과할 때는 아무런 제지가 없다. 하지만 미국 국경으로 들어오는 도로는 엄청나게 밀린다. 까다롭게 검사를 하기 때문이다. 샌디에이고와 티후아나는 불법 갱단의 마약 유통 루트로 통하기 때문에 불법자를 단속하기 위해서일 것이다. 미국 측 세관원은 가지고 있는 가방을 하나씩 뒤지며 무엇 때문에 멕시코에 갔다 왔느냐고 묻기도 했다. 만일 그러다가 좀 이상하다 싶으면 다른 방으로 이관되어 몸 전체를 샅샅이 검사하기도 한다.

계속 비가 주룩주룩 내리고 있다.

친구의 집 양철 지붕의 연장 창고로 들어갔다. 창고 문을 여니 외등에 비친 빗방울이 짧은 듯 길게 이어져 내리는 게 환상적이었다. 마치 영화 속의 한 장면 같았다. 멕시코에서 사 온 테킬라의 병뚜껑을 열고 같이 앉았다. 친구가 땅콩과 꿍쳐 놓았다는 오징어와 고추장을 안주로 들고 왔다.

대화가 필요 없었다. 각자 빗소리의 느낌을 스스로 듣기만 하면 된다.

렌즈를 통해 본 디지털 노마드

쏜살같이 하늘에서 떨어지는 빗줄기는 마치 콩 볶는 듯한 소리를 냈다. 긴 여운을 남기고 떨어지고 있었다. 짧고 긴소리, 높고 낮은 소리가 타악기 소리처럼 양철 지붕에서 난타 공연을 하는 것 같아 가슴이 열린다.

눈을 감았다. 동네 친구들과 구슬을 손바닥에 놓고 "하나, 둘, 셋!"을 소리치며 셈하는 소리, 연 날리며 떠드는 소리, 새총으로 참새 잡던 소리, 고향 이송도 바닷가에 길게 쳐놓은 천막에서 술집 작부가 두들기는 젓가락 소리와 노랫소리가 들렸다. 또 있다. 중·고등학교 때 옆집 여자아이의 슬리퍼를 끄는 소리, 독일에서 밤새워가며 리포트를 작성하기 위해 두들기는 타자기 소리, 그리움의 소리, 슬픔의 소리, 첫사랑의 소리 등 멀리서 돌아다니다 이제사 들려오는 소리다. 이 소리는 곧 아픔이요 그리움이다. 양철 지붕 가득히 흩어지는 불멸의 낱말과 기억들, 그리고 사랑하는 이들의 이름 소리다.

당신은 비 오는 날, 저문 거리에서 낙오된 유목민처럼 아주 외로운 사람이 되어 오래도록 우산 없이 홀로 거리를 걸어본 적 있는가. 한 번 시도해 보라! 질겅질겅 씹는 입속의 껌 소리이건 만추의 나뭇잎이 우수수 떨어지면서 거리를 나뒹구는 소리이건 무슨 상관이 있으랴.

밤새도록 비가 내릴 모양이다. 어느새 오징어와 고추장 그리고 테킬라 한 병이 다 비워가고 있었다. 친구는 시디플레이어를 들고 와서 슈베르트의 〈미완성 교향곡〉을 튼다. 다시 눈을 감았다. 서울에서 공부할 때다. 초겨울 해는 지고 비가 추적추적 내리고 있었다. 아스팔트 위로 하숙집으로 가면서 느끼는 회색빛 감정, 하숙집 천장에 있는 백열등을 켜면 앉은뱅이책상에 책들이 꽂혀 있었다. 그리고 연탄불이 지펴 있는 아랫목에는 이불을 펴져 있었다. 두 다리를 그 이불 밑에 넣으면 따뜻한 느낌이 들고 비 오는 고향 앞바다가 생각났다.

홀로 기거하는 방 안에는 감당할 수 없는 고독의 흔적들이 노트에 고

스란히 담겨 있었다. 그 노트 속에는 밤새도록 하숙집 창가에서 들리는 빗소리와 함께 내 어깨에 머무르고 머릿속에 떠올랐다 지워 버린 이름들만 가득했다.

그렇다. 우리가 망각한 것은 아무것도 기억하지 못한다. 그렇다고 완전하게 망각한 것은 아니다. 우리가 살아가는 동안 많은 것을 가슴속 저 알 수 없는 심연에 내버려두고 있을 뿐이다. 그러다가 이렇게 홀로 있는 시간에 불쑥 떠오르는 기억은, 나의 빈 가슴을 더욱 메마르게 할 뿐이다.

가만히 내 나이와 한국과 해외에서의 날들을 계산해 본다. 벌써 이렇게 되었나. 그동안 가슴이 꽉 막힐 정도로 긴 세월을 해외에서 보내고 있다. 지금까지 내가 해외라는 더부살이의 거리에서 살아왔던 삶은, 한갓 사치일지도 모른다. 이렇게 세월만 소비하고 있다는 생각, 머릿속이 쉽게 정리가 안 될 때 가끔 바다를 찾는다.

이렇게 비가 내리는 겨울의 텅 빈 백사장은 더 큰 바닷속으로 갇히고 마는 것이다. 바다에서 느끼는 쓸쓸한 고독은 인간 본연의 감정일 것이다. 단지 고독이라는 말로 포장해 사용할 뿐이다. 넓은 바닷가에 오면 해방감을 느끼고, 바닷가에서 파도가 내는 크고 작은 해조음에 귀 기울이면 묘한 느낌이 든다. 그러면서 어떤 해방감을 느끼며 욕망이나 소망을 잊고 집착과 유혹에서도 벗어나 나 자신의 내면을 볼 수 있다. 다행인 것은 바다에 찾아와 내가 느낀 것이 있다면 바다 냄새가 아니라 본연의 냄새를 맡을 수 있는 것이다. 이런 것을 모른다면 나는 밀랍형 인간인 셈이 아니겠는가.

나는 창고 밖 백열등 사이로 비치는 빗줄기를 목을 길게 빼고 쳐다본다. 저 문명의 다른 거리에서 시달리며 내가 했던 방황, 좌절, 자학의 날들이 다 부질없었다는 생각뿐이다. 내가 만든 길이니 나 스스로 헤쳐가야 하는데, 그게 잘 안 된다.

망부석처럼 서 있다가 화장실로 가기 위해 창고에서 나왔다. 동백나무에 떨어지는 빗줄기와 백열등 불빛이 야릇한 조화를 이루고 있었다. 순간 내가 어릴 때 보았던 반 고흐의 그림이 떠올랐다. 그리고는 붓 자국이 짧은 듯 두껍고 입체적인 그의 귀 없는 〈자화상〉과 〈해바라기〉의 달력 그림을 한참이나 흉내 내고 있는 내 모습이 보인다.

눈을 크게 뜨고 다시 동백나무를 쳐다보았다. 붉은 꽃이 핀 동백나무가 붉은 눈물을 뚝뚝 흘리고 나를 쳐다보고 있다.

내 고향, 부산
독일 옛 수도, 본을 찾아서
독일, 발데네이 호숫가에서
쾰른성당을 보며

Chapter

04

기억의 파노라마

내 고향, 부산

고향 집에 들렀다가 부산 전체를 한눈에 보기 위해 용두산공원으로 갔다. 종각과 이순신 동상을 가로질러 해발 69미터에 높이 120미터인 부산타워에 올라갔다. 탁 트인 전망, 눈앞에 보이는 부산항 제3부두와 오륙도, 국제여객터미널과 부산세관 너머 영도(影島) 봉래산(蓬萊山)과 부산대교와 영도대교 그리고 자갈치시장과 방파제가 보이는 남항과 일송도 모서리가 한눈에 들어왔다. 순간 자욱하게 깔린 안개가 벗겨지듯 기억이 하나씩 되살아났다.

남포동에 있었던 서너 곳의 극장가와 부산시청은 이미 사라지고 없지만, 고깃배를 위한 얼음 공장, 건어물과 젓갈류 점포는 줄지어 서 있다.

렌즈를 통해 본 디지털 노마드

낚시꾼들은 그때
나 지금이나 변함
없이 바다를 향해
낚싯대를 드리우
고 있지만, 맛과 냄새는 세월 따라 다르게 느껴진다.

　비린내 섞인 바다 내음을 맡으며 자갈치시장에 들어섰다. 입구에 있는
아치형 대형 간판에는 "오이소, 보이소, 사이소"라고 적혀 있다. 식당가를
둘러보는데 둥근 연탄난로가 있는 식당이 눈에 띄었다. 자갈치시장을 상
징하는 표어처럼 식당 주인은 다소 거칠고 투박해 보이는 경상도 아지매
였지만, 식당 안으로 들어가 곰장어를 시켰다. 연탄불에 곰장어를 구워
먹고 배편으로 영도에 가기 위해 관광객이 이용하는 선착장에 갔으나 10
여 년 전에 경영난으로 문을 닫았다고 했다. 다행히 영도, 대평동에 간다

는 운반선이
있어서 그것
을 타고 갔
다. 여기서
부터 보헤미
안의 마음이
되어 어릴 때

뛰놀았던 곳을 찾기 위해 나는 촌로가 된 듯 기억나는 곳으로 어기죽어
기죽 걷기 시작했다.

먼저, 이송도 방파제 위를 걸었다. 이곳에서는 몇 분의 사진사가 외지인
들을 상대로 사진을 찍어주며 돈벌이를 하고 있었다. 또한, 방파제 위에
는 서너 평짜리 천막이 굴 껍데기처럼 따닥따닥 붙어 있었는데, 밤이 되
면 천막 안은 작부들의 교성과 젓가락을 두드리는 소리, 노래하는 술꾼
들로 불야성을 이루었다. 이러다 보니 해녀들은 사철 내내 휘파람을 길게
불어대며 바닷속에서 멍게, 해삼, 고둥은 물론이고 파래, 김, 미역 등의
해초류까지 따다가 이곳 술집에 제공했다. 지금도 그렇지만, 이곳에는 모
래사장은 물론이고 제대로 된 편의 시설 하나 없었다. 천막이 있었던 자
리는 벽화 그림, 바닥은 흑적색과 청색으로 두 선이 그어져 산책로로 이
용되고 있을 뿐이었다.

하지만 일송도에는 모래사장, 다이빙대, 케이블카, 구름다리, 보트 등 그
당시로는 감히 근접할 수 없는 시설들이 즐비했다. 어쩌다 한여름에 동네
친구들과 왕복 9킬로미터나 되는 일송도에서 수영하며 볼거리를 위해 걸어
갔다가 되돌아오곤 했다. 그러나 집으로 돌아오면서 땀에 젖은 얼굴과 목
에는 소금이 하얗게 붙어 있었고 허기와 갈증으로 파김치가 되었다.

송도(松島)라는 이름은 일제강점기 부산에 살던 일본인들이 암남동 바

렌즈를 통해 본 디지털 노마드

닷가를 일본의 대표적 명승지인 마쓰시마(松島)라는 이름을 붙여 놓고 향수를 달래며 즐겼던 데서 유래했다. 이곳에는 아름드리 송림이 섬처럼 우거져 있다. 잔잔한 바닷물에 송림이 비쳐 절경을 연출하므로, 송도라는 이름이 생겨났을 것이다.

중학교 1학년 때였다. 늘 하듯이 모래사장 위에 옷을 벗어놓고 해변에서 150미터 정도 떨어진 바다 한가운데 있는 다이빙대에서 뛰어내리기를 되풀이하다 모래사장으로 되돌아왔다. 한데 누군가가 나의 손목시계를 훔쳐 갔다. 나는 크게 낙심하여 허탈한 나머지 빈 주머니만 만지작거렸다. 힘이 빠진 나는 5킬로미터나 되는 집까지 걸어가기 싫어서 동생들만 집까지 걸어가게 하고, 나와 사촌 형은 흰 등대와 붉은 등대가 있는 남항(南港) 방파제 사이의 바다를 헤엄쳐 건넜다. 그리곤 일찍 집에 도착하여 동생들을 기다리면서 어머니에게 혼났던 일, 이송도의 높은 암벽에서 물로 뛰어내렸던 일이 하나씩 주마등처럼 눈앞을 스쳐 갔다.

영도, 남항동에 도착했다. 이곳은 영도에서 제일 큰 시장터였다. 영도대교를 건너 등하교할 학생들은 이곳 남항동 전차 종점에서 전차를 타고 내렸다. 그 당시 청색 2번은 대신동 방향, 붉은색 5번은 동래 방면으로, 아침이면 일반인보다 교복을 입고 있는 남녀 학생들로 전차 종점은 꽉 찼었다. 고등학교 1학년 당시 나의 한 달간 학생통학승차권 가격은 40원이었다. 그러나 다음 해인 1968년 5월 20일, 이 교량 위를 달리던 전차가 폐쇄되었다. 지금 이곳엔 전차 종점은 흔적도 없이 사라졌고, 부근 시계점 앞에 영도전자종점기념비 하나가 을씨년스럽게 서 있을 뿐이었다.

영도의 끝자락 영도대교 앞에 섰다. 영도 출신의 가수 현인이 웃으며 맞아주는 듯한 그의 동상과 그의 노래 〈굳세어라 금순아〉의 노래비가 서 있었다. 이번 영도대교 복원공사와 함께 현인의 동상도 개보수했다고 한다. 또한, 영도가 보이는 일송도 암남공원에도 또 다른 현인의 동상이 있다. 2007년 8월 5일, 가수 현인의 이름을 딴 광장을 만들고 3층 원형 돌탑 위에 마이크를 들고 서 있다. 동상 뒤쪽에 있는 버튼을 누르면 노랫소리까지 난다. 이 노래는 부산에 피난 온 실향민과 피란민들의 애환을 다루고 있다. 노랫말에는 초승달이 바닷물에 비친 영도대교 난간 위와 금순이라는 상징적 여인, 북에 두고 온 가족을 애타게 찾는 사연과 고향을 그리는 노래가 바로 〈굳세어라 금순아〉이다.

> 눈보라가 휘날리는 바람 찬 흥남부두에/목을 놓아 불러봤다 찾아를 봤다/금순아 어디를 가고 길을 잃고 헤매이더냐/피눈물을 흘리면서 1·4 이후 나 홀로 왔다/
> 일가친척 없는 몸이 지금은 무엇을 하나/이 내 몸은 국제시장 장사치기다/금순아 보고 싶구나 고향 땅도 그리워진다/영도다리 난간 위에 초승달만 외로이 떴네/
> — 강사랑 작사·박시춘 작곡, 〈굳세어라 금순아〉 노랫말 전문

영도대교 위를 걷는다. 전체 다리 길이가 214.63미터, 폭 18미터인 이 영

도대교는 1966년 9월 1일 도개(挑開) 중단 이후 47년이나 지났다. 그랬던
게 2013년, '부산 개항 100주년 기념'으로 11월 27일, 폭 25.3미터의 왕복 6
차로로 확장한 일엽식(一葉式) 도개교(跳開橋)의 기능을 점검하기 위해 시
험 운전했다. 이 영도대교가 놓일 당시는 일제강점기였고, 부산은 일본
거류민들의 집중 거주 지역이었다. 부산을 교두보 삼아 한국 전체를 강
점하는 것은 물론이고 나아가 만주를 공략하고 또 다른 침략 야욕을 불
태우던 시절, 일본인들은 영도에 조선소를 만들기 위해서 영도와 중앙동
사이 남항 위에 1931년부터 영도대교를 착공하기 시작하여 1934년에 완
공했다. 이 영도대교의 교대(橋臺)는 화강석으로 바른층쌓기를 했고, 교
량 입구 광장인 다리목 광장은 부산의 얼굴이며 부산을 대표하는 명물
이 되었다.

그러나 8·15광복과 6·25전쟁 이후, 생활고에 지친 피란민들에게 이곳
영도대교는 애환과 망향의 슬픔을 달래주던 곳이었다. 가족을 잃어버린
피란민들이 부산에서 가장 쉽게 떠올리는 만남의 광장, 약속의 장소가
바로 이곳이었다. 전쟁 당시의 영도대교는 친·인척을 찾을 수 있을 것이
라는 막연한 기대로 온종일 북새통이었다. 그러다 보니 영도대교는 피란

민들에게는 희망 그 이상의 존재였다.

　이렇게 영도대교는 일제강점기에는 비록 일본인들이 만들었지만 그들의 수탈에 못 이긴 우리나라 사람들에게 위로의 대교가 되어 주었고, 전쟁 때에는 생활고와 이북에 두고 온 처자를 잊지 못하는 피란민들의 그리움을 달래주는 넉넉한 품성의 대교가 되어 주었고, 또 어떤 이들에게는 한 많은 일생을 쉽게 마칠 수 있는 자살대교가 되어 주기도 했다.

　영도 쪽 교량 입구 다리목 광장에 밤이 찾아오면 가스등 포장마차가 하나씩 줄지어 들어섰다. 피란민들은 기쁨과 슬픔, 아픔과 그리움 그리고

삶의 애환을 홍합국물과 김치 한 조각에 소주와 막걸리를 마시면서 달랬다. 하지만 포장마차 주위에 화장실이 없다 보니 포장마차 주변은 자연스럽게 술꾼들의 화장실이 되었다. 따라서 이곳은 가로등 불빛이 출렁이는 밤바다를 보면서 영도다리 교각에 갈겨대는 술꾼들의 오줌발 때문에 그들의 애환만큼이나 지린 오줌 냄새가 항상 진동했었다. 이곳도 이번 영도대교 개통과 함께 10미터 이상 공간을 확보하여 해양 휴식 공간으로 꾸며졌고, 영도다리 1.55킬로미터 구간에 56억 원을 들여 영도다리 밑 점집에서부터 자갈치시장 쪽의 바닷가를 특화 거리로 조성하고 있다. 또한, 광

복동 거리는 상가를 비롯하여 이곳을 증·개축하고 있어 새로운 부산의 아이콘이 될 것이다.

중앙동 쪽 다리목 광장에는 몇 집 남아 있지 않지만, 숱한 사연이 깃든 점집들이 즐비하게 들어섰다. 이곳에서 한때 유명했던 점쟁이 몇 사람은 언제나 짙은 색안경을 끼고 점을 보았다. 신통방통, 하도 점(占)을 잘 보아 소문이 쫙 퍼져 온 종일 문전성시를 이룬 내막을 알아보니, 놀랍게도 어떤 점쟁이는 미군 병사에게 얻은 진한 색안경을 쓰고 가짜 시각 장애 점쟁이 노릇을 한 것이 신문에 가십거리가 되기도 했다. 하지만 쇠락한 세월의 흔적과 몇 집 안 남은 점집마저도 영도대교 주변의 친환경을 위해 곧 사라진다고 한다.

지금은 매일 한 차례 12시 정각이 되면 사이렌 소리와 함께 〈굳세어라 금순아〉 노래가 스피커를 통해 흘러나온다. 이때 육지인 중앙동 쪽에서 590톤급 31.3미터의 육중한 상판이 15분 동안 75도 각도로 하늘로 치솟아 있을 때, 해경 경비정(형사기동정 P-135호)이 정규적으로 다리 밑을 지나간

렌즈를 통해 본 디지털 노마드

다. 1960년 경 그 당시는 하루에 오전·오후 한 차례씩 두 번 올려졌는데, 다리 상판은 니무로 되어 있었다. 상판이 올라갈 시간이 되면, 먼저 그 수변을 경찰들이 호루라기 소리로 관중의 출입을 막았다. 그리고 뚜~ 하는 긴 사이렌 소리와 함께 상판이 하늘로 올라가기 시작하면 주변이 갑자기 조용해졌다. 그사이 중대형 여객선은 지나가고, 타지에서 구경 온 분들은 벌린 입을 다물지 못한 채 상판을 따라 얼굴이 하늘로 향해 있었다.

간혹 제자리로 돌아온 다리를, 한복을 곱게 입고 구경 온 단체 노부부 중 몇 분이 영도대교 위 인도를 걷겠다고 큰소리치면서 몇 발자국씩 걷기 시작했다. 그러나 나무 상판 사이사이로 시퍼렇게 일렁이는 바닷물과 차들로 인해 다리가 흔들거리는 것에 겁을 잔뜩 먹었다. 결국, 영도대교 난간을 붙잡고 움직이지 못하던 그들의 표정과 바닷바람에 휘날리는 그들의 턱수염이 아련한 향수가 되어 다가왔다. 몇 년 전, 고인이 된 큰어머니와 이곳 나무 상판을 지날 때는 상판이 무너질까 싶어서 발에 힘주지 않으려고 살금살금 건너다녔다.

그리고 어릴 때 나는 영도대교 아래에서 놀다가도 주위 어디에선가 나를 기다리고 있는 어른이 있나 두리번거렸다. 이유는 꼬마 친구들의 어머니는 누구 할 것 없이 말 안 들으면 무슨 유행가 가사처럼 "이노무 자석, 영도다리 밑에 있는 너거 아부지한테 가거라! 아직도 기다리고 있을 끼다."라는 말을 했는데, 다들 이 말에 발끈해서 씩씩거리며 눈물을 흘렸기 때문이다. 그러면서도 나는 내 꼬마 친구들과 영도대교 위를 건너다니면서 짓궂은 장난을 곧잘 했다. 다리 아래로 침 뱉기 시합을 했고, 심지어는 누구 오줌발이 더 센지 장난까지 쳐댔다. 어쩌다 뱃사람 머리 위로 오줌이 내갈겨질 때는 상대방의 눈과 마주치기 전에 도망치기 바빴다. 또 어떨 때는 다리 상판이 올라갔다가 내려올 때, 누가 먼저 뛰어 건너는지 내기하다가 어른에게 붙들려 난간에 꿇어앉아 팔 들고 벌서기도 했다. 그리고 밤이 되면 횃불과 미끼를 이용해 영도대교 아래 돌덩이 사이에 있는 꽃게잡이에 바빴다.

또 있다. 여름철이면 굵고 긴 못을 전차 레일 위에 올려놓았다. 전차가 그 위를 지나가면 못대가리가 납작해지는데, 그것을 숫돌에 날카롭게 갈아 적당한 크기의 대나무 끝에 꽂고는 고무줄로 칭칭 동여맸다. 그런 다음 연탄불에 연탄집게를 달구어 대나무 손잡이에 구멍을 냈다. 몇 겹의 고무줄을 손잡이 구멍에 넣고 이어주면 수중 작살이 완성되었다. 이걸 들고 수경도 없이 물속에서 작살질해댔다. 하지만 날렵한 물고기를 따라다니다 지치면 손쉬운 홍합 따기에 많이 이용했다. 그리고 바닷말 주변에는 어른 주먹만 한 군소가 돌덩이에 붙어 있었는데, 이놈의 몸뚱이에 작살을 꽂으면 그 주변 바닷물이 잠깐 진한 보랏빛 물감으로 채색되었다. 바닷물의 흐름에 따라 그려지는 이 형상을 물속에서 감상하곤 했는데, 묘한 느낌이 드는 추상화였다. 또한, 바닷가에서는 이 작살을 들고 톰방거리며 뛰어놀다가 수심이 얕은 바닷가 돌덩이에 붙어 있는 말미잘을 작살 쇠꼬챙이로 콕 찔렀다. 많은 촉수를 순식간에 거둬들이는 모습이 너무나

렌즈를 통해 본 디지털 노마드

재미있어서 이곳저곳의 말미잘을 못살게 굴었다. 어릴 땐 왜 그리도 철없이 뛰고 놀았는지…….

웃지 못할 사건이 또 하나 있다. 대학 3학년 여름방학 때였다. 오랜만에 한 친구를 남포동에서 만나기로 했다. 버스를 타고 영도대교를 건너 남포동 파출소 앞에서 내렸다. 평소처럼 건널목을 무단으로 횡단하다가 거리

단속반 경찰에게 붙잡혀 인도에 설치해놓은 임시 장소에서 몇 시간 동안 서 있다가 겨우 풀려났다. 그런데 부산극장 부근에서 이번엔 장발로 다시 붙잡혔다. 게다가 시간이 없어서 집에 있는 남동생에게 전화로 책을 부탁했는데, 나를 찾아온 동생까지 장발로 붙잡혀 중부경찰서에서 둘 다 각서를 쓰고 풀려났던 것이다.

50여 년의 세월이 흘렀어도 한 가지 아직 변하지 않는 게 있다. 바로 약재상가다. 어릴 때 영도다리를 건너 남포동 쪽 양편으로 지네, 박쥐, 뱀, 오소리 등 구하기 어려운 건조된 동물 사체들이 유리창 밖에 걸려 있었는데, 지금도 그대로였다. 가게의 크기와 내부 분위기도 바뀌지 않은 듯 보였다. 이곳 건물들은 일본강점기 때의 적산가옥(敵産家屋)이 대부분이라 그런지 분위기가 을씨년스럽게 보였다.

남포동 먹자골목으로 들어섰다. 한 식당 주변에 뿔소라 껍질이 서너 개가 널브러져 있었다. 그중 한 개를 주워 빈 뿔소라의 날카로운 뿔을 만지작거려보았다. 고둥에 뿔이 쑥쑥 자란 모양 속에는 나의 영사막(映寫幕) 같은 과거의 인식이 고스란히 남아 있었다. 그리고 무한한 고향에 대한 아련한 편린(片鱗)들, 그것은 지나간 내 젊은 시절의 총화(叢話)인 셈이리라. 어쩌면 인생의 소망과 향수는 그때나 지금이나 유효하게 빚어져 있는 듯싶다.

지하철을 타고 집으로 가기 위해 107층으로 한참 공사 중인 롯데월드 옆을 지나친다. 이 건물은 오륙군병원이었는데 6·25전쟁이 끝나자 이 자리를 1999년까지 부산시청으로 사용했다. 얼마 안 있으면 홍콩처럼 우뚝 솟아 있는 빌딩을 볼 수 있을 것이다.

내일, 영도대교의 상판이 올라가고, 한 척의 해경 경비함 지나간 후 다시 제자리로 내려오는 위용을 보기 위해 다시 올 것이다. 그리고는 영도대교를 출발점으로 100년 조선소 역사를 간직한 남항·대평동 조선소 골

렌즈를 통해 본 디지털 노마드

목을 거쳐 태종대까지 '영도 남항 조선 수리 테마 길' 걸을 것이다. 돌아오는 길은 부산무선국과 구 해양대학을 지나 기암절벽과 바다가 함께하여 절경을 이루는 이송도 바닷가에 있는 갈맷길을 걸어볼 것이다.

독일 옛 수도,
본을 찾아서

독일 임시 수도였던 본(Bonn)을 찾았다.

30여 년 만에 대학 선배와 만날 것을 약속하고 2014년 10월 중순, LA 공항에서 영국 런던행 브리티시에어라인을 탔다. 아침부터 런던 시내를 빨빨 쏘다니다가 밤늦게 루프트한자(Lufthansa)로 독일 뒤셀도르프국제공항(Düsseldorf International Airport)을 향해 밤늦게 이륙했다.

어느덧 독일 상공의 깜깜한 밤하늘을 미끄러지듯 유유히 헤쳐나가자, 청년 시절 독일 산골에서 보았던 그 빛 그대로였다. 별은 언제나 제자리를 지키고 있건만 세상살이라는 핑계로 이곳저곳을 정신없이 뛰어다니다, 깊은 밤하늘 한가운데 자리를 잡자 옛 기억이 새록새록 되돌아오는 것이다. 이렇듯 여행은 잃어버린 어제와 각박한 오늘의 삶을 일깨워주는 자잘한 아픔이 되는 듯하다. 하지만 여행이란 잊었던 과거를 되찾을 수 있고, 또 그것을 생각하는 것만으로도 마음을 들뜨게 하는 속성이 있어서 좋다. 만약 잊었던 장소에서 생각지 못한 편린을 하나라도 건지게 된다면, 그 반가움과 기쁨은 배가되리라.

이곳 본은 1980년 여름, 한국에서의 교편생활과 가정이라는 울타리를 잠

시 접어두고 라스팅 플라이쉔(Rasting Fleischen)이라는 육가공회사에서 6개
월간 실습한 곳이다. 그러니 독일에서 처음 도착한 곳이 바로 이 도시인 셈
이다. 이후 나는 다시 에센에 있는 라인루어유업(Rheinrhur Milchhof)으로 옮
겨 실습을 마무리했었다. 30여 년이 지나 이곳 본을 다시 관광할 기회가 생
기니, 생활했던 곳을 찾아보고 싶다는 생각이 더 들었다.

그런데 네덜란드 부근 셀프칸트(Selfkant)에서 생활하고 있는 선배는 역
사적인 고도시 린츠(Linz)를 빼놓을 수 없다며, 내가 독일에 도착하기 전
이미 유람선을 타고 본 선착장에서 라인 강을 따라 남쪽 린쯔(Stadt Linz)
까지 왕복 유람하는 하루 일정을 잡아 놓았다. 그래서 본에 도착했으나

린츠에서의 일과가 정해져 있기에, 선배와 상의하고는 그곳에서의 관광을 반으로 줄이고 서둘러 되돌아올 수밖에 없었다.

유람선 선상에서 남쪽으로 쏟아지는 아침 햇빛을 받으면서도, 본에 빨리 가보고 싶다는 욕망 때문에 야누스와 같이 몸은 선상에 있으나 마음은 이미 본의 도심지를 걷고 있었다. 한가한 선상의 낭만적 여유보다는 내 머릿속의 욕망은 야누스와 같이 앞뒤가 다른 두 개의 얼굴을 지닌 채 건성으로 구경하게 되었다. 그러면서도 한가한 낭만적 여유보다 머릿속은 온통 본에서의 옛 기억의 환등기를 열심히 돌리고 있었다. 그러니 이 도시에 관한 역사를 성의 없이 건성으로 대충 듣고, 즉 내 귀에 담아내지 못하고 이내 도말(塗抹)하고 있었다.

본은 노르트라인베스트팔렌(Nordrhein-Westfalen) 주 라인 강 서쪽 기슭에 있는 인구 32만여 명(2004년 기준)의 독일에서 열아홉 번째로 큰 도시로, 통일 이전 서독의 수도였다. 제2차 세계대전 이후 독일은 미국과 소련에 의해 동독과 서독으로 나뉘게 되는 바람에 베를린이 수도로서 기능을 상실하게 된다. 이때 이 지역 근교 쾰른 시장 출신으로 독일연방공화국의 초대 총리인 콘라트 아데나워(Konrad Adenauer, 1876~1967)가 자신의 정치 활동에 유리한 입지를 조성하기 위해 미국과 로비전을 벌인 끝에 프랑크푸르트(Frankfurt)를 간발의 차로 제치고 본을 독일연방공화국의 수도로 정했다.

1990년 동·서독 통일 이후 독일연방공화국 행정수도는 베를린 시장을 지냈던 빌리 브란트(Willy Brandt) 제4대 총리의 뜻에 힘입어, 게르만 민족의 얼이 서린 옛 수도인 베를린으로 다시 옮기게 되었으나, 경제부 등 일부 부처들은 '본-베를린 상생에 관한 법률'에 의해 계속 남아 있었고, 라인 강변에도 유럽 유엔 본부 건물이 우뚝 솟아 있었다.

본 선착장에 도착한 나는 베토벤하우스(Beethoven Haus)며 뮌스터광장(Münsterplatz) 등을 중심으로 가자고 했다. 시계는 벌써 오후 2시를 가리키고 있었다. 시간상 베토벤하우스와 뮌스터광장을 중심으로 관광하기로 하고 나머지 장소는 차로 그 앞을 통과하되 입구에서 몇 장의 사진만 찍자고 했다. 하지만 본의 옛 기억을 더듬어도 길 찾기가 수월치 않았다. 나는 조바심이 났다. 해가 지면 모든 게 다 허사가 되어 버리므로 마음이 급해졌던 것이다. 선배는 내년에 한 번 더 독일에 오면 된다며 느긋하게 운전대를 잡고 있었지만, 이곳의 거리는 알지 못한다면서 온통 GPS에 의존하고 있었다.

본 시내로 접어들면 옛날 그때의 내 방랑 기질이 다시 일어날 것인가, 아니면 잠재될 것인가. 낯익은 건물이 눈에 들어오자, 내 가슴은 벌렁거리며 둥둥 북소리까지 들려왔다. 금방이라도 34년 전, 내 모습을 한 청년이 뛰어오는 듯한 착각이 들었다. 기억 속 잠재된 곳을 스치게 되면, 환성을 지르며 확실한 완성의 무늬를 머릿속에 새겨 넣게 된다.

독일 실습 첫날, 육가공 공장 사무원들과 간부들에게 인사를 하고, 완제품 포장실에서 소시지에 라벨을 붙이며 하루를 보냈다. 한국에 두고 온 가족에 대한 생각, 낯선 곳에서의 긴장감, 서툰 언어와 독일 처녀들이 수군대는 이질감 속에서 일을 끝내고 기숙사를 향해 걷던 중, 나도 모르게 눈물이 와락 쏟아지기 시작했다. 순간 민망해진 나는 외국인으로서 이곳에서 울고 있다는 사실 자체가 부끄러웠다. 그래서 옆에 있는 공동묘지로 불쑥 들어갔다. 지금은 그때의 기숙사가 어디에 있는지 알 수 없지만, 무거운 가슴을 꾹꾹 누르며 다시 기숙사로 향해 걷던 도시 한복판의 공동묘지가 내 눈에 들어왔다. 그때를 떠올리니 괜스레 얼굴이 붉어진다.

누군가가 내게 "당신에게 과거는 무엇이냐?"라고 묻는다면, "과거는 가슴속에 흐르는 강"이라고 대답할 것이다. 인간은 누구나 다 잔잔하게, 때론 격정적으로 여울져 흐르는 강줄기 같은 것을 가슴 한복판에 담고 살아간다. 그 물살이 그려내는 기억의 무늬에 따라 사람들의 삶은 천 갈래만 길래로 흘러내리리라.

베토벤 생가의 팻말이 눈에 들어왔다. 길이 곧다고 기뻐하거나 굴곡이 심하다고 조바심내는 일 없이 주변을 두리번거리며 유유히 걷는다. 그런데도 나는 사진을 찍다가 순간 길을 잃어버리고는 발을 동동 구르며 독일인에게 길을 묻게 된다.

베토벤은 빈으로 떠나기 전까지 이곳 베토벤 생가에서 어린 시절을 보냈다. 그는 네 살 때부터 아버지에게 학대를 받으며 음악 공부를 해야 했는데 끊임없는 연습을 위해 온종일 함머크라비어(Hammerklavier) 앞에 앉아 있어야 했다. 베토벤 아버지의 목적은 유명한 음악가로서의 성장이 아니라, 어린 아들을 이용해 돈 벌려는 아버지의 욕심으로 온종일 공부를 시킨 것이다. 그러니 어린 베토벤은 우울한 소년으로 자랄 수밖에 없었다.

열세 살 때, 본의 이름 없는 화가가 그린, 베토벤의 어린 모습은 눈동자만 봐도 애처롭게 느껴진다. 이곳에 1825년, 55세의 베토벤을 옆에서 바라본 렐슈타프(Rellstab)가 한 말이 있다. "베토벤의 따뜻한 눈과 그 눈이 나타내는 깊은 슬픔에 그만 울음이 터질 것 같다."

깊은 고뇌와 슬픔이 그의 인생 전반에 있었지만, 그는 후세의 우리를 위해 자신의 열정과 정열을 고스란히 불태웠다. 작곡하면서 오선지를 피아노 건반 위에 놓고 습관적으로 확인하려다가 이렇게 말했다.

"아, 또 잊고 있었네. 도대체 귀가 안 들려 해 먹을 수가 있어야지. 그래도 음악을 완성해 세상에 내놓는 것보다 더 큰 즐거움은 내겐 없어!"

200년 넘은 낡은 건물이라 그런지 생가 3층으로 향한 나무 계단을 오

르내리고 바닥을 거닐 때마다 삐걱거리는 소리가 자잔하게 들려왔다. 오래된 묵고 긴 물에는 그가 직접 쓴 악보와 사색들의 소상화가 실려 있다. 그리고 한쪽 벽에는 비올라가 진열장 안에 놓여 있다.

그가 태어난 2층 방에는 대리석 흉상이 놓여 있고, 옆방에는 베토벤이 사용했던 유품인 피아노, 오르간, 초상화, 자필 악보, 편지와 보청기 등이 전시되어 있다. 1층의 작은 방에는 열 살 때 연주했다는 오르간, 비올라, 악보 초고들, 가구 등이 전시되어 있다. 이 건물 안에서 사진 촬영은 엄격히 금지되고 있다. 카메라 렌즈를 만지려고 하니 감시원의 눈이 내게로 향했다. 눈매가 마치 게슈타포의 후예(?) 같았다. 사진 찍기는 포기하고 만다.

그때였다. 나무 계단이 삐걱거리는 소리가, 1982년 7월 말, 이곳 1층 베토벤 생가에서 있었던 기억을 되살려냈다. 척추장애인인 서울의 한 사립 초등학교 교장 선생과 그의 부인이 유럽을 구경하고 싶다며 집사람을 통해 연락해왔다. 그때 집사람은 그곳 초등학교에서 교사 생활을 하고 있었다. 무슨 교육단체장들의 교육프로그램에 참석하는 것인데, 남들에게 지장을 주게 되니 첫날부터 교육프로그램은 차치하고 유럽을 나와 함께 구경하자고 제안한 것이다. 집사람은 전화로, 그의 부인이 휠체어를 밀어주고, 대소변까지 받아주는 상황을 상세하게 설명해주었다.

니 혼자서 운전은 불가능하다는 것을 알고 그 당시 에센 케트비히(Essen Kettwich)에 사는 대학 선배에게 부탁하여 함께 유럽여행 계획을 세웠다. 그때 그 대학 선배가 오늘 나와 동행하는 분, 바로 이 윤경웅 선배이다.

네덜란드 수도 암스테르담 공항에서 이들 부부를 마중하고 선배의 집에서 짐을 풀고, 관광지를 거리와 날짜를 계산하며 결정했다.

먼저 덴마크 수도 코펜하겐에서 유람선에 차를 싣고 스칸디나비아(노르웨이. 스웨덴. 핀란드) 반도를 구경한 후 남쪽 이탈리아 나폴리까지 내려가면서 각 나라의 유명한 명승지에 들리기로 했다. 그리고는 프랑스 파리 중심부를 구경한 후 교육단체장들이 모이는 마지막 기착지, 영국 런던을 경유 에든버러에서 헤어지자고 결정했다. 이렇게 해서 40여 일 유럽 20여 개 나라를 관광하기 시작했다.

여행지 한 곳, 이곳 베토벤 생가에 들렀다. 휠체어로 이동하며 장애인용 시설이 없는 곳을 구경한다는 것은 지금이나 그때나 불편하기 그지없을 것이다. 교장 선생은 혼자 베토벤 생가 3층 건물 중 1층의 작은 방만 구경하고, 판매대에서 베토벤의 얼굴이 들어 있는 기념화와 사진엽서 몇 장을 사는 동안, 우리는 3층 전체를 구경했다.

나와 선배는 지도를 보며 다음 코스에 관해 확인하는 중 그의 부인은 교장 선생에게 잔디밭에 앉아 있는 비둘기를 바라보며 2~3층에 대해 열심히 설명하고 있었다. 그런데 다리가 없이 잔디 위에서 퍼덕이는 한 마리의 비둘기가 보였다. 나도 모르게 "다리가 없는 병신 비둘기가 다 있네!"

　사실 처음으로 다리가 없는 비둘기를 본 것이라, 나도 모르게 '병신'이라는 말이 순간적으로 툭 튀어나와 분위기를 엉망으로 만들고 말았다. 이미 언어폭력을 가한 뒤라 어떻게 되돌릴 수도 없었다.

　3년 뒤, 서울에서 그 교장부부를 만났다. 이곳에서 있었던 일을 사과하고 싶었다. 하지만 잊혀진 기억(?)을 꺼낼 것 같아 "미안하다!"는 말은 끝내 하지 못하고 돌아섰고, 그 교장선생은 5년 뒤 세상을 떠나고 말았다. 놀라운 것은 나랑 함께 유럽 순방했던 기록지들을 날짜 순서대로 사진과 함께 이들 부부에게 보냈는데, 글자 한 자도 바꾸지 않고 함께한 여행기와 사진까지 실려 있는 그의 저서를 내게 선물했다. 그 책의 내용을 보는 순간 '더 잘 다듬어 보낼 것' 하며 후회했다.

　붉은색 역사(驛舍), 본역(Bonn Hauptbanhof)이 나온다. 많이 변한 것 같지 않았다. 하지만 찻길에는 그때보다 많은 차와 자전거가 보였다. 역전에 있었던 박스 사진기에 1~2마르크를 넣어 몇 장을 찍고, 그 컬러 사진을 에센에서 자동차면허증 사진으로 사용했던 곳을 찾아봐도 박스 사진기는 보이지 않았다.

역 앞 주차장에다 차를 주차하고 이제부터 뮌스트 광장(Münster Platz)을 향해 걸어야 한다. 뮌스터 광장은 본(Bonn) 시내의 모든 길이 뮌스트 광장을 중심으로 펼쳐져 있다. 길거리 상점과 풍광은 낯설지만, 성당 거리는 눈에 쉽게 들어온다. 폭풍우가 몰아치는 밤, 능선 너머 길을 잃어버린 소년이 낯선 능선길을 떠돌아 다시 갈 길을 찾은 양, 가슴이 뭉클뭉클해지고 발걸음이 가볍게 느껴진다. 가까이에서는 가늠할 수 없지만, 보이지 않는 것들의 실체가 멀리서는 손금처럼 또렷하게 보인다. 마치 고향 길을 걷듯 성큼성큼 광장으로 들어갔다.

해는 넘어가고 있다. 거리는 가로등과 상점을 밝히는 불빛이 화려하게 빛나기 시작한다. 멀리 베토벤 동상이 보였다.

이곳은 토요일마다 농사꾼들이 직접 생산한 채소며 과일, 햄과 꽃 등을 직접 들고나와 장사한다. 나는 싱싱하면서도 싼 맛에 이곳 베토벤 동상이 있는 노천시장을 자주 들렀다. 여기선 기분에 따라 깎아주기도 하고 덤으로 서너 개 더 넣어주기도 하는 우리나라 시골 장터와 같았다. 나는 특별한 일이 없으면 매주 토요일, 이곳에 나와 농부들과 서툰 독일어 몇 마디를 주고받으며, 독일어를 익히곤 했던 기억이 머릿속에 박혀 있다.

드디어 눈앞에 망토를 입은 베토벤이 눈이 시리게 확 박혀 왔다. 얼마나 이곳을 그리워했던가! 진한 감동으로 가슴은 뛰기 시작했고 잠시 어지럼까지 찾아 왔다. 뮌스터 광장 전체는 돌덩이 하나하나가 부채모양으로 깔려 있다. 베토벤 동상 뒤에 우체국이 있고, 주변은 식당 테라스가 널브러져 있다. 몇 번인가 계속해서 베토벤 동상 주위를 뱅뱅 돌아본다. 이 동상은 연인들의 데이트 장소가 되기도 하고 내 젊음의 축제의 장이기도 하고 거리 예술가들의 연주 장소가 되는 곳이기도 하다.

렌즈를 통해 본 디지털 노마드

몇 장의 사진을 찍고, 테라스에 앉아 맥주 한 잔을 시켰다. 그리고는 베토벤의 흉상을 보며 나는 긴 잠에서 깨어난 듯 삶에 대해 생각이 깊어졌다.

이제껏 살아온 나의 길은 자신의 의지와는 달리 쭉 뻗은 황톳길을 향해 달려갔다. 그 넓은 길에는 여러 개의 고갯마루로 이어져 있었다. 고갯마루 너머가 눈에 들어오지는 않았지만, 어차피 눈에 안 보여도 성공의 길이라 믿고 달려만 갔다. 어떨 때는 황톳길이 마음에 들지는 않았지만, 그렇다고 그 길에서 딱히 벗어나지 못했다. 그냥 쉽고 익숙한 길을 펄썩펄썩 먼지를 날리면서 달렸다. 그렇게 세상을 향해 달리는 사이 두 아이는 어른으로 성장했고 결혼까지 시켜 손자·손주까지 두게 되었다. 그때 그 청년은 이순을 넘기는 나이가 되었고 눈썹에 흰 털이 숭숭 나기 시작한다.

그동안 가끼이에 있었던 어른들은 거의 나 세상을 떠났고, 34년 전 이곳에서 자신만만해하며 희망가를 불렀던 젊은이는, 낯선 노인네로 변해 테라스에 앉아 베토벤의 얼굴 주변을 서성이고 있다. 이렇게 세월이 우려낸 찌꺼기를 치우지 못하고 밤거리를 거니는 내 못난 푼수가 얄밉기까지 하다. 가슴속의 작은 바람에도 낙엽은 쓸쓸히 진다.

그랬다. '수고도 아니 하고 길쌈도 아니 하는', 일견 평탄할 것 같다는 노정은 착각일 뿐, 매일매일 그다지 평안하지 않은 일상에 기대어 보낸 시간과 삶이 속절없다고 애석해할 줄은 꿈에도 몰랐다. 어쩌면 끝이 보이지 않는 황톳길을 하염없이 달려간 자신은 막막하고 울울적적한 심사만이 어렴풋이나마 알고 있지 않았을까 싶기도 하다.

인생열차라는 말이 있다. 평생을 달려가야 하고 달려가는 가운데, 바뀌는 풍경과 계절의 변화를 체험하면서 이렇게 옛터를 찾았을 때, 세월이 덧없음을 새삼 느끼게 되는 것일 게다. 나의 인생열차는 침대 덮개와 베갯잇을 빨아 널지 못하고 서재 청소는 꿈도 못 꾸고 있다. 저녁을 먹고

돌아올지 자고 올지 모르는 가운데 떠나보내는 황혼열차가 아닐까 싶다.

그래도 인생열차에서 천성대로, 평생 주장 없이 살아온 만추의 아내와 온 가족이 마주앉고 싶었다. 그리하여 삶은 달걀의 껍데기를 벗겨 소금에 찍어 두 부부가 함께 먹고, 부드러운 오징어 속살을 손자.손녀의 입에 넣어 주고 싶었다. 그런데 흰 갓털이 달린 민들레 씨 같은 세월은 그걸 시샘이라도 하듯 모든 게 틀어지고 말았다.

불현듯 고려 시대 길재의 「회고가」가 떠오른다.

렌즈를 통해 본 디지털 노마드

오백 년 도읍지를 필마로 돌아드니
산천은 의구한데 인걸은 간데없네
어즈버 태평세월이 꿈이런가 하노라.

살아온 날들에 대해 아쉬움이 많이
남아 있어 긴 숨을 내뿜는다.

본에는 베토벤 생가 외에도 슈만이 마
지막 2년을 보냈던 슈만의 집(Schumann
Haus)이 있다. 슈만의 집은 슈만의 정신
병을 치료했던 정신과 의사 리처드(Dr
Richarz) 박사의 요양소 건물이다.

슈만은 정신병이 악화되자 1854년 2월
17일, 라인 강에 몸을 던졌으나 지나가
던 어부에 의해 구출되어 살아났다. 그
리고는 이곳으로 오게 된다. 슈만의 집 1
층은 도서관으로 이용되고 있으며 많은
악보와 LP 레코드를 소장하고 있다. 2층
으로 올라가면 작은 연주실이 나오고 슈
만과 클라라의 사진과 편지들, 그가 주

필로 발행하던 『음악신보(Neue Zeitschrift für Musik)』 등의 유물들이 전시되
어 있다. 이들 로베르토 슈만과 클라라 슈만의 묘지는 본의 알터 프라이
더호프(Alter Freidhof)에 함께 자리하고 있다.

뮌스터광장에 이 베토벤의 동상을 광장에 세우는 데는 『음악신보』의 주
필이던 슈만의 힘이 컸다. 슈만은 1836년, 『음악신보』에 이곳의 자랑, 베
토벤 동상을 세우자고 열광적으로 기부금 모집을 알렸다. 만년에 슈만은

브람스와 함께 베토벤 동상을 찾아 대선배에 대한 무한한 존경을 나타내기도 했다.

또한, 이곳에는 본대학교(Rheinische Friedrich Wilhelms Universität Bonn)가 있다.

80년 여름, 내가 도착한 다음 날 온종일 햇볕이 내리쬐었다. 나는 이곳 대학 본부 앞 잔디밭에 친구들과 함께 구경하러 왔다. 놀랍게도 젊은 남녀학생들이 중요한 곳만 가리고 온몸을 선팅하고 있었다. 이들이 자유분방하게 주위의 아무런 관심 없이 자신들만의 애정 표시를 하는 것을 보며, 눈 둘 곳을 못 찾아 허우적대던 기억이 새록새록 새롭다.

본대학교는 수학, 물리학, 경제학, 화학생물학, 아시아 및 동양 연구, 철학 및 윤리학 분야가 유명하다. 1818년 10월 18일, 유럽 북동부 및 중부 지방을 지배했던 프로이센의 5대 국왕 프리드리히 빌헬름 3세(Friedrich Wilhelm III, 1770년~1840년)에 의해 공식 설립되었으며, 국왕의 이름을 따서 학교 이름을 정했다.

1933년에 등장한 나치스(Nazis)의 유대인 탄압 정책으로 많은 교수진 및 학생들이 학교를 떠나야 했다. 나치스는 아돌프 히틀러(Adolf Hitler, 1889~1945)를 당수로 1933년부터 1945년까지 정권을 장악했던 독일의 파시즘 정당으로, 정식 명칭은 국가사회주의 독일노동자당이다. 제2차 세계대전 중인 1944년 10월 18일 대규모 공습을 받아 대학 본관이 파괴되었다. 그러나 전쟁 후 대대적인 재건 노력을 통해 전통을 재발견하고 국제적 위상을 높였다.

2011년 영국의 글로벌 대학평가기관 QS(Quacquarelli Symonds)가 선정한 세계 대학 순위에서 154위를, 자연과학 분야에서는 62위를 기록했다. 역사학자 에른스트 아른트(Ernst Arndt, 1769~1860), 2008년 노벨 생리의학

상을 수상한 하랄트 추어 하우젠(Harald zur Hausen), 교황 베네딕토 16세
(Benedictus X Ⅵ Joseph Ratzinger, 1927~)가 이 대학 졸업생이다.

　나는 언제 이곳에 다시 올지 모른다. 그땐 유구한 세월이 흐르는 동안
땅에 떨어진 씨앗 위로 세월만큼의 퇴적층이 쌓여 씨앗은 탄소 덩어리
로 변해 있을 게다. 돌아서는 진열장 안에 칸나가 핏빛 목울대를 뽑고 피
어오른 꽃 무리 위로 나비 한 마리가 가뭇하게 날아오르듯, 조각 식물이
눈에 들어온다. 그래도 가슴 한구석을 콕콕 찌르는 가시로 남아 있던 에
센(Essen)과 쾰른(Köln) 그리고 본까지 두루 돌아보게 되어 다행이라 싶다.
　1932년 완성된 독일 최고(最古)의 고속도로(Autobhan)에 들어서자 선배는
자시의 자동차 속력을 무한대로 끌어 올리며 집으로 향히고 있디 치 밖
의 어둠과 내 마음의 어둠이 합쳐져 차라리 눈을 감는다.
　자동차는 무한궤도를 달리며, 들머리 같은 바람결에 털썩거리는 옛꿈
을 주저앉게 한다.

렌즈를 통해 본 디지털 노마드

독일, 발데네이 호숫가에서

쾰른(Köln)에서 57번 고속도로를 타고 한 시간 정도의 거리 에센으로 출발했다. 에센에서 고속도로를 빠져나와 알텐에센(Alten Essen)에 있는 쿠텔(KUTEL)이라는 유가공회사로 향했다. 쿠텔(Rheinrhur Milchhof EG)은 35여 년 전, 1980년 여름부터 2년간 실습했던 곳이라, 내 젊음의 기억과 추억을 만지작거리며 콩닥거리는 가슴을 쓸어내리며 운전했다.

그런데 상표는 담벼락에 그려져 있는데 놀랍게도 공장은 텅 비어 있었다. 있어야 할 유가공장의 상징인 우유 집배 탱크는 보이지 않고 주변은 스사하기만 하다. 몇 년 전 문은 닫았다고 한다. 주변 도시에 있던 치즈 공장과 동싱까시 빨아 버렸으나 경영난을 해결 못 했다고 한다. 그 말을 듣는 순간 가슴이 미어지는 것 같았다. 그리고는 허망했다. 그동안 한국에 돌아가서도 두 번이나 이곳에 들렀는데, 그때는 좋아 보였다. 어떻게 100여 년의 긴 역사를 자랑했던 에센의 유명 유가공업체인, 이곳이 문을 닫다니 아픔이 배가했다.

빈 공장과 내가 머물렀던 기숙사 앞을 돌다가 건너편 카이저공원(Kaiser-Wihelm Park)에 들렀다. 앞으로는 이곳에 찾아올 일은 없을 터, 에센에서의 경험과 인식의 편린들은 이 속에 다 묻혀있고 잊힌 내 기억의 총화를 하나라도 더 찾기 위해 주변을 보고 또 둘러보았다. 내 늙어가는 인생처럼 빈터로 남아 있는 이곳을 쳐다보려니 눈물이 났다. 어쩌면 내 신세와 똑같을까 싶었다. 돌아서기가 못내 아쉽지만 돌아설 때가 되었다. 마지막으로 카메라로 기숙사의 주소 팔름부쉬 웨이(Palmbusch Way) 44번지, 44의 숫자가 보이는 문 앞에서 나를 향해 한 장을 촬영했다. 이유는 나의 독일 자동차면허증의 주소가 바로 이곳이었기 때문이다.

에센역(Essen Haupbanhof) 주변에 차를 세우고 케트비거(Kettwiger Straße)로 들어갔다. 이곳에는 명동과 비슷한 정도의 규모로, 상점들이 붙어 있는 번화가다. 상가 주변에 시청(Rathaus)이 보인다. 148년의 전통의 시계상점, 다이터(Deiter) 앞에서 발길을 멈춘다. 건물 상단 층마다 철로 만든 인형들이, 매시간 타종과 함께 음악에 따라 춤추는 것을 보기 위함이다. 매일 오전 9시부터 저녁 8시까지 10여 분을 춤추는 인형극인데 여길 들릴 때마다 찾았던 곳이다. 공연이 끝나고 사람들은 각자의 길을 가는데도 나는 옛 시절을 회상하며 이 자리에서 서성이게 된다.

돌아서는 가을 하늘은 온통 회색빛이다. 금방이라도 비가 뚝뚝 떨어질 것 같다. 선배와 약속한 곳, 에센베르덴(Essen Werden)을 경유 케트비히

렌즈를 통해 본 디지털 노마드

(Kettwig Stadt)로 가는데, 눈에 익은 사인이 보였다. 대형 인공호수, 루드 강을 댐으로 막아 만든 발데네이제(Baldeneysee)다. 35여 년 전 가끔 찾았던 이곳을 세월 탓인지, 다른 나라에서 산 탓인지 완전하게 잊고 있었다. 에센하면 기억에서라도 툭 튀어나왔어야지, 어떻게 이처럼 까맣게 잊고 있었을까 싶었다.

차를 돌려 호숫가로 갔다. 빗방울은 제법 굵게 떨어지고 있다. 호숫물은 지난 세월에도 아랑곳하지 않고 빗방울은 계속해서 둥근 테를 만들어 내고 있었다. 마치 살아 숨 쉬는 깃 같았다. 두 손 가득 호수의 물을 담았다. 함께 모은 내 두 손바닥 안에서도 둥근 테와 조그마한 노을이 떠 있다.

바람과 빗방울은 나뭇잎과 팔대짓하고, 호수에는 흰색의 돛을 단 요트가 풍선들이 길게 늘어진 것처럼 선회한다. 마치 태평양을 건너온 낯익은 흰 깃발처럼 요트는 곱기도 하다. 주위의 풍광은 하나도 변한 게 없어 보였다. 겨울 철새떼가 날고 있다. 철새떼 사이에 젊은 날의 내 꿈들이 날갯짓하는 것이 보였고, 가능한 그 날갯짓이 더욱 격렬해지기를 바랐다. 하지만 세상은 여물지 못한 나를 절망의 나락에 떨어트렸고, 그 연민과 허무의 아픔이 물 위에서 동그라미를 그리는 빗방울은 여전히 나와 함께 하고 있다.

그래도 눈앞에 펼쳐지는 너른 물 폭이 좋고, 주변 내음을 이리저리 싣고 다니는 바람과 빗방울의 흔적이 있어 좋았다. 돌덩이가 둘레둘레 박혀 있고 발목을 가릴 정도의 자자한 꽃, 듬성듬성 서 있는 갈대의 목은 솜털을 달고 있다. 모두 같은 방향이다. 바람과 빗방울은 이 꽃들과 갈대

렌즈를 통해 본 디지털 노마드

사이에서 자잘한 소리를 낸다. 그럴 때마다 나 자신의 내면 안에 숨기고
있는 낡고 오래된 악기가 둔탁하게 소리를 낸다. 어디로 갈까, 어디에서
정착할까. 휘~하고 부는 바람의 행렬은 방랑자의 발길에 익숙해져 있다.
세상의 모든 보석의 광휘를 용해한 것 같은 그때의 빛……. 나는 그 빛의
섭리에 대해서 생각해본다.

　누군가가 새로운 도전과 삶의 질을 풍요롭게 하려고 타국에서의 먼 여

행이 필수적이라고 이야기할 때, 나는 고개를 젓는다. 어떤 형이상학적인 이유가 있을 거라 믿기 때문이다.

생각해보아라. 당신 같으면 가족을 버려 놓고 미래를 위해 몇만 킬로나 되는 이곳까지 찾아왔겠는가. 그것도 눈앞에 닥친 언어의 고통과 이질적인 감각을 이겨내고, 희망이라는 미래를 예단하고서 말이다. 미래를 예단하는 시간, 거기에는 일정 부분 외지(外地)에 대한 꿈을 담고 있었다. 몇 년간 대학 교편생활 중에도 나는 샤갈의 그림처럼 푸른 하늘을 나는 꿈을 자주 꾸었다. 그땐 외지에서의 꿈은 하나의 이론에 불과하고 현실의 벽이 산처럼 높다는 것을 몰랐다. 시간은 흘러가고 이루어 놓은 성벽의 담벼락은 이내 허물어져도 악다물고 앞으로만 달려갔다. 반드시 해내겠다는 의지를 지금 생각해 보면 그게 다 사치스러운 추상적 개념이었다는 것을 알 수 있다.

장대 같은 빗줄기가 떨어지면서 갈대를 쓰는 바람 소리가 예사롭지 않다. 순간, 배를 타기 위해 만들어놓은 나무선착장은 철썩이는 물결에 찌걱거리는 소리를 내며 흔들어대고 있다.

다음 날 오후 늦게 다시 이곳을 찾았다.

만추의 바람은 쌀쌀하다. 찬바람이 얼굴을 스칠 때마다 진저리가 쳐진다. 그래도 잘 다듬어진 산책로를 따라 걸어갔다. 짙은 벨벳 하늘 사이로 햇살이 잠깐 설핏해지더니, 간간이 빗방울도 떨어진다. 건너편 나무숲은 만추의 노을이 장관이다. 걷다가도 서서 한참 동안 둘러본다. 모르는 사람은 낯선 동양인이 서편 하늘의 노을을 찾는 것으로 생각할 것이다. 그렇지 않다. 동쪽과 남쪽, 북쪽 하늘 모두 노을이 진다. 형형색색의 노을을 보고 있노라면 그 섭리의 이면이 문득 궁금해진다.

호수는 어느덧 어둠에 잠기면서 바람도 멎었다. 노을이 펼쳐진 뒤의 저녁 어둠은 부드럽다. 자세히 보면 푸르스름한 쪽빛 기운이 어둠 속을 흐

렌즈를 통해 본 디지털 노마드

른다. 작은 물결도,
새들의 날갯짓도, 움
츠린 나의 목도 가로
등 불빛에 그림자를
만든다. 신비하고 고
요한 어둠의 시간이
있어 좋다. 단순한
어둠이 아닌 낮 동안 이 호수 위에 꿈과 멋을 부린 많은 생명체의 영상이
이 어둠 속에 새겨져 있다.

멍하니 어둠을 바라보다가 피식 웃었다. 호수 건너편의 불빛 구도를 보
며 몇 장의 사진을 찍기 위해 준비하는 나를 보았기 때문이다. 내가 할
수 있는 일이란 오직 글 쓰고 사진 찍는 일뿐이라 싶다. 그렇다고 남들이
감동하는 사진이나 좋은 글을 가지고 있지 않다. 나이 들어 할 수 있는
이 시간만큼은 내겐 고통과 행복의 시간일 것이다. 하지만 요즈음 나는,
사진 찍기와 글쓰기를 잘 하지 않는다. 그 이유를 알고 있다. 정확히 이야
기하자면 지친 삶에 의해 꺾여진 것이다. 삶을 위해 삶의 가장 소중한 빛
을 지워버리는 것이다.

호숫물에 얼굴을 갖다 대었다. 어둠 속에 실루엣이 되어 물결에 일렁이
는 나를 바라본다. 내가 보이지 않는, 나의 형체를 바라보려고 애쓸수록
쓸쓸한 상념으로 빠져들고 고독해진다. 순간 방하착(放下着)이란 말이 떠
오른다. '마음을 내려놓고 버리라!'는 의미다. 어쩌면 버리라는 개념까지
버려야 한다는 뜻일 게다. 색(色)이 사라진 공(空)의 그 빈 마음. 그런데 그
게 마음대로 안 된다. 왜 이럴까, 꺾인 내 의지가 아니라 보이지 않는 얼
굴을 찾기 위해 더욱 분주해지니 말이다.

물가에 앉았다. 지금 이 순간, 살아 있는 호숫가의 모든 생물, 삶의 지

혜들……. 아슴아슴 떠오르는 옛 기억들. 용기를 갖고 스스럼없이 찾아왔던 내 젊음의 흔적들이, 지금의 나와 비교하며 희망과 위로가 되었으면 하는 생각을 한다. 그러면서도 스스로 부끄러워한다. 서른 살 적, 이곳에 젖어들었던 그 침묵의 시간 속으로 나는 걸음을 옮겨놓고 있다. 이 도시에서 2년간 실습하며 미래를 대기하던 젊은 시절, 내가 가장 고통스러웠던 것은 독일어였다. 밤늦도록 달달 외운 독일어인데도 현장에서는 자유자재로 구사하기 힘들었다. 그걸 극복하기 위해 책을 들고 열흘씩, 보름씩 홀로 보냈다. 어떤 때는 두 달간 온전히 독일어를 위해 열려 있던 시간도 있었다. 지금은 김치 냄새가 묻어있는 영어와 한국말을 사용하면서, 세월 탓인지 싸우는 듯한 격음의 독일어는 거의 다 잊고 말았다. 하지만 그 당시는 타인의 꿈과 욕망에 아무런 방해를 주지 않으면서도 나의 길 속에서 나는, 나 자신과 싸우는 법을 배워나갔다. 그리하여 내 인생이 사랑스럽고 온 가족이 편해지기를, 공부를 끝내고 고국에서 여유롭게 비행하며 새로운 언덕을 다시 꿈꾸길 바랐던 것이다.

하늘 위에는 별빛이 초롱초롱 빛난다. 별빛은 과거를 회상하게 하고 가슴안에 깊은 말뚝을 지닌 슬픈 짐승들의 운명 같은 게 아닌가 싶다. 아니, 목엔 밧줄이 없더라도 눈앞의 운명을 생각지 못하고 종종걸음으로 주인을 따라가는 염소의 운명, 이를 바라보는 윤오영 선생의 운명은 바깥

세상으로는 나갈 수 없는 고통의 빛이라 싶다. 갑자기 하늘이 흐려지다가 다시 불빛이 빛나기 시작한다. 저 불빛은 추억의 불빛이고, 저 불빛은 아픔의 불빛이며, 저 불빛은 생명의 불빛이다. 하늘의 별과 건넛마을의 불빛을 차례로 바라보며 나는 긴 한숨을 커켜이 짓는다.

호수 건너의 불빛과 하늘의 별빛은 앙상블을 이루며 고흐가 화폭에 담아놓은 만큼이나 매혹적이다. 꺼졌다 켜지기를 반복하는 불빛은 포도알처럼 싱싱하다. 아름다움보다는 쓸쓸함이 기쁨보다는 아쉬움의 시간이 불나비처럼 팔랑거리며, 자신의 내면 안에 형형색색의 등을 켜고 하늘로 날아오른다. 생텍쥐페리의 어린 왕자가 비행하는 꿈, 뭉크가 좌절하는 표정의 꿈. 샤갈의 그림에 나오는 꿈, 잃어버린 강아지 다솜이와 아버지가 함께 날개를 달고 고향 언덕과 긴 해변 위로 나는 그런 꿈.

이 순간만큼은 내가 가을바람이 되고, 산을 물들게 하는 가을 향기가 되어 있다. 조동화 시인의 「나 하나 꽃피어」라는 시구를 조용히 읊조려 본다.

> 나 하나 꽃 피어/풀밭이 달라지겠냐고/말하지 마라
> 네가 꽃 피고, 나도 꽃 피면/결국 풀밭이 온통/꽃밭이 되는 것 아니겠느냐
> 나 하나 물들어/산이 달라지겠냐고도/말하지 마라
> 내가 물들고 너도 물들면/결국 온 산이 활활/타오르는 것 아니겠느냐

사방은 고요하다. 호수 건너에의 불빛은 물결 위에 길게 누워 있다. 나는, 다시 내가 사는 도시 속으로 돌아온다. 그럴 때 나는 종종 양희은의 〈아침이슬〉을 부른다. 긴 밤을 지새우고 묘지 위에 붉은 태양이 떠오르면 한낮의 더위는 아침이슬에는 시련이라 했다. 설움 속에서 알알이 빛나는 아침이슬과 미소, 인생은 풀잎에 잠깐 맺혔다가 사라지는 이슬 같은 존재라고 노래하고 있다. 모든 것을 영롱하게 볼 수 있는 내면의 세계가

있어 좋다. 서러움을 모두 버림으로써 영혼의 본질 속으로 여행할 수 있
는 시간 말이다.

언제 이곳에 다시 올 것인가. 지금 이 순간이 아무런 실체가 없는 허망
한 것이라 해도 막연한 기대를 거는 이유가 무엇인가.

쾰른성당을 보며

차를 주택가에 세워놓고 아침 햇살을 받으며 쾰른성당(Der Kölner Dom)
을 향해 걷는다. 시계를 보니 아침 9시다. 간혹 독일에 오면 이곳을 꼭 찾
아보려고 애썼다. 역 터널을 지나 쾰른성당 앞에 섰다.

순간 1979년 여름, 김포공항에서 싱가포르에어라인으로 프랑크푸르트
공항에 내렸던 기억이 소록소록 떠올랐다. 공항 밖에는 본에 있는 대학
친구와 선배가 나와 있었다. 대학 선배의 차로 도착한 장소가 바로 이곳,
쾰른성당이다. 본래는 선배가 이곳 성당에서 특별미사에 참석해야 하는
데, 내가 독일에 도착하는 날과 겹쳐 미사에 늦게 참석하게 될 것이라며,
두 시간 정도 고속도로를 달리다 쾰른성당이 보이는 도이치대교(Deutzer
brücke)를 건넜다. 도이치대교를 건너며 처음으로 바라보는 라인강의 물은
흙빛으로 탁했다. 그러는 사이 다리를 건너 성당 부근 길거리에 주차했다.

성당은 광장 중앙에서 하늘을 찌를 듯 뾰족한 두 개의 첨탑을 가지고
도도하게 서 있었다. 성당의 규모와 크기 그리고 높이에 입이 딱 벌어지
고 나의 목이 뒤로 꺾여 있음을 느꼈다. 머릿속에는 한국의 전통적인 목
재 건축물과 유럽의 철제와 석재건축물이 발달한 것을 비교하면서 철학,

종교, 과학, 음악의 나라라는 확신에 절로 머리가 숙어졌다. 성당 안은 넓고 위로 쭉 뻗은 수직적 웅장함, 특히 스테인드글라스의 화려함을 경복궁의 기둥 그리고 단청한 처마와 비교했다. 이날 고 김수환 추기경이 집전한 한국인들을 위한 특별미사가 있었고, 미사가 끝나자 나는 천주교 신자가 아닌데도 그분과 악수하고 서배와 함께 본으로 돌아갔다.

퀼른은 독일 서북부에 있는 공업 지역인 노르트라인베스트팔렌(Noderhein-Westfalen) 주에 속하며 북쪽 에센과 남쪽 본(Bonn) 사이 지점에 있다. 이곳에는 네 개의 하항(河港)이 있고 철도교통의 중심지이다. 313년부터 대주교가 지배하는 도시 퀼른은, 8세기 말 대사교좌(大司敎座)가 놓여, 14세기 이래로 한자 자유도시(Freie und Hansestadt)의 핵심 도시가 되면서 경제적으로 크게 발전했다. 이런 경제력을 바탕으로 1368년에 퀼른대학이 세워진다. 또한, 이 도시에는 열두 곳의 로마네스크 성당, 르네상스 양식의 교회가 있다. 그야말로 이 일대는 중세 건축양식의 박물관을 방불케 한다.

본래 퀼른은 기원 50년경 고대 로마의 식민지로 콜로니아 아그리피넨시스(Colonia Agrippinensis, 황후 아그리피나의 식민지)라 불렸는데, 그것을 생략해서 콜로니아(Colonia), 즉 퀼른이 된 것이다. 이후 독일문화의 중심지로서 중요한 구실을 해왔다.

렌즈를 통해 본 디지털 노마드

출입구 문에는 베드로와 예수의 어머니 마리아가 조각되어 있다. 입구에 들어서면 왼쪽에는 예수그리스도의 생애를 그린 클라라의 제단이 있고, 오른쪽에는 바이에른 국왕 루드비히 1세가 기증한 바이에른 창(Bayern Fenster)이라는 스테인드글라스가 있다. 남쪽의 채색 창으로 이루어진 다섯 개의 스테인드글라스의 규모와 크기에 눈이 꽂힌다. 화려하면서도 오묘한 색깔이 만들어내는 빛의 조화는, 사람의 마음을 움직이게 하는 예술 그 자체라 싶다. 이 그림은 세례자 요한에서부터 아기 예수의 탄생과 이를 경배하는 세 분의 동방박사(東方博士), 예수의 수난 장면과 복음서의 사도(마태·마가·누가·요한)들, 성령의 강림하심, 스테판의 순교를 채색한 유리판이다.

한 곳의 스테인드글라스가 들어갈 자리에 비닐로 덮여 있다. 3년 전 이 곳 성당을 찾았을 때도 유지·보수 및 복원하는 것을 보았는데, 지금도 이 성당 곳곳을 상시로 찾아다니며 보수하고 있다. 인류의 재산인 문화유산을 지켜나가는 것에 이러한 노력과 수고가 함께하는 결과일 것이리라. 대성당 안에 놓인 기부함에 주머니에 들어있던 여러나라의 동전들을 몽땅 넣었다.

나무로 만든 예배용 긴 의자에 앉아 카메라 렌즈를 교체했다. 바닥에서 천장까시 화려하지 않지만 높이 42미터로 천장으로 쭉 뻗은 수직효과를 강조한 것이 눈에 들어온다. 외부는 길이 144미터, 넓이 86미터를 지닌 웅장한 이 성당은 밤이 되면 색다른 조명으로 낮과 또 다른 느낌을 선사한다.

조금은 특별한 사람들이 눈에 띈다. 승복 입은 스님들과 차도르를 입고 있는 이슬람교도들이 보인다. 이들은 예수 어머니 마리아의 대관식을 새긴 앞면과 양옆에 각 여섯 개 아치마다 새겨진 12사도의 모습을 자세히 보고 있는 부류, 내부 건물을 사진 촬영하는 부류가 있다. 그랬다. 이러한 역사적인 건물에는 자신의 종교와 관계없이 건축물의 아름다움을 함께 공감하고 공부하는 것일 게다.

유리관에 보관된 성모상(Schmuck madinna) 앞에는 많은 촛불이 켜져 있고, 그 앞에서 기도하는 신자들을 쉽게 볼 수 있다. 이 성모상은 마리아가 아기 예수와 함께 십자가가 달린 왕관을 쓰고 있고, 마리아가 들고 있는 평화의 상징인 지팡이에도 십자가가 달려 있다. 그런데 성상(聖像)과 성상 주변에 신자들이 각종 보석을 직접 치장한 것은, 30여 년 전이나 지금이나 어색하게 느껴졌다. 성가대석 안쪽 유리관에 보관한 동방박사 3인의 유물함, 클라라 제대, 게로 십자가, 성가대석, 모자이크 바닥 등이 있다.

남쪽의 첨탑에 올라가기 위해서는 성당 바깥쪽에 설치된 동굴과 같은 지하 통로를 지나가야 한다. 중요한 것은 엘리베이터는 만들어 놓지 않고 직접 경험하게 한다. 성인 한 명이 지나다닐 정도의 좁은 원형 509개의 돌계단을 빙글빙글 돌아가며 오른다. 오르다 보면 숨을 헐떡이며 통로를 막고 쉬고 있는 사람들이 많이 있다. 나도 숨이 콱 막혀왔다. 이렇게 힘든 경험을 통해 첨탑을 손으로 만들었으니 얼마나 힘이 들었는지 실감케 한다. 그리고 이런 경험은 영원히 잊지 못할 것이다.

거의 다 올라가다 보면 대성당에 설치된 24톤짜리 내타식(內打式) '베드로의 종'이 눈에 들어온다. 이 종은 1922년에 제조했고 진자운동식(振子運動式)으로는 세계에서 가장 큰 서양식 종이다. 본래 이 자리에는 27톤짜리 '황제의 종'이 있었다. 보불전쟁(1870~1971, 독

일 연방과 프랑스와의 전쟁)에서 전쟁승리 전리품인 대포를 녹여 만든 것인데 1918년 제1차 세계대전 때 철거했다.

드디어 철망으로 보호망이 쳐 있는 첨탑 꼭대기에 도착했다. 잠시 피곤해진 무릎을 손으로 만지면서 쾰른 시내를 내려다본다. 독일 남서부 울름에 있는 울름뮌스터성당(Der Ulmermünster Dom)에 이어 두 번째로 높은 곳이라, 이곳에서의 사방은 툭 터여 풍광이 시원스럽다. 멀리 도시타워가 서 있고, 사깝세는 라인 상 위로 놓인 호헨졸렌다리(Hohenzollern brücke)가 보인다. 이 호헨졸렌다리 철제 난간에는 사랑을 약속한 자물쇠가 빽빽하게 걸려 있다. 보는 이로 하여금 사랑의 약속이 영원히 변치 않기를 바라면서 각종 자물쇠를 쳐다본다. 다리 아래로 흐르고 있는 라인 강에는 배들이 여유롭게 움직이고 있다. 이 강은 1,320킬로로 독일의 젖줄과 같은 강이다. 스위스 알프스 산속의 작은 호수 '토마'에서 발원하여 오스트리아와 프랑스 그리고 독일과 네덜란드로 흘러간다.

카메라를 들고 몇 곳을 첨탑과 철망 사이로 빠르게 촬영했다. 땅에서 보는 것과 또 다른 느낌의 건축물이라 카메라 가방에 있는『쾰른 안내서』를 꺼내어 자세히 읽어 본다. 이 성당은 1248년에서 1880년까지 약 282년의 공사 중단 기간을 포함해 약 632년에 걸쳐 지어졌다. 그러고 보니 고딕양식이지만 긴 세월을 통해 완성되었기에 르네상스, 바로크, 로코코 시대를 다 거친 셈이다. 따라서 고딕의 설계로 시작하여 근대인이 완성한 이 성당의 정식 명칭은 '성(聖) 베드로와 마리아대성당(Hohe Domkirche St. Peter und Maria Dom)'이다.

이런 긴 역사가 있는 성당임에도 두 개의 첨탑과 서쪽 면만 제2차 세계대전 동안 연합군의 대규모 쾰른 폭격에도 용케 살아남았다. 그렇다고 온전하게 살아남은 것은 아니다. 열네 번이나 직접 명중 당해 건물의 다른 부분까지 심각한 피해를 보았지만 1956년에 복원작업을 끝냈다. 또한, 이 성당은 유럽의 고딕 건축걸작품, 그 문화적 가치로 1996년에 세계문화유산에 등록되었다. 성당 옆에는 로마-게르만박물관(Römisch-Germanisches Museum)이 있고, 이 부근에 루트비히박물관(Museum Ludwig)도 있다.

성당 밖을 나와 광장을 가로질러 왼쪽에 있는 보행자들을 위한 호헤거리(Hohe Straße)로 들어갔다. 거리에는 활기가 넘쳐난다. 쇼핑의 거리이고 향수(香水)의 어원이 나오는 명소이니만큼 향수전문점과 선물가게, 백화점과 레스토랑이 모여 있다. 명물인 향수집에 들어간다. 의학적인 기적의 물이라며 특유의 냄새가 나는 '쾰른의 물'은, 1875년 '오 드 콜로뉴 4711'(eau de cologne 4711)이라는 향수로 정식등록 되면서 청록색 병에 담겨 지금껏 판매되고 있다. 4711이라는 숫자는 향수를 팔던 집 주소가 4711이다. 지금도 이 상점에는 구식 수도꼭지에서 이 쾰른의 물이 흐르고 있다. 나폴레옹도 이 물로 목욕했다고 한다. 재미있는 발상인지 장사수법에 따른 것인지는 모르겠으나, 목욕 후 가볍게 바르는 향수 '샤워코롱'도 있다.

이 말의 근원도 여기서 왔다고 한다. 물(Water)이라고 하니 생각나는 것이 있다. 처음 독일에 왔을 때다. 수도꼭지에서 나오는 물을 마시려면, 커피 포트에 필터를 깔고 반드시 끓여 마셔야 한다. 끓이고 남은 필터에는 회분이 소금 덩어리처럼 모여 있는 게 참으로 이상했다. 그런가 하면, 마켓의 생수도 탄산이 들어간 것이 있어 마시기가 참으로 역겨웠던 기억이 떠오른다.

또한, 이곳을 대표하는 맥주 '쾰슈(Kölsch)', 초콜릿 분수가 있는 초콜릿 박물관이 있다. 3미터가 넘는 초콜릿 분수가 흘러내린다. 이곳에서 종업원은 손님들에게 와플을 초콜릿 분수에 찍어 건네준다. 재미있는 발상이고 특이한 기억의 맛을 선사하고 있다. 단맛을 보고나니 허기가 지고 출출해진다. 길 건너 눈에 익은 맥도날드 간판이 보인다. 치즈버거와 커피를 시킨 후 대기 시간 동안 화장실에 갔다. 소변을 보고 밖으로 나오는데 화장실 사용료를 요구했다. 성가셨다. 대부분의 관광지에서 화장실 사용료를 받는 게 나로서는 생경한 느낌으로 다가왔다. 그런데 손님들이 북적이는 이곳 맥도날드에서의 화장실 사용료, 이건 아니라 싶었다.

또 다른 향수, 샤넬(Chanel) 전문집에 들어가 '샤넬 5번'의 향수를 코끝에 대어보았다. 향수가 은은하게 코를 진동시키면서 34년 전의 생각이 소록소록 떠올랐다. 이곳 쾰른은 본과 에센 사이에 있다. 에센과 본, 두 군데에서 실습하는 대학 동창들은 한 달에 서너 번씩 이곳 쾰른의 한 식당에 모였다. 그리고는 서로 격려하며 장래에 대한 의논과 학교에 대해 정보를 주고받았다.

금요일 저녁, 평소처럼 이곳 거리의 한 식당에서 앉아 잡담하고 있는데, "안녕하세요."라는 여성의 목소리가 들려왔다. 한국말이라 얼른 고개를 젖혔는데 한국사람은 보이지 않는다. 이상하다 싶었다. 헛것을 들었나 싶기도 했다. 그런데 꽃을 들고 다가오는 두 독일 아가씨가 웃으며 또다시

"안녕하세요."라고 한다.

이런 인연으로 시작된 아가씨들은 M교단에 속하는 교인들이었다. 이 당시는 독일어에 다들 호된 시련을 당하고 있던 터라, 미숙한 독일어를 이해하고 친절하게 받아주는 게 고마워 M교인들과 이내 친해졌다. 이들은 M교단의 교리를 전도하기 위해 이 지역에 잠시 파견되었고, 생활수단으로 꽃과 달력을 판매하고 있었다. 이 판매한 수익금으로 생활하고 남는 돈은 본부에 보낸다고 했다.

이들은 크고 값이 저렴한 기숙사를 빌려 공동생활을 하되, 남녀가 철저하게 구분해서 공동생활했다. 아침이면 공동으로 예배를 보고는 지역을 나누어 두 사람이 한 조가 되어 교리를 전파하러 나간다. 그런데 여러 찬송가 중 우리나라의 동요 〈푸른 하늘 은하수〉, 〈우리의 소원은 통일〉 등이 들어 있는 게 특이했다. 그들은 내용의 뜻을 정확하게 이해하지 못하고 노래를 불렀다. 정말이지 외국인이 한국의 동요를 찬송가로 부른다는 것이 신기했다. 그리고는 "이 내용이 무슨 뜻이냐?"라고 묻기도 했다.

우리는 "독일어는 명사에 붙는 성(性) 구분이 참으로 어렵다."라고 했다. 그들은 "아무 걱정하지 마라."며 격려해 준다. 도리어 언젠가 성지인 한

국이 세계의 중심이 될 것이라고 한다. 그러면서 한국어는 세계공통어가 될 것이라는 황당한 이론을 내세운다. 확신에 찬 목소리다. 자신들은 M교단에서 지정해 주는 사람과 결혼하되 한국에서 합동결혼식을 하는 게 유일한 소망이라 힘주어 말한다. 그랬을까, 한국에서 M교단에서 몇천 쌍이 합동결혼을 한다는 소식이 들리곤 했다. 이렇게 종교는, 학력에 의한 지식이나 세상 경험에 의한 논리적 이론은 통하지 않게 한다. 도리어 새로운 확신을 맹종하게 하는 엄청난 힘이 있다.

또 이곳 거리에서 독일 3대 사육제 중 하나인 퀼른카니발(Köln Carnival)이 매년 11월 11일 오전 11시 11분에 시작한다. 그리하여 봄을 맞이하는 기쁨을 위해 2월 23, 24, 25일경 사순절이 있는 주간에 종결된다. 이 40여 일 동안 주말이면 크고 작은 행사가 이어지는 축제이다. 여러 행사 중 가장무도회, 간단한 연극, 장미의 월요일이 제일 화려하다. 장미의 월요일, 이날 마음에 드는 남자가 눈에 띄면 그 남자의 넥타이를 유부녀라도 관계없이 자른다. 그리고는 넥타이가 잘린 남자와 하룻밤 애정행각(?)도 다 이해하고 넘어간다니, 그때나 지금이나 참으로 이해하기 어려운 전통이라 싶다.

81년 겨울, 영화에서나 보던 카니발을 눈으로 직접 구경하게 되었다. 나와 한 친구는 풍풍보 아줌마와 젊은 처녀들이 던져주는 사탕과 초콜릿을 받아 한두 개를 먹던 바로 그 자리를 찾았다. 그때, 바닥에 수북이 떨어져 있는 사탕을 보며 한국에 있는 두 아이의 웃는 얼굴이 밟혀 왔다. 순간 나는, 나도 모르게 사탕을 두 아이 입에 한 개씩 쏘옥 넣어주며 즐

거워하는 허상, 가족과 함께 마음으로 카니발을 즐겼다. 정신이 들자 사람들의 틈새를 빠져나오는 데 두 남자가 한 개의 드럼을 치고 노래하는, 다다다(dadada)라는 가요제목과 노랫말의 피켓을 들고 가는 게 보였다.

다음 해 여름, 아내는 여름방학을 이용해 독일에 왔다. 우리 부부는 부근의 도시와 유명한 관광지를 구경했다. 그러다 이곳 시내를 구경하던 중 사진관에 섰다. 손님들이 보는 앞에서 현상하고, 즉석에서 아그파(Agfa) 프린트를 통해 인화되는 것이 신기했다. 나는 이날, 아내의 독일방문 기념선물로 조그마한 일본산 카메라를 사려 했다. 하지만 몇 달 모았던 용돈은 계산대에서 비로소 날치기를 당했다는 사실을 알게 되었다. 그것도 모르고 우리 부부는 어떤 카메라가 좋을까 싶어 여러 곳의 카메라 가게를 헤집고 다녔다. 이런 시간이 한 달 남짓 여름방학이 끝나는 날, 아내가 쾰른국제공항(Flughafen Köln Bonn)을 통해 이륙하는 비행기를 보며 눈

렌즈를 통해 본 디지털 노마드

물 흘린 기억이 새롭다. 또 있다. 본에 있는 선배 집에서 이틀을 놀다가, 선배와 함께 내가 사는 에센 기숙사에 함께 가기로 했다. 이유는 내가 가지고 있는 여유분의 흑백 TV를 선배가 가져가기 위함이었다. 그런데 쾰른성당이 바라보이는 고속도로에서 이은상 작시의 〈가고파〉를 듣는 순간, 나는 고향 집 뒤뜰에 있는 널평상에서 구운 고등어와 된장찌개가 먹고 싶다는 엉뚱한 생각을 했다.

역사(驛舍)에 들어갔다. 멈춰선 기차가 많이 보인다. 30여 년 전, 한국에서 기차를 타면 덜커덕거리는 소리가 일정하게 났다. 하지만 이곳의 모든 철길은 다 이어져 있다. 덜커덕 소리 대신 바람 소리가 기차속도에 따라 달라진다. 또한, 유학생 대부분은 학위취득 후 고국으로 돌아가기 전 가보고 싶었던 곳을, 한 달에서 두 달 사용할 수 있는 철도여행카드를 사서 구경했다. 그 당시 학위취득 후 지도교수에게 감사의 뜻으로 병풍, 한국도자기, 부채, 나전칠기 등을 선물했다. 재미있는 것은 동창들과 이야기하면서 누구의 이름을 부르는 게 아니라, 병풍 박사! 부채 박사! 도자기 박사! 하며 서로 놀리며 깔깔댔다.

여행은 생각하지 못했던 옛 기억이 한 모서리에서부터 불쑥불쑥 튀어나오는 마력이 있다. 이 마력은 순간적 생명으로 부활하는 듯하지만, 이내 가슴은 수박빛 향기가 아련히 풍기며 아프게 만든다. 그리고는 마음 깊은 곳까지 흔들어 저리게 하는 속성이 있다.

해가 서산에 걸렸다. 에센에서 하루를 묵고 선배의 집으로 향할 것이다. 고속도로에 들어선다. 차 문을 연다. 바람 소리가 싸하게 들리고 나무의 이파리가 흔들거리고 있다. 떠밀린 계절처럼 바람같이 사라진 내 젊음도 함께 흔들리고 있다.

디지털 노마드의 일탈과 창조적 상상
(강정실 사진기행수필의 묘체)

한상렬(문학평론가)

프롤로그

:: 창조적 직관의 통찰

　수필문학은 미래문학의 첨병(尖兵)이라고 말한다. 수필이 미래문학을 선도한다는 아나톨·프랑스의 언명을 예언처럼 신봉한다. 양적 팽창이 이를 수긍하게 한다. 쏟아지는 수필집, 문단 행사장에는 어디고 수필가들이 넘쳐난다. 경제가 어렵다고 하는데, 문예지 경영이 그리 녹록지 않음에도 한국 문단은 지금 불꽃축제를 한다.

　분명 축복이지 싶다. 하지만 이를 곱지 않은 시선으로 바라보는 이들도 있다. 주변문학이니, 신변이니, 일상이니… 그런 언술이 아니어도 외적 성장 뒤에 숨은 그림은 그리 만족스럽지 않다. 고통의 체험을 수반해야 할 수필은 지금 너무 안이하고 자족(自足)에 넘친다. 개중에는 자기도취와 만족에 기꺼워할 이도 있게 마련이겠지만, 호사가들은 이를 놓치지 아니한다. 시대가 변하건만 아직도 미몽에서 깨어나지 못하는 이들이 있다. 변화에 제일 민감하지 못한 이들이 작가라고도 한다. 이는 비판인가, 아니면 고언(苦言)인가.

독자들에게 감동을 주는 훌륭한 작품 속에는 그 작품을 창조해 낸 저자의 남다른 의식이 담겨 있다. 적어도 저자의 전 생애가 농축되어 독자를 흡인함으로써 감동과 정서적 미감에 함몰하게 하는가 하면, 적당한 거리를 두고 저자의 삶을 지각하게 하는 각성과 삶의 길을 제시하기도 한다. 그 때문에 예술작품은 정서적 미감과 교훈이라는 두 개의 축을 적절히 교합함으로써 그 목적을 달성할 수 있다. 삶과 존재의 문제를 다루는 수필문학에서는 더욱 그러하다.

강정실의 수필을 감상하노라면 이런 비판과는 거리를 두고, 새로운 것에 눈을 돌리게 한다. 이 어려운 시대에 어찌 살아야 하는지 그의 수필은 우리들에게 귓속말처럼 속사인다. 아니 멀리서 온 반가운 이의 편지글처럼 아마헤긴 우리들 마음을 촉촉이 적셔준다. 그때 삶의 무거움노, 설방까지 잠시 부려놓고 희망이라는 이름에 익숙하게 한다. 문학이란 철학의 명제처럼 논리적인 언어구조를 가지고 있지 않고, 모순적이며 비약적인 언어로 가득 차 있으면서도 우리들 파괴된 내면을 조심스럽게 기우고 피 흘리는 상처를 닦아내지 않던가.

작가 강정실은 문학 이전에 사진작가로 알려져 있다. 부산에서 태어난 그는 한국사진작가협회 회원으로 산타모니카지부장을 역임하였고(현재: 고문), APC사진기자협회 미주지회 회장이다. 한편,『에세이문학』의 천료로 수필 문단에 데뷔하였는가 하면, 『에세이포레』로 문학평론가로도 등단하였으니, 그는 사진작가이며 수필가이자 문학평론가이다. 또한, 그는 한국문인협회와 국제펜클럽 한국본부 회원으로 한국문인협회 미주지회 회장을 지내고 있으며, 수필집『등대지기』, 『어머니의 강』, 『요강화분』 등의 저서를 상재하기도 하였다. 이런 그의 예술적 안목과 작가적 인자(因子)는 그의 수필의 시선이 어디에 있는가를 보여준다. 한 마디로 그는 시대에 앞서 가는 작가임에 틀림이 없다. 즉, 장르의 결합과 통섭을 통해 그는 새로움을 추구하고 있는 작가라 하겠다.

오늘의 문학은 그 장르의 결합으로부터 새로움을 추구해야 한다. 영상미학과 언어미학의 결합은 일종의 퓨전양식이다. 사진작가이자 수필작가인 강정실의 글쓰기가 자연스레 두 장르의 이종결합으로 나타남은 지극히 당연한 귀결일 것이다. 그리하여 그가 이제 새롭게 선보이는 기행수필집은 언어미학의 새로운 경지를 보여준다. 그렇다고 표현상의 변화만은 아니다. 정작 그가 담고 있는 미학적 언어의 변화는 내용상의 낯섦일 것이다. 바로 창조적 직관의 통찰이다. 이는 강정실의 기행수필이 갖는 묘미일 것이다. 그 키워드는 다름 아닌 상상력일 것이다.

몽상의 철학자로 알려진 가스통 바슐라르는 마르크 샤갈을 가리켜 "생물들이 풋풋한 나무줄기와 같이 깨어나 성장하고, 인간이 그대로 초인적인 존재였던 저 확고부동한 위대한 시대를, 우리들에게 체험하도록 하는 사람"이라고 하였다. 그렇다. 샤갈의 그림 〈인간의 창조〉는 위대한 상상력으로 인류의 낙원시대를 보여준다. 여기 상상력이란 환상, 즉 새로운 현실을 창조하는 능력을 일컫는다. 하여 예술 작품의 창조와 감상은 상상력을 낳게 하고, 다시 이를 받아들이게 만들어 주는 끊임없는 상호 영향 과정의 연속이라 하겠다. 이 점이 작가 강정실 문학의 근간이라 하겠다.

:: 창조적 상상의 공법

레오나르도 다빈치는 정보를 파악하고 문제를 공식화하며 해결하는 수단으로 그림이나 다이어그램, 그래프를 사용하였다. 그에게 있어서는 그림을 설명하기 위하여 기록이 필요했을 뿐, 기록을 설명하기 위해 그림을 이용하지는 않았다. 결국, 레오나르도 다빈치에게 있어 언어란 발견을 위한 수단이 아니라, 발견한 것을 명명하고 묘사하는 수단이었다. 때문에 강정실의 기행수필이 사진과 언어의 퓨전에 터를 잡고 있음은 그저 간과할 일이 아니겠다.

그런 이유에선가. 니체는 자신의 에세이 『진실과 거짓말에 대해』에서 현실을 언어로 묘사하는 것은, 언어구조 자체의 문제로 인해 불가능하다고 말한 바 있다. 이는 아인슈타인이 어떤 문제를 생각할 때, 수학적이나 언어적 맥락에서의 파악보다는 시각적, 공간적 형태에 근거하여 생각했던 것과 일치한다. 그렇기에 창의적인 상상력은 양자역학의 창시자인 막스 플랑크의 언명과 같이 연역적으로 나오는 것이 아니라, 비정상적인 연관을 맺는 결과라고 보고 있다. 이런 견해는 러시아 형식주의자들이 주창한 '낯설게 하기'와 같은 맥락에서 파악된다. 우리는 진숙한 사물에 대해선 그다지 주목하지 않는다. 왜냐하면, 예술은 사물의 참모습을 드러냄으로써 망각된 존재를 일깨워주기 때문이다. 그래서 사물을 낯설게 할 때 우리는 그에 주목하게 된다.

수필삭가, 강정실의 기행수필집을 펼치면 그의 다양한 문화에 대한 관심과 시선의 남다른 포즈에 주목하게 한다. 한국의 항도(港都) 부산에서 태어나 조국을 떠나 미국에서 삶을 영위하고 있다는 사실만이 아니라, 그의 평소의 동선(動線)은 사진작가+수필작가에 문학평론가라는 2중, 3중의 통섭(通攝)을 통해 다양한 세계의 진실 규명과 문화 이해에 초점이 맞춰져 있다. 이런 경향성은 일종의 노마드(nomad)적인 세계의 진실을 보여주고 있다.

노마드는 알려진 대로 '유목민', '유랑자'를 뜻하는 용어이다. 프랑스의 철학자 들뢰즈(Gilles Deleuze)는 그의 저서 『차이와 반복』에서 노마드의 세계를 '시각이 돌아다니는 세계'로 묘사하면서, 현대 철학의 개념으로 자리

잡게 했다. 여기서 '유목민'은 공간적인 이동만을 가리키지 않는다. 버려진 불모지를 새로운 생성의 땅으로 바꿔 가는 것, 곧 한자리에 앉아서도 특정한 가치와 삶의 방식에 매달리지 않고 끊임없이 자신을 바꾸어 가는 창조적인 행위를 뜻한다. 이는 철학적 개념뿐만 아니라, 현대사회의 문화·심리 현상을 넘나들며 새로운 삶을 탐구하는 사유의 여행을 의미한다.

디지털 시대에 무슨 유목민이요 방랑자가 꿈이런가. 그게 아니다. 그의 꿈은 '디지털 노마드'이다. 그래 그는 단순한 이동이 아니라 새로운 삶을 창안하는 것을 콘셉트(concept)로 하고 있는지도 모르겠다. 일상에서의 탈피, 그 탈속적 이야기를 작가는 구상하고 있는지도 모른다. 때문에 강정실의 수필세계는 '그 나물에 그 밥'이 아닌, 더욱 신선하고 참신한 것에 대한 선호(選好). 이는 식상하여 시들한 정서가 아니다. 그렇다고 워홀(Andy Warhol)의 기상천외한 발상을 의미함도 아니다. 관습화되고 일상적인 것으로부터의 도피. 거기에 그의 주안점은 놓여있을 것으로 판단된다.

강정실 수필의 매력은 그렇다. 바로 작가의 진정성에 있다. 삶을 바라보는 작가의 심중에 문득 일렁이는 격랑은 때로는 파문을 일으키기도 하지만, 대개는 잔잔한 파도가 되어 독자를 감동시킨다. 그것은 쓰나미를 동반하는 거대한 해일이 아니다. 모래톱에 부서지는 잔잔한 일렁임이다. 하지만 이는 작자의 고뇌와 내적 결단을 동반하는 해조음이다. 그가 창조해 내는 수필의 매력은 여기에 있을 것이다. 그의 의식 세계의 편린(片鱗), 작가의 삶에 대한 진정성을 엿보게 하는 의식의 전초에는 블랙홀과도 같은 부조리를 초월하는 타인에 대한 낯섦에서 행복을 만들어가는 공법(工法)에 다름이 아니다.

그의 기행수필을 펼치면 화자의 무한한 상상이 무시로 펼쳐진다. 문학에서의 상상은 실체와 동떨어질 수 있다. 하지만 창작이란 그런 실체와 분리가 가능하지 않다. 그러므로 문학이야말로 창조적 상상이어야 할 것이다. 이 경우, 이고르 스트라빈스키는 다음과 같은 언명으로 대변하고 있다.

> 창작의 전제는 상상이지만 이 둘을 혼동해서는 안 된다. 창작이 이루어 지려면 먼저 운 좋은 발견이 필요할지도 모르나, 이 발견을 온전히 현실화하는 것이 창작이다. 우리가 상상하는 것은 반드시 구체적인 형태를 지녔다고 할 수 없으며 실체를 가진다고도 볼 수 없다. 하지만 창작은 실행과 분리해서는 생각조차 할 수 없는 법. 고로 우리에게 중요한 것은 막연한 상상이 아니라 창조적인 상상이다. 그것만이 우리를 관념의 단계에서 나아가게 해줄 것이기에.
>
> — 이고르 스트라빈스키, 《음악의 시학》에서

결국, 작가에게는 창조적 직관의 통찰이 필요하다는 말이겠다. "우리를 관념의 단계에서 나아가게 해 주는 것"이야말로 문학작품 생산의 원동력일 것이다. 문제는 그 작가가 어떤 언어를 구사하느냐에 있을 것이다.

노마드의 일탈과 창조적 상상의 구체화

문학 작품 특히 수필문학의 특성은 자기로부터 출발한다. 따라서 수필문학은 허구의 개입을 애초부터 차단한다. 수필은 다른 장르에 비하여 필자의 감각과 사고가 생생하게 표출되는 문학 양식이다. 그 가운데에서 기행수필은 여행을 통해서 느낀 바를 사실 그대로 표현하는 양식이 된다. 지구촌이 하나로 언제 어디서든 쉽게 여행길에 오르게 한다. 인간은 누구나 삶의 풍요를 구가하려 한다. 생존의 문제가 급박할 경우에는 도외시되던 이런 여행에 대한 갈망은 삶의 풍요와 함께 여유를 갖게 하였고, 자연스레 삶의 현장을 떠나 낯선 지역에 머물며 자연경관을 탐미하거나 공간적인 거리를 좁혀 역사적 유물을 탐방하기도 하고, 여행을 통해 자신으로 돌아오고자 하는 욕망을 충족시키기도 한다.

이런 기행수필이 현대적 의미의 본격적인 수필시대로 접어들면서 레저 산업의 발달과 함께 기행수필의 양산시대로 발전하게 되었다. 이들 대부분의 기행수필들은 여행에서 오는 감흥과 낯선 풍물을 담고 있으면서도 그저 여행에서 오는 감흥만을 기록함으로써 문학성이 결여되어 있다는 평가를 받고 있어 이에 대한 효과적인 기법이 요구되고 있다. 윤모촌의 말과 같이 "기행문은 신선한 충동에 의해 쓰이는 것이나 이 '충동'이라는 것에 대해 생각해 볼 여지가 있다. 기행체 수필이 충동만으로 되는 것은 아닌 까닭이다. 작가에게 신선한 충동이 되고, 독자에게도 신선한 충동이 되어야 한다. 그런데 작가에게만 충동이 되고 독자에게는 의미가 없는 경우가 있다. 이럴 때 그 글은 생명력을 잃는다."고 했다.

이런 전제에서 작가 강정실의 기행수필은 차별화되어 있다. 강정실의 기행수필은 기행 그 자체에 머물지 않고 해석과 의미화를 통해 문학적으로 형상화되어 있음을 작품의 행간에서 쉽게 감지하게 한다.

여행이란 미지의 세계에 대한 동경과 향수를 체험하는 일이다. 이는 인간의 본래적 욕망으로 이런 욕망의 충족을 위해 현대인은 누구랄 것 없이 여행에 대해 애틋하고 아련한 동경심을 갖게 마련이다. 가슴 설레는 동경으로 떠남으로써 돌아온 후에도 은은하게 젖어드는 향수. 그래 무언가 쓰지 않고서는 배길 수 없는 욕구가 문장화된다. 강정실의 기행수필은 종래 여행지의 실제적 체험의 정직한 기록이면서도 그 속에 작가 나름의 독특한 개성이 발휘되고 있다. 또한, 주제 의식이 분명하여 독자에게 제시하는 분명하고 명확한 메시지가 담겨 있음을 알 수 있다. 그래 기행은 일종의 '떠남'이다. 일상의 공간에서 미지의 세계를 향한 떠남이다. 그런데 그 일이 '어쩌다'가 아닌 글자 그대로 '일상'일 경우, 그 주체의 정신적 경향이 '노마드'의 특성을 지닐 수 있음은 말할 나위가 없다. 모국을 떠나 미주(美洲)에 안착한 것이 그러하고, 때 없이 여행길에 오르는 일 또한 그러하다.

강정실의 기행은 고향에 대한 향수인 토포필리아(topophilia), 공간애에 근접하고 있음을 보게 한다. 그런데 작가 강정실의 경우에는 그 '떠남'이 유목민, 방랑자의 의미보다는 '창조적 상상'이라는 경지에 있음을 볼 수 있다.

창조적 상상은 위한 화자의 공간이동은 미지의 모네(叫唎)나 힐 부사를 중심으로 현재 삶의 터전인 미국의 웨일스, 그리피스공원, 조수아트리 국립공원, 인디언보호구역인 포크너즈, 죽음의 계곡 데스밸리 국립공원, 후버댐, 샌프란시스코의 금문교, 골든게이트 국립공원, 라스베이거스, 산타모니카, 몬터레이와 론 사이프러스, 빅서와 산시메온 그리고 독일의 수노인 론, 발데데이 호수, 퀼른성당 등으로 이어지고 있다. 이런 공간적 이동은 모국과 이민국인 미국 그리고 독일 세 나라에 걸쳐 있다. 사진작가이기도 한 화자의 시선이 머문 이런 공간이동은 화자의 관심의 공간이자 문학적 창조를 위한 상상의 공간이라 하겠다.

이들 공간은 화자에게 자연스럽게 문학적 상상을 유발하게 하는 모티브이자, 디지털 시대를 사는 작가의 노마드적인 체험의 공간일 것이다. 이는 일상의 탈출, 노마드적인 경향이라 할 수 있으며, 내재적 사유의 진폭을 보여준다. 이런 일탈의 현장은 고향에 대한 해바라기인 토포필리아를 근간으로 하여, 사유의 세계인 존재파악과 창조적 상상력 그리고 정서의 사상화로 구체화되고 있다. 한 마디로 그의 기행수필은 디지털 노마드의 일탈과 창조적 상상이라 하겠다.

　과학적 인식이 '인식론적 단절' 위에서 시작한다는 바슐라르의 지적은 혜안이다. 과학뿐이 아니다. 철학과 예술도 이런 단절 위에서 수립된다. 그러나 참된 인식은 인식론적 회귀에서만 완성되게 마련이다. 그러므로 철학적 담론이나 수학적인 함수, 예술적 재현 등 모든 형태의 글(文)은 이런 현실로부터 일정한 거리를 유지할 때 비로소 성립한다. 그러나 궁극적으로는 문맥으로, 글의 시공간적 지표로 회귀했을 때, 그 완전한 의미를 찾게 된다.

　글이 그 안에서 생겨나고 또 그 안으로 돌아가는 장(場), 시공간적 계열로 짜인 맥(脈)이 바로 문맥이 된다. 이 점에서 보면 문맥은 곧 현실이 된다. 철학은 현실에서 출발하여 다시금 현실로 돌아온다. 그러므로 우리가 사유(思惟)를 시작할 때, 사유보다 사람이 먼저 시작되었음을 깨닫게 된다. 하여 사유에 앞서 현실이 드러나게 마련이다. 이 '드러남'은 빛을 통해서 우리와 세계를 하나로 묶어 준다. 이 드러남의 장이 현실을 구성하게 된다고 하겠다.

　무엇보다 먼저, 작가 강정실은 왜 여행을 떠나는가? 이런 질문에 대한 답은 그의 수필에서 잘 나타나 있다.

> ①여행은 생각하지 못했던 옛 기억이 한 모서리에서부터 불쑥불쑥 튀어나오는 마력이 있다. 이 마력은 순간적 생명으로 부활하는 듯하지만, 이내 가슴은 수박빛 향기가 아련히 풍기며 아프게 만든다. 그리고는 마음 깊은 곳까지 흔들어 저리게 하는 속성이 있다.
>
> ―「쾰른성당(Der Kölner Dom)을 보며」에서

②이렇듯 여행은 잃어버린 어제와 각박한 오늘의 삶을 일깨워 주는 자잘한 아픔이 되는듯하다. 하지만 여행이란 잊혔던 과거를 되찾을 수 있고, 또 그것을 생각하는 것만으로도 마음이 들뜨게 하는 속성을 지녀 좋다. 만약 잊혔던 장소에서 생각지 못한 편린 하나라도 건지게 되면, 그 반가움과 기쁨은 배가하리라.

— 「독일 옛 수도, 본을 찾아서」에서

①에서 보듯 여행을 통한 자기 발견의 기쁨 그리고 ②에서와 같이 삶의 자각, 이는 바로 화자가 여행을 떠나는 남다른 이유겠지만, 통상적 기의로 보면 누구나에게 있는 공통된 진술이겠다. 하지만 이런 여행이 사진작가이자 수필작가인 강정실에 이르며 전혀 다른 얼굴로 나타나게 된다.
한편 작가에게 있어 여행은 존재 가설의 행위가 된다.

①나 스스로 '삶이란 무엇인가, 원래 삶이란 이런 것인가'라고 되묻고 있다. 불현듯 이 땅에 살아가는 나 자신의 삶이 구차하고 모순투성이라는 생각에 마음이 어두워진다. 언제부터인가 나는 밤하늘의 별 보기를 좋아하는 버릇이 생겼다. 별은 세상의 온갖 번뇌를 말없이 감싸주고 남에게 띄지도 않아, 위안의 대상이 되었으리라 싶다.

— 「포코너즈와 인디언의 슬픔」에서

②다시 창밖에서는 흰 눈이 내린다. 고요히 깊어만 가는 밤이다. 칠흑 같은 밤이 깊으면 깊을수록 지난날 정신적 병마에 신음할 때, 허둥대고 밖으로 나돌기만 했던 것이 참회의 눈물로 되새겨진다. 유독 이 밤은 외로움과 괴로움에 지치도록 흰 눈이 내리고 쌓인다. 벌거벗은 내 자아의 모습이 영안(靈眼)으로 보이는 듯하다.

— 「웨일스에서의 오로라」에서

작가 강정실에게 있어 기행은 중요한 삶의 향방이다. 사진을 찍고 그 기록을 문장화한다. 화자의 시선은 너른 세계도 좁게만 보인다. 일상으로부터의 탈출, 이를 일탈이라 한다면 화자에게 있어 그 일탈은 영감을 발견하고 삶의 지혜를 건져 올리는 어부와도 흡사하다. 그리하여 생활에서의 일탈은 그에게 있어 발견의 기쁨을 향유하게 하는 공간이자 시간이 된다.

> 시간에 쫓기며 일상이 **빡빡할** 때는 머리를 식힐 겸 잠시 어디론가 벗어나려 한다. 사실 우리의 삶이 얼마나 피곤한가. 그 꽉 짜인 것에서 탈출하려는 마음에, 가까운 이곳을 자주 선택한다.
>
> — 「LA의 상징 할리우드」에서

"꽉 짜인 것에서 탈출하려는 마음" 이는 바로 일탈적 행위일 것이다. 화자의 기행은 여기서 동기가 되어 작가로서의 본연의 모습으로 귀의하게 한다. 그래 화자에게 가까운 곳이나 먼 곳이나 '벗어남' 그 행위 자체를 출발점으로 하여 존재파악의 길로 나서게 된다. 무엇보다도 공간애인 토포필리아의 출발점은 바로 그의 고향에 대한 해바라기에서 시작된다. 부산은 바로 작가의 고향이다. 용두산 공원, 자갈치 시장, 송도, 영도대교, 남포동이란 공간은 화자로 하여금 잠재된 의식을 깨우게 하는 장소이다.

고향 집에 들렀다가 부산 전체를 한눈에 보기 위해 용두산공원에 갔다. 종각과 이순신 동상을 가로질러 해발 69미터에 높이 120미터인 부산타워에 올라갔다. 탁 트인 전망, 눈앞에 보이는 부산항 3부두와 오륙도, 국제여객터미널과 부산세관 너머 영도 봉래산과 부산대교와 영도대교 그리고 자갈치 어패류시장과 방파제가 보이는 남항과 일송도 모서리가 한

눈에 들어왔다. 순간 자욱하게 깔린 안개가 벗겨지듯 기억이 하나씩 스멀 스멀 되살아났다.

> 남포동에 있었던 서너 곳의 극장가와 부산시청은 이미 사라지고 없지만, 고깃배를 위한 얼음 공장, 건어물과 젓갈류 점포는 줄지어 서 있다. 낚시꾼들은 그때나 지금이나 변함없이 바다를 향해 낚싯대를 드리우고 있지만, 맛과 냄새는 세월 따라 다르게 느껴진다.
>
> ─ 「내 고향, 부산」에서

화자의 내면에 뿌리내린 고향에의 바라기는 이렇게 잠재의식 속에서 "스멀스멀 되살아"나 하나하나 새로운 생명력으로 새롭게 태어난다. 고향을 떠난 지 무려 50여 년, 하지만 생생하게 기억되는 그때 그 기억들이 자리에서 일어나 생명을 불러온다. 공간에인 토포필리아요 생명에인 바이오필리아일 것이다. 이런 지각과 기억의 편린들이 화자로 하여금 고향 바라기에 침잠하게 한다.

화자의 기행은 그 중심의 사진작가로서의 예민한 관찰과 삶의 통찰이 자리 잡고 있다. 여기서 사진작가로서의 화자의 행위는 촬영 그 자체에 있지 않다. 대상을 바라보는 작가의 시선이 열려 있다. 수필 「독종 가시와 조슈아 트리」는 조슈아트리국립공원에서 그가 만난 조슈아트리와 촐라 칵투스(Cholla Cactus)라는 선인장군(群)에 초점이 맞춰져 있다.

창작의 동기는 기행수필이지만, 이 수필은 그런 괘와 달리하고 있다. "광각렌즈로 바꿔 꽃 가까이에서 움직이기 시작했다. 그런데 넓적다리가 따끔거려 고개를 뒤로 돌려보니 바지에 칵투스 덩이 하나가 붙어 있는 게 보였다. 사진찍기에 몰두하다 보니 나도 모르게 칵투스 덤불을 건드린 것이다. 생각 없이 손으로 밤송이를 털 듯 손으로 떼려 했다.”고 한다. 이런 표피적 진술에 포커스가 맞춰져 있지만은 않다. 화자는 여기서 인문학적 상상을 퓨전함으로써 대상의 본질 찾기에 성공하고 있다.

> 눈이 번쩍 뜨였다. 가시덩이군(群) 사이에 보이는 식물의 꽃술은 해마(海馬) 혹은 독사 머리 같다. 아니다. 자세히 다시 쳐다보니 섬뜩한 것이 흡반충 내지는 바닷가의 말미잘처럼 찰거머리 입처럼 보였다. 다행히 독은 없어 이상이 발생하진 않았지만, 어떻게 해서라도 또 다른 곳에도 번식하려는 식물본능이라는 생각이 들었다. 살아 움직이는 동물을 만나면 착 달라붙어 떨어지지 않으려는 거머리 같은 습성. 그 강렬한 생명의지가 느껴지는, 식물의 정적인 모습과는 전혀 다르다 싶었다. 건조하고 척박한 이런 곳에서 살아가야 하기에, 또 다른 번식본능은 온갖 만물에 다 있다는 것을 다시 한 번 느끼게 된다. 이때만큼은 온갖 욕념이나 번민과 고통이 사라져버린 선승(禪僧)의 마음이 되어 적멸궁으로 떠난 듯싶었다.
>
> — 「독종 가시와 조슈아 트리」에서

대상에 대한 화자의 상상은 식물의 속성이나 외면 묘사에 그치지 않는다. 자연한 현상에 인문학적 상상을 교직하여 대상의 본질을 찾고자 하고 과학적, 문학적, 예술적인 것으로 창조하고 있다. 이런 발상은 일반적인 기행수필에서 찾을 수 없는 낯선 공법이다. 자연과학과 인문과학의 통합 이른바 통섭이다. 화자는 이를 ‘절묘한 조화’로 보고 있다. 이런 발상과 해석이 이 수필의 핵을 이루며 주제의식을 밀도 있게 하고 있다. 화자는 그저 대상을 관조하지 않는다. 일상적이고 자연한 현상을 통해서도 그의 작가 정신은 존재 규명이라는 철학에 닿아 있다.

“그렇다. 묘(妙)라는 낱말 속에는 새로운 삶과 기쁨이 소생하고 희망의 의미가 내포되어 의를 이루는 것이리라. 한 점 흐트러짐 없는 마음과 뜻 그리고 정성으로 내일이라는 미래를 준비할 수 있는 시간이다. 이 깊은 밤은 여느 때보다 조용하고 경건하다."라는 화자의 자각이 확연한 메시지를 전달하고 있다. 이런 경향성은 수필 「웨일스에서의 오로라」에서도 다음과 같이 나타난다. "다시 창밖에서는 흰 눈이 내린다. 고요히 깊어만 가는 밤이다. 칠흑 같은 밤이 깊으면 깊을수록 지난날 정신적 병마에 신음할 때, 허둥대고 밖으로 나돌기만 했던 것이 참회의 눈물로 되새겨진다. 유독 이 밤은 외로움과 괴로움에 지치도록 흰 눈이 내리고 쌓인다. 벌거벗은 내 자아의 모습이 영안(靈眼)으로 보이는 듯하다." 이런 내적 감각과 혜안이 이 수필의 문학화에 기여하고 있다.

우리들에겐 눈부시도록 찬란한 아름다움이 있는가 하면, 눈을 뜰 수 없을 정도로 아름다운 아픔도 있다. 아름다움이 너무 강하여 아픔이 되기도 하지만, 그 반대의 경우도 있다. 그래 너무나 시리노록 아픈 것도 아름다움이요, 지나치게 아름다운 것도 아픔일 것이다. 때로는 영롱하고 투명한 아침이 장미꽃의 색상을 더욱 선명하게 하고, 유리화병 속의 맑은 물이 새벽의 청아함을 보여주기도 한다. 그들이 우리에게 전달하는 '메시지'가 너무나 맑디맑아서 더욱 시린 아픔으로 다가오게 되는 것은 아닐까? 그 자태가 너무나 고와서 오래 쳐다보지 못할 쇠락한 아침의 정물. 수필작가 강정실이 창조해 내는 기행의 풍물이 전해주는 전언(傳言)들은 그래서 너무나도 고혹적이다.

강정실의 기행수필은 문자학적 자리만이 아니라, 시각적인 영상과의 교직하고 있다. 이는 작가의 상상력을 보여준다. 이런 창조적 상상력은 통섭과 정서의 사상화에 기여하고 있다.

①라스베이거스는 인간의 창조적 상상력이 사막 위에 화려하고 신기루 같은 아름다움을 만들어 놓았다. 하지만 이런 화려한 도시를 벗어나 51

번 국도를 달리다 보면 야트막한 산과 벌판, 소와 말, 나무 한 그루, 풀 한 포기에 이르기까지 자연이 만든 천연 아름다움이 있다. 이렇게 아름다움은 제각각이지만, 같은 것이라도 보여주는 아름다운 모습과 느낌 또한 가지가지다. 나뭇가지에 앉아 두리번거리는 새가 예쁘지만, 지저귀고 쪼아대는 모습이 더 귀엽다. 그러다 종종거리고 날아가는 모습은 또 다른 아름다움을 보여주는 것이다.

— 「라스베이거스」에서

②사람들은 아름다운 것에 병적으로 집착하며 추구한다. 새로운 아름다움을 찾아 구경하고, 그 아름다움을 가까이에 두려고 하며, 때로는 그것을 가지려고 애쓰기까지 한다. 아름다움은 젊음과 잘 어울린다. 또한, 자신이 아름답기를 바라고 있다. 가장 아름답게 보이는 각도를 찾아내는 안목이 있어야 하는데 무작정 유행을 좇으려는 모습들, 그것이 안타깝고 서글플 따름이다.

— 「라스베이거스」에서

①에서와 같이, 인간의 창조적 능력을 잘 보여주는 라스베이거스에서의 화자의 감회는 글자 그대로 경이적이다. 하지만 도심을 조금만 벗어나도 전혀 이질적인 세계의 모습을 보여준다. 자연과 인공의 대비적 착상은 인간이 만들어 낸 위대한 성채(城砦)가 안고 있는 이면(裏面)의 진실에 눈 뜨게 한다. 이는 앞서의 통섭에서 보듯 자연과 인문의 융합이요, 창조적 상상일 것이다. 그래 ②와 같이 사람들은 아름다운 것에 병적으로 집착한다. 하지만 "가장 아름답게 보이는 각도를 찾아내는 안목"이 필요함을 자각하는 작가의 사유는 곧 삶에서의 '진실 찾기'라는 문제에 닿게 한다.

강정실의 기행은 사유가 넘친다. 이런 사유를 전개할 때 가장 기본적인 문제는 실마리다. 실마리를 무엇으로 잡느냐에 따라 사유의 전개는 달라진다. 이런 사유는 현실에서부터 출발한다. 문학이 상상의 세계라지만 수필의 경우 현실과 전혀 동떨어진 세계를 그린다면 애초 수필이 요구하는 존재 파악과 멀어지게 된다. 그 때문에 수필은 현실을 바탕으로 하게 된다. 여기 현실은 '드러남(現)'과 '숨음(實)'의 이중적인 방식으로 주어지게 된다. 우리는 드러남 저편에 숨어 있는 실재를 탐구하지만, 모든 탐구는 궁극적으로 드러남 자체에서 그 근거를 구할 수밖에 없다.

'데스밸리(Death Valley)'는 글자 그대로 죽음의 계곡이다. "인생은 한 번 가면 되돌아올 수 없는 외길인데 어찌 지름길이 있을 건가. 있다면 그 길은 미로였을 뿐인데 왜 그런 선택을 하여 '죽음의 계곡(Death Valley)'이라는 오명(汚名)을 남기게 했을까."라는 사유와 상상은 존재의 문제를 인식하게 한다. "캘리포니아 주 중남부에 속해 있고 북동쪽 일부만 네바다 주와 접경을 이루고 있다. 그동안 여닐곱 차례 죽음의 계곡을 답사했나. 그 중 레이스트랙(Racetrack)에는 돌덩이들이 긴 궤적을 남긴다."고 했다.

> 관망대에 올라섰다. 사방이 360도의 시야로 비스듬하게 누운 완만한 능선은 출렁이는 물결 모양이다. 아침 해와 저녁 해가 뜨고 질 때, 능선의 그림자는 또 다른 능선과 구릉으로 이어진다. 이때 주변에서 부는 바람과 능선의 그림자는 마치 황금색 파도가 치는 듯한 소리로 둔갑한다. 눈을 감고 양팔을 벌리고 가슴으로 파도 소리를 듣는다. 파도는 구릉 사이사이에 부딪혀 흰 포말로 되돌아온다. 문명의 소리는 자연의 소리에 점차 밀려나고, 가식과 위선으로 덧씌워진 내 삶의 때를 벗겨 낸다. 바람이 멎고 파도가 잔잔해지자 아련한 어릴 때의 기억이 하나씩 보랏빛 물감으로 채색되어 온다. 눈물이 난다.
>
> ― 「죽음의 계곡(Death Valley)」에서

화자의 창조적 상상이 잘 발휘된 부분이다. 일반화된 기행이 그렇듯 관조나 관찰이 아닌 심안의 렌즈를 통해 본 삶의 통찰이 강정실의 기행수필의 맛을 더한다. 게다가 자연 현상을 인문학적으로 통섭하고 자연 속에 하나가 되는 일체유심조(一切唯心造), 현상의 내면에 마음밭을 존재 규명의 사유와 상상이 시각적 효과와 어울려 읽히게 한다.

에필로그

사진작가이자 수필작가인 강정실이 새롭게 선보이는 기행수필집은 언어미학의 새로운 경지를 보여준다. 표현상의 변화만이 아니다. 그의 미학적 언어는 내용상의 낯섦을 보여준다. 이는 창조적 직관의 통찰이다. 이 점이 강정실의 기행수필이 갖는 묘미일 것이다. 그 키워드는 다름 아닌 상상력이다. 이런 경향성은 일종의 노마드적인 세계의 진실을 보여준다. 그리하여 그는 철학적 개념뿐만 아니라, 현대사회의 문화·심리현상을 넘나들며 새로운 삶을 탐구하는 사유의 여행을 시도하고 있음을 작품을 통해 구체적으로 보여주고 있다.

작가는 어쩌면 노마드와 흡사하다. 하지만 그는 유목민이요 방랑자가 꿈이 아니다. '디지털 노마드'이다. 그래 그의 기행은 고향에 대한 향수인 토포필리아에 근접하고 있으며, 그 '떠남'이 '창조적 상상'에 있음을 작품으로 보여주고 있다. 그렇기에 그의 기행수필은 기행 그 자체에 머물지 않고 해석과 의미화를 통해 문학적으로 형상화되어 있음을 작품의 행간에서 쉽게 감지하게 한다. 한 마디로 그는 시대에 앞서 가는 작가임에 틀림이 없다. 장르의 결합과 통섭을 통해 그는 새로움을 추구하고 있는 작가이기에 그의 기행의 공간은 문학적 상상을 유발하게 하는 모티브이자, 디

지털 시대를 사는 작가의 노마드적인 체험의 공간일 것이다. 이런 일탈의
현장은 고향에 대한 해바라기인 토포필리아를 근간으로 하여, 사유의 세
계인 존재파악과 창조적 상상력 그리고 정서의 사상화로 구체화되고 있
다. 한 마디로 그의 기행수필은 디지털 노마드의 일탈과 창조적 상상이라
하겠다.

　이렇게 수필문학은 무엇보다도 인간의 존재와 가치에서 다른 예술이나
타 장르의 문학과 달리 인간의 삶을 다각적이고 직접적으로 조명한다는
데에 있을 것이다. 그의 수필이 읽히는 마력과도 같은 힘을 우리는 그의
작품에서 쉽게 찾을 수 있다. 기행수필의 새로운 면모를 보여준 그의 저
작(著作)에 박수를 보낸다. 앞으로 그의 행보가 더욱 기대되는 이유이다.